普通高校计算机类应用型本科
系列规划教材

编译原理

主　编　王一宾　陈义仁

副主编（以姓氏拼音为序）
李　立　刘义红　谈成访
吴其林　张春梅

Principles of Compiler

中国科学技术大学出版社

内 容 简 介

本书介绍程序设计语言编译程序构造的一般原理、基本设计方法、主要实现技术和一些自动构造工具。主要内容包括：编译程序概论、文法和语言、词法分析与有限自动机、自上而下语法分析法、自下而上语法分析法、语法制导翻译和语义分析、符号表、运行时的存储组织与管理、代码优化、目标代码生成和现代编译技术概述。主要特色是：突出基础知识和基本理论，强调工程实践与应用，配有丰富的例题和习题，相关章节后配有相应的实验项目。这些特色有助于读者掌握编译程序的基本理论和设计原理，以及应用相关算法解决实际问题的能力培养。

本书可作为高等院校计算机等相关专业的本科或高职高专以及各类培训班的教材，也可作为教师、研究生、软件工程技术人员等的参考书。

图书在版编目(CIP)数据

编译原理/王一宾,陈义仁主编. —合肥:中国科学技术大学出版社,2016.8(2021.5 重印)
ISBN 978-7-312-04026-9

Ⅰ.编… Ⅱ.①王… ②陈… Ⅲ.编译程序—程序设计 Ⅳ.TP314

中国版本图书馆 CIP 数据核字(2016)第 149975 号

出版	中国科学技术大学出版社
	安徽省合肥市金寨路 96 号,230026
	http://press.ustc.edu.cn
印刷	合肥市宏基印刷有限公司
发行	中国科学技术大学出版社
经销	全国新华书店
开本	787 mm×1092 mm 1/16
印张	17
字数	432 千
版次	2016 年 8 月第 1 版
印次	2021 年 5 月第 2 次印刷
定价	35.00 元

前　言

　　编译原理是计算机专业的一门核心课程,在计算机本科教学中占有十分重要的地位。编译原理课程具有很强的理论性,读者学习起来普遍感到内容抽象、不易理解。为此,本书采取由浅入深、循序渐进的方式介绍编译原理的基本概念和实现方法。在内容的组织上,将编译的基本理论与具体的实现技术有机地结合起来,既注重理论的完整性,化繁为简,又将理论融于具体的实例中,化难为易,以达到准确、清晰阐述相关概念和原理的目的。除了各章节对理论阐述具条理性之外,书中给出的例子也具有实用性与连贯性,使读者对编译的各个阶段都能有一个全面、直观的认识,从而透彻地领悟编译原理的精髓。本书采用的算法全部用 C 语言描述。

　　本书共分 11 章。第 1 章简要介绍编译程序的基本概念、工作过程和逻辑结构。第 2 章主要介绍文法和语言的形式化定义以及 Chomsky 文法分类等相关内容。第 3 章主要介绍词法分析器的设计原理,以及有限自动机与正规表达式的相关内容。第 4 章主要介绍自上而下语法分析法:首先分析自上而下分析法的一般思想及其所遇到的问题,然后介绍这些问题的解决方案,最后介绍两种自上而下语法分析算法——递归下降分析法和LL(1)分析法。第 5 章主要介绍自下而上语法分析法:首先介绍自下而上分析法的一般思想及其核心问题,然后根据其核心问题的不同解决方案,介绍两种自下而上语法分析算法——算符优先分析法和 LR 分析法。第 6 章介绍语法制导翻译与语义分析,包括中间代码产生的有关内容,给出了如何在语法分析的同时进行语义加工并产生中间代码的方法。第 7 章主要介绍符号表的作用与内容,符号表的组织与管理等相关内容。第 8 章主要介绍程序运行时存储空间的划分和四种常用的参数传递方式。第 9 章介绍代码优化的有关内容,主要涉及基本块内的局部代码优化和循环代码优化。第 10 章讨论目标代码生成的有关内容,讲述如何由中间代码产生最终的目标代码。第 11 章简要介绍面向对象编译、并行编译和网格计算编译等现代编译技术。

　　为了便于读者正确理解有关概念,各章还配有一定数量的习题。这些习题大多选自本科生和研究生的考试试题,也包括我们结合多年教学实践经验设计出来的典型范例,力求使读者抓住重点、突破难点,进一步全面、深入地巩固所学知识。

　　本书第 1 章、第 9 章由王一宾编写,第 2 章、第 3 章由李立、吴其林编写,第 4 章、第 5 章由陈义仁编写,第 6 章、第 11 章由刘义红编写,第 7 章、第 8 章和第 10 章由谈成访、张春梅编写,全书由王一宾统稿。

　　由于编者水平有限,书中难免存在一些疏漏,敬请读者批评指正。

编　者

2016 年 5 月

目　　录

第1章 编译程序概论

【学习目标】 掌握翻译程序、编译程序等概念；理解编译程序的工作过程和总体结构；了解编译技术的相关应用。

计算机的诞生是科学发展史上的一个里程碑。经过七十年的发展，计算机已经改变了人类生活、工作和学习的各个方面，成为我们不可缺少的工具。计算机之所以能够如此广泛地被应用，应归功于计算机语言。计算机语言之所以能由最初单一的机器语言发展到现今数千种高级程序设计语言，是因为有了编译程序。没有高级语言，计算机的推广应用是难以实现的；而没有编译程序，高级语言就无法使用。编译理论与技术是计算机科学中发展得最迅速、最成熟的一个分支，它集中体现了计算机发展的成果与精华。本章阐述编译程序的基本概念、编译程序的工作过程和逻辑结构、编译技术应用等。

1.1 编译程序的基本概念

1.1.1 程序设计语言

自然语言是人类传递信息、交流思想和感情的工具，程序设计语言则是联系人类与计算机的工具。人类正是通过程序设计语言指挥计算机按照人类的意志进行运算和操作、显示信息和输出运算结果的。

程序设计语言的发展至今已经历了三个阶段四代，如图 1-1 所示。

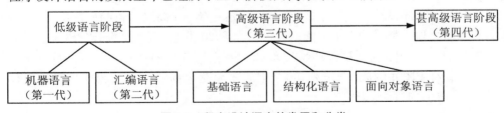

图 1-1 程序设计语言的发展和分类

1. 低级语言

低级语言包括第一代机器语言和第二代汇编语言。这两代语言依赖于机器的结构，其指令系统随机器而异，难学难用。该类语言，不仅效率低、容易出错，而且维护困难。它们在系统软件开发和计算机智能控制与处理等方面使用较为广泛。

2. 高级语言

1956 年,第一种高级语言 FORTRAN 在美国诞生,成为最早的第三代程序设计语言(3GL)。有人统计,在同等条件下,利用高级语言一天生产的程序行数大致等于利用汇编语言一天生产的程序行数,但对于同一个问题,用高级语言写出的程序长度为用汇编语言写出的程序长度的 $1/7\sim1/3$,所以两者的效率相差数倍。20 世纪 60 年代末期,高级语言在科学计算领域的利用率已达到 98%,但对于效率要求较高的实时系统,其利用率还不到 10%。当时在系统软件领域,还是汇编语言独霸天下。随着现代语言特别是 C 语言和 Ada 语言的出现,汇编语言在上述两个领域的传统优势受到了严重的挑战。除了必须使用汇编语言才能满足软件需要的个别情况外,现已很少使用汇编语言编码。

从 FORTRAN 到 Ada 的大多数常用的第三代语言都是面向过程的。随着面向对象程序设计的推广,在 20 世纪八九十年代,一批著名的常用语言扩展了面向对象的功能,出现了 C++,Object Pascal,Ada 95 等面向对象的第三代语言,以及全新的面向对象高级语言,如 Java,Eiffel 等。它们配合面向对象软件的开发,使编码语言有了更多的选择。

3. 甚高级语言

六十余年来,高级语言的面貌发生了巨大变化,反映了人们对程序设计的认识从浅到深的过程。但是从根本上来说,上述的通用语言仍都是过程化语言,即编码的时候要详细描述问题求解的过程,告诉计算机每一步应该怎样做。要把程序员从繁重的编码劳动中解放出来,还需进一步寻求提高编码效率的新语言,这就是甚高级语言(VHLL)或第四代语言(4GL)产生的背景。

4GL 迄今仍没有统一的定义。有观点认为,3GL 是过程化的语言,目的在于高效地实现各种算法;4GL 则是非过程化的语言,目的在于直接实现各类应用系统。前者面向过程,需要描述"怎样做";后者面向应用,只需说明"做什么"。曾多年担任 IFIP(国际信息处理联合会)数据库专家组主席的 G. M. Nijssen 教授则主张,语言的划代应该以数据结构为标准。他认为,前三代语言的基础注重对算法的描述,一次仅处理一个记录或数据元素,不支持对大量共享数据的处理。4GL 应该以数据或知识为基础,以对集合的处理代替对单个记录或元素的处理,支持对大型数据库进行高效处理的机制。Nijssen 还认为,前三代语言是工业时代的产物,4GL 则标志了信息时代的开始。

以上简述了程序设计语言的发展,下面再补充一点。在高级语言的应用中,人工智能语言也占有一席之地。最早的人工智能语言可追溯到 20 世纪 50 年代的 IPL 语言。随后出现的 LISP(20 世纪 50 年代后期)和 PROLOG(20 世纪 70 年代前期)等语言,都具有很高的知名度。有人曾称 PROLOG 为第五代语言,但它主要是为新一代人工智能计算机设计的语言,故不属于本书的讨论范围。

特别注意:程序设计语言的发展经历了低级语言—高级语言—甚高级语言三个阶段。

1.1.2 编译程序的定义

在使用现代计算机时,多数用户应用高级语言来实现他们所需要的计算。现代计算机系统一般都含有的高级语言编译程序不止一个,甚至对有些高级语言配置了几个不同性能的编译程序,供用户按不同需要进行选择。高级语言编译程序是计算机系统软件最重要的组成部分之一,也是用户直接最关心的计算机工具之一。

在计算机上执行一个高级语言程序一般要分为两步:第一步,用一个编译程序把高级语言翻译成机器语言程序;第二步,运行所得的机器语言程序求得计算结果。

通常所说的翻译程序是指这样的一个程序,它能够把某一种语言程序(称为源语言程序)转换成另一种语言程序(称为目标语言程序),而后者与前者在逻辑上是等价的。高级语言的翻译程序主要有两种,一种是编译程序,另一种是解释程序。

如果一个翻译程序的源语言是诸如 FORTRAN,ALGOL,Pascal,C,C++或 Ada 这样的高级语言,而目标语言是诸如汇编语言或机器语言之类的低级语言,则这个翻译程序就称为编译程序。世界上第一个编译程序——FORTRAN 语言编译程序——是 20 世纪 50 年代中期研制成功的。当时,人们普遍认为设计和实现一个编译程序是一件十分困难、令人生畏的事情。经过六十多年的努力,编译理论与技术得到迅速的发展,现已形成一套比较成熟的、系统化的理论与方法,并且开发出了一些好的编译程序的实现语言、环境与工具。在此基础上设计并实现一个编译程序不再是高不可攀的事情。

一个源语言的解释程序是这样的程序,它以该语言写的源程序作为输入,但不产生目标程序,而是边解释边执行源程序本身。Basic 语言是一种交互式语言,它的程序是一种行结构,因而对 Basic 程序的执行宜采用解释方式。实际上,许多编译程序的构造与实现技术同样适用于解释程序。

> **特别注意**:编译程序实际上是一个源语言是高级语言,而目标语言是低级语言的翻译程序。计算机执行高级语言编写的程序通常有编译和解释两种方式,它们的区别在于是否生成目标代码。

1.2   编译程序的工作过程

编译程序的工作过程指从输入源程序开始到输出目标程序为止的整个过程,是非常复杂的。但就其过程而言,它与人们进行自然语言之间的翻译有许多相近之处。当我们把一种文字翻译为另一种文字(如把一段英文翻译为中文)时,通常需经过下列步骤:

① 识别出句子中的一个个单词。
② 分析句子的语法结构。
③ 根据句子的含义进行初步翻译。
④ 对译文进行修饰。
⑤ 写出最后的译文。

类似地,编译程序的工作过程一般也可以划分为五个阶段:词法分析、语法分析、语义分析和中间代码产生、代码优化、目标代码生成。下面分别来介绍这五个阶段。

1.2.1   词法分析

词法分析的任务是:输入源程序,对构成源程序的字符串进行扫描和分解,识别出一个个的单词(亦称单词符号,简称符号),如基本字(if,switch,for,while 等)、标识符、常数、算符和界符(标点符号、左右括号等)。例如,对 C 语言的一条循环语句

$$for(i=1;i<10;i++)$$

进行词法分析,识别的结果是如图 1-2 所示的单词符号。

基本字	for	界符	(	标识符	i	算符	=
常数	1	界符	;	标识符	i	算符	<
常数	10	界符	;	标识符	i	算符	++
界符	)						

图 1-2

单词是组成上述 C 语句的基本符号。单词符号是语言的基本组成成分,是人们理解和编写程序的基本要素。识别和理解这些要素无疑是翻译的基础。如同将英文翻译成中文的情形一样,如果对英语单词不理解,那就谈不上进行正确的翻译。在词法分析阶段的工作中所遵循的是语言的词法规则(或称构词规则)。描述词法规则的有效工具是正规式和有限自动机。

1.2.2 语法分析

语法分析的任务是:在词法分析的基础上,根据语言的语法规则,把单词符号串分解成各类语法单位(语法范畴),如短语、子句、句子(语句)、程序段和程序等。通过语法分析,确定整个输入串是否构成语法上正确的"程序"。语法分析所遵循的是语言的语法规则。语法规则通常用与上下文无关的文法描述。词法分析是一种线性分析,而语法分析是一种层次结构分析。例如,在 C 语言中,符号串

$$Z=X+0.618*Y$$

代表一个赋值语句,而其中的 $X+0.618*Y$ 代表一个算术表达式。因而,语法分析的任务就是识别 $X+0.618*Y$ 为算术表达式,同时,识别上述整个符号串为赋值语句。

1.2.3 语义分析和中间代码产生

这一阶段的任务是:分析语法分析所识别出的各类语法范畴的含义,并进行初步翻译(产生中间代码)。这一阶段通常包括两个方面的工作。首先,对每种语法范畴进行静态语义检查,如变量是否定义、类型是否正确等。如果语义正确,则进行另一方面工作,即进行中间代码的翻译。这一阶段所遵循的是语言的语义规则。通常使用属性文法描述语义规则。

翻译在这里才刚开始涉及。所谓的中间代码是一种含义明确、便于处理的记号系统,它通常独立于具体的硬件。这种记号系统或者与现代计算机的指令形式有某种程度的接近,或者能够比较容易地被变换成现代计算机的机器指令。例如,许多编译程序采用了一种与三地址指令非常近似的四元式作为中间代码。这种四元式的形式是:

算符	左操作数	右操作数	结果

它的意义是:对左、右操作数进行某种运算(由算符指明),把运算所得的值作为结果保留下

来。在采用四元式作为中间代码的情形下,中间代码的任务就是按语言的语义规则把各类语法范畴翻译成四元式序列。例如,赋值句

$$Z=(X+0.418)*Y/W$$

可被翻译为如下的四元式序列:

序号	算符	左操作数	右操作数	结果
①	+	X	0.418	T_1
②	*	T_1	Y	T_2
③	/	T_2	W	Z

其中 T_1 和 T_2 是编译期间引进的临时工作变量;第一个四元式意味着把 X 的值加 0.418 的结果存于 T_1 中;第二个四元式是将 T_1 的值和 Y 的值相乘的结果存于 T_2 中;第三个四元式是将 T_2 的值除以 Y 的值的结果存于 Z 中。

一般而言,中间代码是一种独立于具体硬件的记号系统。常用的中间代码,除了四元式之外,还有三元式、间接三元式、逆波兰式和树形表示等。

1.2.4 代码优化

代码优化的任务是:对前阶段产生的中间代码进行加工变换,以期在最后阶段能产生更为高效(省时间和空间)的目标代码。代码优化的主要方法有:公共子表达式的提取、循环代码优化、删除无用代码等。有时,为了便于并行运算,还可以对代码进行并行化处理。代码优化所遵循的是程序的等价变换规则。例如,如果我们把程序片断

```
for(K=1;K<=100;K++)
{
    M=I+10*K;
    N=J+10*K;
}
```

的中间代码

序号	OP	ARG1	ARG2	RESULT	注　解
①	=	1		K	K=1
②	J>	K	100	⑨	若 K>100 转至第⑨个四元式
③	*	10	K	T_1	$T_1=10*K$;T_1 为临时变量
④	+	I	T_1	M	M=I+T_1
⑤	*	10	K	T_2	$T_2=10*K$;T_2 为临时变量
⑥	+	J	T_2	N	N=J+T_2
⑦	+	K	1	K	K=K+1
⑧	J			②	转至第②个表达式
⑨					

转换成如下的等价代码：

序号	OP	ARG1	ARG2	RESULT	注　解
①	=	I		M	M=I
②	=	J		N	N=J
③	=	1		K	K=1
④	J＞	K	100	⑨	if (K＞100) goto ⑨
⑤	＋	M	10	M	M=M+10
⑥	＋	N	10	N	N=N+10
⑦	＋	K	1	K	K=K+1
⑧	J			④	goto ④
⑨					

那么最终所得的目标程序的执行效率肯定会提高很多。因为对于前者，在循环中需做 300 次加法和 200 次乘法；对于后者，在循环中只需做 300 次加法。而且在多数硬件中，做乘法的时间比做加法的时间要长得多。

1.2.5　目标代码生成

目标代码生成的任务是：把中间代码（或经优化处理之后的代码）变换成特定机器上的低级语言代码。这个阶段能实现最后的翻译，它的工作有赖于硬件系统结构和机器指令含义。这个阶段的工作非常复杂，涉及硬件系统功能部件的运用，机器指令的选择，各种数据类型变量的存储空间分配，以及寄存器和后援寄存器的调度等。产生足以充分发挥硬件效率的目标代码是一件非常不容易的事情。

目标代码的形式可以是绝对指令代码、可重定位的指令代码以及汇编指令代码。如果目标代码是绝对指令代码，则这种目标代码可立即执行。如果目标代码是汇编指令代码，则需汇编器汇编之后才能运行。必须指出，现代多数实用编译程序所产生的目标代码都是一种可重定位的指令代码。这种目标代码在运行前必须借助于一个连接装配程序把各个目标模块（包括系统提供的库模块）连接在一起，确定程序变量（或常数）在内存中的位置，装入内存中指定的起始地址，使之成为一个可以运行的绝对指令代码程序。

上述编译过程划分的五个阶段是一种典型的分法。事实上，并非所有的编译程序都分成这五个阶段。有些编译程序对代码优化没有什么要求，代码优化阶段就可省去。在某些情况下，为了加快编译速度，语义分析和中间代码产生阶段也可以省去。有些最简单的编译程序是在语法分析的同时产生目标代码。但是多数实用编译程序的工作过程大致都可分为上述五个阶段。

特别注意：典型的编译程序的逻辑结构一般划分为五个阶段：词法分析、语法分析、语义分析和中间代码产生、代码优化、目标代码生成。

1.3　编译程序的逻辑结构

1.3.1　编译程序的总体框架

上述编译过程的五个阶段是编译程序工作时的动态特征。编译程序的结构可以按照这五个阶段的任务进行分模块设计。图 1-3 给出了编译程序的总体框架。

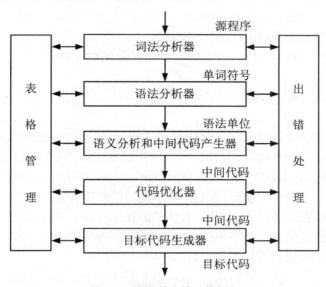

图 1-3　编译程序的总体框架

① 词法分析器,又称扫描器,输入源程序,进行词法分析,输出单词符号。

② 语法分析器,简称分析器,对词法分析阶段产生的单词符号串进行语法分析(根据语法规则进行推导或归约),识别出各类语法单位,最终判断输入串是否构成语法正确的程序。

③ 语义分析和中间代码产生器,按照语义规则对语法分析器归约出(或推导出)的语法单位进行语义分析,并把它们翻译成一定形式的中间代码。

有的编译程序在识别出各类语法单位后,构造并输出一棵表示语法结构的语法树,然后根据语法树进行语义分析和产生中间代码。还有许多编译程序在识别出语法单位后并不真正构造语法树,而是调用相应的语义子程序。在这种编译程序中,扫描器与分析器和中间代码产生器二者并非是截然分开的,而是相互穿插的。

④ 代码优化器,对中间代码进行优化处理。

⑤ 目标代码生成器,把中间代码翻译成目标程序。

除了上述五个功能模块外,一个完整的编译程序还应包括表格管理和出错处理两个部分。

1.3.2　编译程序的表格管理

编译程序在工作过程中需要保持一系列的表格,以登记源程序的各类信息和编译各阶段的进展状况。合理地设计和使用表格是编译程序构造的一个重要问题。在编译程序使用的表格中,最重要的是符号表。它用来登记源程序中出现的每个名字(标识符)以及名字的各种属性。例如,一个名字是常数名、变量名还是过程名等;如果是变量名,它的类型是什么、所占内存是多大、地址是什么等。通常,编译程序在处理到名字的定义性出现时,要把名字的各种属性填入符号表中;当处理到名字的使用性出现时,要对名字的属性进行查证。

扫描器识别出一个名字后,把该名字填入符号表中。但这时不能完全确定名字的属性,它的各种属性要在后续的各阶段才能确定。例如,名字的类型要在语义分析时才能确定,而名字的地址可能要到目标代码生成时才能确定。

由此可见,编译各阶段都涉及与构造、查找或更新有关的表格。

1.3.3　编译程序中的错误及出错处理

一个编译程序不仅应能对书写正确的程序进行翻译,而且应能对出现在源程序中的错误进行处理。如果源程序有错误,编译程序应设法发现错误,把有关错误信息报告给用户。这部分工作是由专门的一组程序——出错处理程序——完成的。一个好的编译程序应能最大限度地发现源程序中的各种错误,准确地指出错误的性质和错误发生的地点,并且能将错误所造成的影响限制在尽可能小的范围内,使得源程序的其余部分能继续被编译下去,以便进一步发现其他可能的错误。如果不仅能够发现错误,而且还能自动校正错误,那当然就更好了。但是自动校正错误的代价是非常高的。

编译过程的每一阶段都可能检测出错误,其中绝大多数错误可以在编译的前三个阶段检测出来。源程序中的错误通常分为语法错误和语义错误两大类。语法错误是指源程序中不符合语法(或词法)规则的错误,它们可在词法分析或语法分析时被检测出来。例如,词法分析阶段能够检测出"非法字符"之类的错误;语法分析阶段能够检测出诸如"括号不匹配""缺少;"之类的错误。语义错误是指源程序中不符合语义规则的错误,这些错误一般在语义分析时被检测出来,有的语义错误要在运行时才能被检测出来。语义错误通常包括:说明错误、作用域错误、类型不一致等。关于错误检测和处理方法,将穿插在有关章节中介绍。

特别注意:从编译程序的角度看,源程序中的错误通常分为语法错误和语义错误两大类。

1.3.4　编译程序的分遍处理

前面介绍的编译程序的工作过程的五个阶段仅仅是逻辑功能上的一种划分。其具体实现,受不同源语言、设计要求、使用对象和计算机条件(如内存容量)的限制,往往将编译程序组织为若干遍(pass)。所谓的"遍"就是对源程序或源程序的中间结果从头到尾扫描一次,并做有关的加工处理,生成新的中间结果或目标程序。通常,每一遍的工作由从外存上获得的前一遍的中间结果开始(对于第一遍而言,从外存上获得源程序),完成它所含的有关工作之后,再把结果记录于外存中。操作中,既可以将几个不同阶段合为一遍,也可以把一个阶段的工作分为若干遍。例如,词法分析这一阶段可以单独作为一遍,但更多的时候是把它与语法分析合并为一遍;为了便于处理,语法分析与语义分析和中间代码产生又常常被合为一遍。在对代码优化要求很高时,往往还可把代码优化阶段分为若干遍来实现。

当一遍中包含若干阶段时,各阶段的工作是穿插进行的。例如,我们可以把词法分析、语法分析及语义分析和中间代码产生这三个阶段安排成一遍。这时,语法分析器处于核心位置,当它在识别语法结构而需要下一个单词符号时,它就调用词法分析器,一旦识别出一个语法单位,它就调用中间代码产生器,完成相应的语义分析并产生相应的中间代码。

一个编译程序究竟应分成几遍,如何划分,是与源语言、设计要求、硬件设备等诸因素有关的,因此难以统一划定。遍数多一点的好处是整个编译程序的逻辑结构可能会清晰一点。但遍数多势必增加输入/输出所消耗的时间。因此在内存足够的前提下,一般还是遍数尽可能少一点为好。应当注意的是,并不是每种语言都可以用单遍编译程序实现。

1.3.5　编译前端与后端

概念上,有时我们把编译程序划分为编译前端和编译后端。编译前端主要由与源语言有关但与目标机无关的那些部分组成。这些部分通常包括词法分析、语法分析、语义分析和中间代码产生,有的代码优化工作也被包括在编译前端中。编译后端包括编译程序中与目标机有关的那些部分,如与目标机有关的代码优化和目标代码生成等。通常,编译后端不依赖于源语言,而仅仅依赖于中间语言。

我们可以取编译程序的前端,改写其后端,以生成不同目标机上的相同语言的编译程序。如果编译后端的设计是经过精心考虑的,那么将用不了太大工作量就可实现编译程序的目标机改变。我们也可以设想将几种源语言编译成相同的中间语言,然后为不同的编译前端配上相同的编译后端,这样就可为同一台机器生成不同语言的编译程序。然而,由于不同语言存在某些微妙的区别,所以目前在这方面所取得的成果还非常有限。

1.4* 　 编译技术应用

虽然真正从事主流编程语言编译器设计工作的只有极少数一部分人,但是编译技术有着其重要的应用,这是学习编译技术的主要理由。此外,编译器的设计影响着计算机科学的其他一些领域。本节讲述编译器设计与计算机科学的其他主要领域之间最重要的相互影响以及编译技术的重要应用。

1.4.1　高级语言的实现

一种高级编程语言定义了一种编程抽象:程序员用这种语言表达算法,编译器将程序翻译成目标语言。一般来说,高级编程语言易于编程,但是所得到的程序运行较慢。用低级语言编程时可以在程序中实施更有效的控制方式,原则上说,能得到更有效的代码。不幸的是,低级语言程序难编写、易出错,更糟糕的是其难维护、缺乏移植性。代码优化编译器包括了很多改进后所生成代码性能的技术,从而弥补了高级抽象导入低效的缺点。

历史上,主流编程语言的大多数改变都是朝着提高抽象级别的方向进行的。20 世纪 80 年代 C 语言占据了系统编程的统治地位,90 年代启动的更多项目选择 C++,1995 年问世的 Java 语言在 20 世纪 90 年代后期迅速流行,现已成为应用开发使用的主流语言。每一轮编程语言新特征的出现都促进了编译器优化的新研究。下面回顾激励编译技术显著推进的主要语言特征。

所有通用编程语言,包括 C,FORTRAN 和 COBOL,都支持用户定义的聚合数据类型(如数组和记录),也都支持高级控制流(如循环和过程调用)。如果逐句把程序直接翻译成机器代码,则非常低效,所生成代码的效率相当于有经验的程序员用低级语言写出程序的效率。数据流优化至今仍在被广泛研究。

面向对象的概念于 1967 年首次出现在 Simula 67 语言中,以后逐步被加入到各种语言中,如 Smalltalk,C++,C # 和 Java。面向对象的主要概念是数据抽象和性质继承,它们都使得程序更加模块化并易于维护。面向对象的程序不同用其他语言编写的程序,其中类的定义中可能包含许多较小的过程(在面向对象语言中称为方法)。因此对于源程序中跨越过程边界的操作,编译器优化必须能够适当处理才能保证效率。在这个场合,用过程体替换过程调用的过程内联特别有用。加速虚方法调遣的优化也一直是研究的热点。

Java 有很多使编程变得容易的特征,其中大部分已存在于先前的语言中。Java 语言是类型安全的,它使一个对象不会被当作一个不相关类型的对象来使用。所有数组访问都被检查,以保证这些访问在相应数组的边界内。Java 没有指针,也不允许指针算术运算。它用无用单元收集机制来自动地回收那些不再使用的变量所占的内存空间(俗称垃圾收集)。这些特征虽然使编程变得容易,但是它们会引起运行开销的增加。相应地,出现了一些用于降低开销的编译器优化技术。例如,删除不必要的边界检查,把离开过程后不再访问的对象分配在栈上而不是堆上,现也一直在开发极小化无用单元收集开销的算法。

此外,Java 支持代码移植和代码移动。程序以 Java 字节码的形式分发,字节码必须被解释或被动态地翻译成本地代码。在运行时能够收集运行信息的场合,动态编译可用来生成较好优化的代码。在动态代码优化中,很重要的一点是极小化编译所需的时间,因为它是执行开销的一部分。现在通用的一种技术是仅仅编译和代码优化程序中经常执行的部分。

1.4.2　针对计算机体系结构的优化

计算机体系结构的迅速演化对编译器技术不断提出新的要求,几乎所有的高性能系统都在利用两种基本技术——并行和内存分层。并行可以在指令级和处理器级分别发掘;内存分层针对这样的基本局限:构造非常快的存储器或者非常大的存储器是可能的,但是构造不出既快又大的存储器。

1. 并行

所有现代微处理器都开拓指令级的并行。这种并行对程序员是隐蔽的,程序员把它理解为串行执行的指令序列,会被硬件动态地检查其中的相关性,并尽可能并行发出这些指令。在有些情况下,计算机用一个硬件调度器改变指令的排序以增加程序中的并行。不管硬件调度器是否重排指令的次序,编译器总可以重新整理指令,使得指令级的并行更有效。

指令级的并行也可以显式出现在指令级中,超长指令字计算机有能够进行并行乘法运算的指令,IA64 就是这种体系结构的一个著名例子。所有高性能通用微处理器都包括能同时对数据向量进行运算的指令。自动地为串行程序生成这类机器代码的编译器技术也一直在开发。

多处理器已经开始流行,甚至个人计算机也有多个处理器。程序员可以为多处理器写多线程代码,或者编译器可以通过传统的串行程序自动生成并行代码。这样的编译器向程序员隐藏了它发现程序并行性、把计算分布到多个处理器、极小化处理器之间的同步和通信的详情。许多科学计算机和工程应用程序都是计算密集型的,它们可以从并行处理器中大大获益。并行技术已经用于自动地把串行科学计算程序翻译成多处理器代码。

2. 内存分层

内存分层是指整个内存由几层不同速度和大小的存储器组成,并且最靠近处理器的那层最快、最小。如果一个程序的大部分访问都落在该分层的较快层上,那么它的平均内存访问时间就会缩短。并行和内存分层都能改进计算机潜在的性能,但必须有合适的编译器才能把性能改进真正落实到应用上。

内存分层出现在所有的计算机上。处理器中通常有存储容量为几百字节的少数几个寄存器、存储容量为几千字节到几百万字节的高速缓存、存储容量为几百万字节到几十亿字节的物理存储器,还有存储容量为几十亿字节甚至更大的高速缓存。相对应地,相邻两层之间的访问速度会相差 2～3 个数量级。一个系统的性能经常不受处理器速度的限制,而受内存子系统性能的限制。编译器的优化历来集中在优化处理器的执行上,但是现在更强调内存分层的有效性。

在优化一个程序时,有效使用寄存器是另一个关键问题。与寄存器由软件来显式管理不同,缓存和物理内存对指令集是隐蔽的,它们由硬件来管理。已经发现,由硬件实现的缓存管理策略在有些情况下不怎么有效,尤其是在使用大数据结构(最典型的是数组)的科学计算中。通过改变数据的布局或指令访问数据的次序来提高内存分层的效率是可能的,还可以通过改变代码的布局来提高指令缓存的效率。

1.4.3 新计算机体系结构的设计

在早期的计算机体系结构设计中,编译器的开发是在开发处理器之后进行的。现在这种情况已经改变,因为现代计算机体系的性能不仅仅取决于它的原始速度,还取决于编译器是否能生成充分利用其特征的代码。因此在现代计算机体系结构的研究中,在处理器的设计阶段就会开发编译器,并将编译生成的代码在模拟器上运行,以评价拟采用体系结构的特征。

编译器技术影响计算机体系结构设计的一个著名例子是精简指令集计算机(RISC)的发明。在此之前,倾向开发庞大的复杂指令集,以使得汇编编程变得容易,这种有复杂指令集架构的计算机被称为复杂指令集计算机(CISC)。例如,CISC 指令集包含支持数据结构访问的复杂内存寻址模式,还有在栈上保存寄存器和传递参数的过程调用指令。

编译器优化通过删除复杂指令序列中的冗余,可以把这些指令精简到数目不大的较简易操作的指令。于是,建立简单指令集是有希望的,编译器能够有效地利用它们,并且硬件也很容易优化它们。

许多通用处理器体系结构,包括 PowerPC,SPARC,MIPS,Alpha 和 PA-RISC,都是基于 RISC 结构的,虽然最流行的 x86 体系结构有 CISC 指令集,但是研究 RISC 的许多想法都用在实现这种处理器上。而且,使用一台高性能 x86 体系结构的机器的最有效方式就是只用它的简单指令。

人们在过去 40 年中提出了许多体系结构概念,它们包括数据流机、向量机、超长指令字(VLIW)计算机、单指令多数据阵列处理器、脉动阵列、带共享内存的多处理器和带分布内存的多处理器。相应的编译器技术的研究和开发都伴随着上述每一种体系结构概念的发展。

上述一些概念已经应用到嵌入式计算机的设计中。由于完整的系统可以集成在单个芯片上,处理器不再是一个包装好的商品单元,它能够为特定应用量身定做,以获得较好的经济效益。于是,通用处理器由于经济规模而使计算机体系结构趋于一致,而专用处理器则展示了体系结构的多样性。编译技术不仅要支持这些体系结构上的编程,还要评价拟采用体系结构的设计。

1.4.4 程序翻译

编译器是将高级语言翻译为低级语言的翻译器,同样的技术可用于不同种类语言之间的翻译。下面是程序翻译技术的两个重要应用。

1. 二进制翻译

编译技术可用于把一种指令集的二进制代码翻译成另一种指令集的代码,以运行原先为别的指令集编译的代码。许多计算机公司用这种方式增强其产品上的软件的可用性。一个典型例子是,由于 x86 体系结构的计算机在个人计算机市场上占据支配地位,大部分软件产品是 x86 的代码,把 x86 的代码转换成 Alpha 和 SPARC 代码的二进制翻译器早已出现。全美达(Transmeta)公司的 Crusoe 处理器是一种 VLIW(超长指令集架构)处理器,它不在硬件上直接执行复杂的 x86 指令集,而是利用二进制翻译技术把 x86 指令翻译成本地 VLIW 代码。二进制翻译技术也可用于提供反向的兼容性。1994 年,当 Apple Macintosh 的处理器从 Motorola MC68040 改到 PowerPC 时,二进制翻译使得 PowerPC 处理器可以运行 MC68040 代码。

2. 数据库查询解释

数据库查询语言,如结构化查询语言(SQL),其查询主要由包括关系和布尔运算符号的断言组成,它们可以被解释执行,也可以被编译成搜索数据库的命令,以寻找满足这些谓词的记录。

1.4.5 提高软件开发效率的工具

可以说,程序是最复杂的人工产物之一,它们包含许许多多的细节,要求每个细节在程序真正投入使用后不能出错,在调试时能定位程序中的错误。

一种很有前景并且和测试互补的方式是利用数据流分析来静态定位错误。通过数据流分析能发现任何可能的执行路径上的错误,而不仅仅是那些由测试数据集合引起的执行路径上的错误。源于编译器优化的许多数据流分析技术可以用来构造一些工具,在软件工程任务中给程序员以帮助。

找出程序中的所有错误是一个不可判定的问题。数据流分析可以设计成将所有可能是错误的情况都报告给程序员,但是若其中大部分报告都是假的,程序员将不会使用这样的工具。通常,实际的错误探测器确实既不可靠也不完备,即它们不能保证报告给程序员的都是真正的错误,并且也发现不了程序中所有的错误。尽管如此,各种静态分析工具仍然层出不穷。错误探测器的不可靠使得它们和编译器优化有着显著区别,优化器必须是稳妥的,在任何情况下都不能改变程序的语义。

源于编译器中代码优化技术的程序分析一直在改进软件开发效率,下面介绍三个方面。

1. 类型检查

类型检查是一种捕捉程序中的不一致性的成熟且有效的技术。例如,它能发现运算对象的类型不满足运算的要求,参数和对应形式参数(形参)的类型不匹配的情况。通过分析程序的数据流,程序分析能发现除了类型错误以外的更多错误。例如,能发现"把一个指针赋值为 null 后紧接着对它进行引用操作"显然是一个程序错误。

类型检查技术可用于捕捉多种安全漏洞,这些漏洞是指攻击者通过向程序提供程序未谨慎使用的字符串或其他数据来发起攻击。程序分析的一种解决方法是把由用户提供的字符串的类型细化为"危险的",如果程序没有对该字符串进行格式检查,则它一直维持为"危险的"。如果这个类型的字符串可能影响程序某点的控制流,则程序有潜在的安全缺陷和危险。

2. 边界检查

当程序员用较低级的语言编程时很容易犯错误。例如,系统中很多安全缺口就是由 C 程序中的缓冲区溢出引起的,因为 C 程序不做数组边界检查,它要求程序员保证对数组的访问没有越界。不检查用户提供的数据会导致缓冲区溢出,进而程序就可能破坏或误用缓冲区以外的用户数据。攻击者就是利用给程序提供这样数据的机会,致使程序行为不正常并危及系统安全。虽然查找程序缓冲区溢出的很多技术一直在开发,但是都只取得了有限的成功。

删除冗余边界检查的数据流分析技术也可以用来定位缓冲区溢出。未能删除一个冗余的边界检查仅仅只是增加了一点点运行开销,而未能定位一个潜在的缓冲区溢出却可能危及系统的安全。因此虽然使用简单的技术来优化边界检查是足够了,但是为了获得高质量的错误探测工具,需要使用更复杂的分析技术,如对指针的值进行跨过程跟踪。

3. 内存管理

无用单元收集是在易于编程、软件可信赖和执行效率之间的一个折中。自动的内存管理能删除内存泄露等所有内存管理错误,这些错误是 C 和 C++程序中问题的主要根源。很多帮助程序员发现内存管理错误的工具一直在开发,如 Purify 就是一个被广泛使用的工具,它能动态地捕获程序运行时出现的内存管理错误。另外,静态地标识这些错误的程序分析工具也一直在开发。

1.5 本章小结

　　本章的内容主要是有关编译程序的一些基本概念。编译程序是把诸如 FORTRAN，Pascal,C 等高级语言源程序转换为低级语言目标程序的一种翻译程序,程序编译的工作过程通常划分为词法分析、语法分析、语义分析和中间代码产生、代码优化、目标代码生成五个阶段。一个完整的编译程序还包括表格管理和错误处理两个部分。实际实现时,可以把编译程序组织为若干遍,也可以单独进行一遍处理。通常把与源语言有关但与目标机无关的那些部分称为编译前端,而把与目标机有关的那些部分称为编译后端。编译器的设计影响着计算机科学的很多领域,在这些领域里,编译器设计的相关技术、理论和方法都有非常重要的应用。

习　题　1

1. 解释下列名词:
    (1) 翻译程序。
    (2) 编译程序。
    (3) 解释程序。
    (4) 遍。
    (5) 编译前端。
    (6) 编译后端。

2. 根据要求回答下列问题:
    (1) 计算机执行用高级语言编写的程序有哪些途径? 它们之间的主要区别是什么?
    (2) 编译程序通常分为哪几个阶段? 各阶段的任务、遵循的规则和描述工具分别是什么?
    (3) 请画出编译程序的总体框架图。
    (4) 从编译程序的角度来看,源语言程序中出现的错误有哪些?
    (5) 请简述分遍的优缺点。

3. 从以下一些方面比较你所使用过的一些语言的编译程序:编译速度、出错信息的可读性、有无优化选择等。

第2章 文法和语言

【**学习目标**】 理解文法和语言的相关概念；掌握文法的四种类型；掌握文法的二义性及其消除方法；了解文法的等价及其变换方法。

程序设计语言与自然语言存在着共性，都是由语法和语义两部分组成的。语法是语言的形式，语义是语言的内容。以语法为媒介来说明语义是语言的实质，即语言是由具有独立意义的单词根据一定语法规则组成的句子的集合。文法就是定义语法的一组规则，这些规则可以对语言的形式进行描述，即文法是阐明语法的工具，可实现用有限的规则把语言的无限句子集描述出来。本章首先介绍文法和语言的有关术语，然后介绍 A. N. Chomsky 对文法的分类方法，最后说明文法的二义性和等价的概念。

2.1 符号和符号串

程序设计语言是由程序所组成的集合。从字面上看，每个程序都是由一些基本符号所组成的，程序设计语言可看成是在基本符号集上定义的、按一定规则构成的、由基本符号串组成的集合，因此有必要回顾一下有关符号串的一些概念，以此作为文法和语言的形式定义的预备知识。

定义 2.1 **字母表**：是元素的非空有限集合。

例如，字母表 U＝{a,b,c}；字母表 V＝{0,1,2}。

定义 2.2 **符号**：是字母表中的元素。

例如，a,b,c 是字母表 U 中的符号；0,1,2 是字母表 V 中的符号。

定义 2.3 **符号串**：是任何由符号组成的有限序列。

例如，字母表定义 2.1 中 U 中的符号串有 a,b,c,aa,ab,ac,ba,bb,bc,…,aaa,…。

定义 2.4 **空符号串（空字）**：不含任何符号的符号串，记为 ε。

1. 符号串的运算

（1）符号串的长度

符号串的长度是指符号串中所包含的符号个数。符号串 s 的长度记为 $|s|$。

例如，$|x|＝1$，$|xyz|＝3$，$|ε|＝0$。

（2）符号串的连接

符号串 x 和符号串 y 的连接，是把 y 的所有符号相继写在 x 的符号之后得到的符号串，记为 xy。

例如，x＝ab，y＝cd，则 xy＝abcd，yx＝cdab。规定 εa＝aε＝a。

（3）符号串的方幂

符号串 a 自身连接 n 次得到的符号串称为 a 的 n 次方幂，记为 a^n。

例如，$a^1＝a$，$a^2＝aa$，$a^0＝ε$。

定义 2.5　符号串集合：字母表上的符号串组成的集合。

例如，若有字母表 U＝{a,b,c}，则 A＝{a,ab}，B＝{aa,ab,ac}等都是字母表 U 上的集合。

2. 符号串集合的运算

（1）符号串集合的乘积

符号串集合 A 和 B 的乘积定义为：AB＝{xy｜x∈A 且 y∈B}，即 AB 是由 A 中的符号串 x 和 B 中的符号串 y 连接而成的串 xy 组成的集合。

例如，若符号串集合 A＝{ab,cde}，B＝{0,1}，则 AB＝{ab0,ab1,cde0,cde1}。显然，{ε}A＝A{ε}＝A。

（2）符号串集合的方幂

设 A 是符号串的集合，则称 A^i 为符号串集 A 的方幂，其中 i 是非负整数。具体定义如下：

$$A^0＝\{ε\}$$
$$A^1＝A$$
$$A^2＝AA$$
$$\cdots$$
$$A^k＝AA\cdots A（k 个）$$

例如，若符号串集合 A＝{ab,cd}，则

$A^0＝\{ε\}$

$A^1＝\{ab,cd\}$

$A^2＝\{ab,cd\}\{ab,cd\}＝\{abab,abcd,cdab,cdcd\}$

$A^3＝\{ab,cd\}\{ab,cd\}\{ab,cd\}$
$＝\{ababab,ababcd,abcdab,abcdcd,cdabab,cdabcd,cdcdab,cdcdcd\}$

$\cdots$

（3）符号串集合的闭包与正闭包

字符串集合 A 的闭包 A^* 定义为

$$A^*＝A^0 \bigcup A^1 \bigcup A^2 \bigcup A^3 \bigcup \cdots$$

字符串集合 A 的正闭包 A^+ 定义为

$$A^+＝A^1 \bigcup A^2 \bigcup A^3 \bigcup A^4 \bigcup \cdots$$

显然有

$$A^*＝A^0 \bigcup A^+＝\{ε\} \bigcup A^+$$

例如，设 A＝{a,b}，则

$$A^*＝\{ε,a,b,aa,ab,ba,bb,aaa,\cdots\}$$
$$A^+＝\{a,b,aa,ab,ba,bb,aaa,\cdots\}$$

2.2 文法和语言的形式定义

文法是语言语法的描述工具,是描述语言的语法结构的形式规则(即语法规则)。这些规则必须是准确的、易于理解的,应当有相当强的描述能力,足以描述各种不同的结构。按这种规则形成的程序设计语言应有利于句子的分析和翻译,并且最好能通过这些规则自动产生有效的语法分析程序。

2.2.1 文法和上下文无关文法

文法是描述语言的,所以语言的定义以文法为基础。文法严格定义句子的结构,能实现用有限的规则把语言的无限句子集描述出来。1956 年,著名的语言学家 Chomsky 首先对形式语言进行了描述,给出了文法的形式化定义。

定义 2.6 文法:文法 G 是一个四元组,令 $G=(V_T,V_N,S,P)$,其中:V_T 是一个非空有限的符号集合,它的每个元素称为终结符号;V_N 也是一个非空有限的符号集合,它的每个元素称为非终结符号,并且有 $V_T \cap V_N = \varnothing$;$S \in V_N$,称为文法 G 的开始符号;P 是一个产生式的集合,产生式的形式为 $\alpha \to \beta$,α 称为左部,β 称为右部,其中 $\alpha,\beta \in (V_T \cup V_N)^*$,且 $\alpha \neq \varepsilon$;开始符号 S 必须在某个产生式中作为左部出现至少一次。

根据对产生式所施加的限制的不同,Chomsky 将文法分为四类:0 型文法、1 型文法、2 型文法、3 型文法。在这四类文法中,应用最为广泛的是 2 型文法,即上下文无关文法(context-free grammar,简称 CFG)。上下文无关文法所定义的语法范畴(或语法单位)是完全独立于这种范畴可能出现的环境的一种文法。

定义 2.7 上下文无关文法:文法 $G=(V_T,V_N,S,P)$,若 P 中的每一个产生式 $A \to \beta$ 满足 $A \in V_N$,$\beta \in (V_N \cup V_T)^*$,则此文法称为 2 型文法或上下文无关文法。

特别注意:上下文无关文法拥有足够强的表达能力来表示大多数程序设计语言。

【例 2.1】 文法 $G=(V_T,V_N,S,P)$,其中 $V_N=\{S\}$,$V_T=\{0,1\}$,$P=\{S \to 0S1, S \to 01\}$。这里,非终结符集中只含一个元素 S;终结符集由两个元素 0 和 1 组成;有两个产生式;开始符号是 S。

【例 2.2】 文法 $G=(V_T,V_N,S,P)$,其中 $V_N=\{expr,op\}$,$V_T=\{id,+,*,-,(,)\}$,$S=expr$,

$$
\begin{aligned}
P = \{ & \\
expr &\to expr\ op\ expr \\
expr &\to (expr) \\
expr &\to - expr \\
expr &\to id \\
op &\to + \\
op &\to * \\
\}&
\end{aligned}
$$

例 2.1 和例 2.2 中的文法都是上下文无关文法。上下文无关文法在编译技术中扮演着重要的角色。它们能够把分析器的实现从一种费时的、非通用方式的设计工作转变为一种能够很快完成的工作。当利用产生式规则,用一组符号替换某个非终结符时,与非终结符的上下文无关。上下文无关文法与其他类型的文法相比,它的优点体现在:对程序的语法描述精确易懂;可根据语言的语法描述构造分析程序;在语言的语法描述中易插入语义描述和进行语义翻译。以下内容中,除非另作说明,所涉及的文法都指上下文无关文法。

2.2.2　推导和语法分析树

为了描述文法定义的语言,就需要使用推导。形式语言理论中的推导,实质上是一种替换操作,即把符号串中的非终结符用其产生式右部的串来代替。推导过程就是从文法的开始符号到句子的变换过程。

定义 2.8　推导:若 $A \rightarrow \gamma$ 是一个产生式,且 $\alpha, \beta \in (V_T \cup V_N)^*$,则有 $\alpha A \beta \Rightarrow \alpha \gamma \beta$,表示由 $\alpha A \beta$ 直接推出 $\alpha \gamma \beta$。如果 $\alpha_1 \Rightarrow \alpha_2 \Rightarrow \cdots \Rightarrow \alpha_n$,则这个序列是从 α_1 至 α_n 的一个推导。符号"$\Rightarrow$"表示"一步推导"。若存在一个从 α_1 至 α_n 的推导,则称 α_1 可推导出 α_n。

① $\alpha_1 \overset{+}{\Rightarrow} \alpha_n$ 表示:从 α_1 出发,经 1 步或若干步,可推导出 α_n。

② $\alpha_1 \overset{*}{\Rightarrow} \alpha_n$ 表示:从 α_1 出发,经 0 步或若干步,可推导出 α_n。

从一个句型到另一句型的推导过程往往不是唯一的,为了对句子的结构进行确定性的分析,通常只考虑最左推导或最右推导。最右推导又称为规范推导。

① **最左推导:**最左推导是指任何一步 $\alpha \Rightarrow \beta$ 都是对 α 中的最左边的非终结符进行替换。

② **最右推导:**最右推导是指任何一步 $\alpha \Rightarrow \beta$ 都是对 α 中的最右边的非终结符进行替换。

【例 2.3】　文法 G:

$$E \rightarrow E + T \mid T$$
$$T \rightarrow T * F \mid F$$
$$F \rightarrow (E) \mid i$$

求句子 $i + i * i$ 的最左推导和最右推导。

解　句子 $i + i * i$ 的最左推导和最右推导过程如下:

最左推导:

$$E \Rightarrow E + T \Rightarrow T + T \Rightarrow F + T \Rightarrow i + T \Rightarrow i + T * F$$
$$\Rightarrow i + F * F \Rightarrow i + i * F \Rightarrow i + i * i$$

最右推导:

$$E \Rightarrow E + T \Rightarrow E + T * F \Rightarrow E + T * i \Rightarrow E + F * i$$
$$\Rightarrow E + i * i \Rightarrow T + i * i \Rightarrow F + i * i \Rightarrow i + i * i$$

特别注意:推导过程就是从文法的开始符号到句子的变换过程。

语法分析树是推导过程的图形表示,简称为语法树。语法树中的每个内部结点由非终结符标记,它的叶子结点由该非终结符的这次推导所用产生式的右部各符号从左到右依次标记。语法树的叶子结点由非终结符或终结符标记,所有这些标记从左到右构成一个句型。语法树有助于更直观和更清晰地描述一个句型或句子的语法结构。语法树表示为一棵倒立的树。

定义 2.9　语法树:设有文法 $G=(V_T,V_N,S,P)$,则满足下述条件的树称为语法树:

① 每个结点有一标记 X,且 $X\in(V_T\cup V_N)^*$。

② 根结点的标记为 S(开始符)。

③ 若结点 X 有后继,则 $X\in V_N$。

④ 若结点 A 有 k 个后继,自左至右标记为 $X_1,X_2,\cdots,X_k$,则 $A\to X_1X_2\cdots X_k\in P$。

【例 2.4】　文法 G 为

$$S\to aAcB\mid Bd$$
$$A\to AaB\mid c$$
$$B\to bScA\mid b$$

画出句型 aAaBcbbdcc 和 aAcbBdcc 的语法树。

解　句型 aAaBcbbdcc 和 aAcbBdcc 的语法树分别如图 2-1 的(a)和(b)所示。

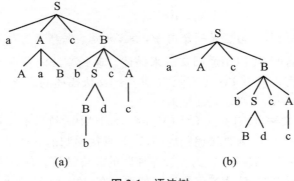

图 2-1　语法树

2.2.3　句型、句子和语言

定义 2.10　句型:设有文法 $G=(V_T,V_N,S,P)$,S 是开始符号,如果有 $S\overset{*}{\Rightarrow}\alpha,\alpha\in(V_T\cup V_N)^*$,则称 α 是一个句型。

例如:例 2.3 中的文法,由于 $E\Rightarrow E+T\Rightarrow E+T*F\Rightarrow E+T*i\Rightarrow E+F*i\Rightarrow E+(E)*i\Rightarrow E+(E+T)*i$,因此符号串 $E+T,E+T*F,E+T*i,E+F*i,E+(E)*i$ 和 $E+(E+T)*i$ 以及符号 E 都是该文法的句型。

定义 2.11　句子:仅含终结符的句型是一个句子。即设有文法 $G=(V_T,V_N,S,P)$,S 是开始符号,如果有 $S\overset{*}{\Rightarrow}\alpha,\alpha\in V_T^*$,则称 α 是一个句子。

例如,例 2.3 中的文法,由于 $E\overset{+}{\Rightarrow}i+i*i$,所以终结符号串 $i+i*i$ 是该文法的一个句子。

定义 2.12　语言:文法 $G=(V_T,V_N,S,P)$ 所产生的句子的全体是一个语言,记为 $L(G)$,即

$$L(G)=\{\alpha\mid S\overset{*}{\Rightarrow}\alpha,\alpha\in V_T^*\}$$

【例 2.5】　文法 $G=(\{0,1\},\{S\},S,P)$,其中 $P=\{S\to 0S1,\ S\to 01\}$。求该文法的语言 $L(G)$。

解　从 $S\Rightarrow 01$,$S\Rightarrow 0S1\Rightarrow 0011$,$S\Rightarrow 0S1\Rightarrow 00S11\Rightarrow 000S111\Rightarrow 00001111,\cdots$,可以看出 S:

01,0S1,0011,00S11,000S111,00001111 等都是 G 的句型；01,0011,00001111 等都是 G 的句子。由于

$$S\Rightarrow 0S1\Rightarrow 00S11\Rightarrow 0^3S1^3\Rightarrow\cdots\Rightarrow 0^{n-1}S1^{n-1}\Rightarrow 0^n1^n$$

所以该文法对应的语言 $L(G)=\{0^n1^n\mid n\geqslant 1\}$。

【例 2.6】 给定语言 $L(G)=\{a^nb^nc^m\mid n\geqslant 1,m\geqslant 0\}$，构造其对应的上下文无关文法。

解 要求语言 $L(G)$ 符合 $a^nb^nc^m$，因为要求 a 和 b 个数相等，所以可以把它们看作一个整体，而将 c^m 作为另一个单位，初步产生式就应写为 S→AB，其中 A 推出 a^nb^n，B 推出 c^m，因为 m 可以为 0，故进一步有 S→AB|A。对于 A，只要是要求两个终结符个数相等的问题，都应写成 A→aAb|ab 的形式；对于 B，可以写为 B→Bc|c 的形式。

由以上分析，可以得到如下由语言 $L(G)$ 构造的上下文无关文法：

$$S\rightarrow AB\mid A$$
$$A\rightarrow aAb\mid ab$$
$$B\rightarrow Bc\mid c$$

特别注意：仅含终结符的句型是一个句子，语言就是文法所产生的句子的全体。

当语言为无限集合时，可以用递归文法来描述。递归文法的存在使得有可能用有限的文法来描述无限的语言。只要文法是有限的，非递归文法描述的语言就是有限的；而只要文法是递归的，其所描述的语言必定是无限的。

定义 2.13 **递归文法**：设有文法 $G=(V_T,V_N,S,P)$ 中的符号串 x 和 y，若规则 U→xUy $\in$P，且 $xy\neq\varepsilon$，则称 U→xUy 为直接递归规则，U 为直接递归的非终结符。特别地，若 $x=\varepsilon$，则称 U→xUy 为直接左递归规则，U 为直接左递归的非终结符。如果文法 G 中至少含有一个递归的非终结符，则称此文法为递归文法。如果存在 $\alpha A\beta\Rightarrow\alpha A\beta'$ 的推导，则称文法 G 是间接递归文法。

例如，因为有 E⇒E…，若有文法 G_1 为 E→E+E|E*E|(E)|i，则文法 G_1 是直接递归文法；因为有 T⇒Qc⇒Rbc⇒Tabc，即 $T\overset{+}{\Rightarrow}Tabc$，若有文法 G_2 为

$$T\rightarrow Qc\mid c$$
$$Q\rightarrow Rb\mid b$$
$$R\rightarrow Ta\mid a$$

则文法 G_2 是间接递归文法。

【例 2.7】 已知文法 G[A]：

$$A\rightarrow BaB\mid aBc\mid a$$
$$B\rightarrow b\mid bc$$

考查文法 G[A] 的递归性及其所定义的语言。

解 由于非终结符 A 是由 a 或含 B 的符号串所定义的，而 B 又是完全由终结符号串所组成的，故对于 A，不可能存在形如 $A\overset{*}{\Rightarrow}xAy$ 的推导，所以 A 不是递归的非终结符；对于 B，由于只存在由终结符定义的规则，所以 B 也不是递归的非终结符。因此 G[A] 为非递归文法。

由规则 A→a 可得 A⇒a，因此 $a\in L(G[A])$。

由规则 A→aBc 和 B→b|bc 可得 $A\overset{+}{\Rightarrow}abc$ 和 $A\overset{+}{\Rightarrow}abcc$，因此 abc,abcc$\in L(G[A])$。

由规则 A→BaB 和 B→b|bc 可得 $A\overset{+}{\Rightarrow}bab$，$A\overset{+}{\Rightarrow}babc$，$A\overset{+}{\Rightarrow}bcab$，$A\overset{+}{\Rightarrow}bcabc$，因此 bab, babc,bcab,bcabc∈L(G[A])。

由此可得,文法 G[A] 所定义的语言为

$$L(G[A])=\{a,abc,abcc,bab,babc,bcab,bcabc\}$$

从本例可以看出,尽管文法 G[A]所含规则不少,但由于它是非递归的,所以其所定义的语言是有限的。

2.3 Chomsky 文法分类

1956 年 Chomsky 在对某些自然语言进行研究的基础上,提出了一种用于描述语言的数学系统,并以此定义了四类不同的文法和语言。这种理论对计算机科学有着深刻的影响,特别是在程序设计语言的设计、编译方法和计算复杂性等方面有重大的作用。文法的核心是产生式,它决定着产生什么样的语言,所以文法分类的基点是对产生式类型的区分。Chomsky 文法的四种类型是:0 型方法、1 型方法、2 型方法和 3 型方法。这几类文法对产生式施加不同的限制。表 2-1 描述了这四种类型的文法。

表 2-1　文法的类型

文法类型	产生式的限制
0 型文法 (短语文法)	$\alpha\rightarrow\beta$ 其中 $\alpha,\beta\in(V_T\cup V_N)^*$,且 α 中至少含有一个非终结符
1 型文法 (上下文有关文法)	$\alpha\rightarrow\beta$ 其中 $\alpha,\beta\in(V_T\cup V_N)^*$,且 $|\alpha|\leqslant|\beta|$,仅 $S\rightarrow\varepsilon$ 除外
2 型文法 (上下文无关文法)	$A\rightarrow\beta$ 其中 $A\in V_N,\beta\in(V_T\cup V_N)^*$
3 型文法 (正规文法)	$A\rightarrow\alpha\|\alpha B$(右线性)或 $A\rightarrow\alpha\|B\alpha$(左线性) 其中 $A,B\in V_N,\alpha\in V_T^*$

2.3.1　0 型文法

0 型文法也称短语文法。一个非常重要的理论是:0 型文法的能力相当于图灵机(turing machine)。或者说,任何 0 型语言都是递归可枚举的;反之,递归可枚举集必定是一个 0 型语言。

【例 2.8】　文法 G=(V_T,V_N,S,P),其中 $V_T=\{a\}$,$V_N=\{S,A,B,C,D,E\}$,P 由如下产生式组成:

$$
\begin{aligned}
&P = \{\\
&S \rightarrow ACaB\\
&CB \rightarrow E\\
&aE \rightarrow Ea\\
&aD \rightarrow Da \quad Ca \rightarrow aaC
\end{aligned}
$$

$$AE \rightarrow \epsilon$$
$$AD \rightarrow AC \quad CB \rightarrow DB$$
$$\}$$

从规则形式上可以看出,文法 G 是一个 0 型文法,所产生的语言是

$$L(G) = \{a^i \mid i \text{ 是 2 的正整次方}\}$$

2.3.2　1 型文法

1 型文法产生式的一般形式是 $\alpha A \beta \rightarrow \alpha \gamma \beta$,其中 $\alpha, \beta \in (V_T \cup V_N)^*$,$A \in V_N$。由于在文法规则中规定了非终结符 A 在出现上下文 α 和 β 的情况下才能推导 γ,显示了上下文有关的特点,因此称 1 型文法为上下文有关文法。

【例 2.9】　文法 $G = (V_T, V_N, S, P)$,其中 $V_T = \{a, b, c\}$,$V_N = \{S, A, B, C\}$,P 由如下产生式组成:

$$P = \{$$
$$A \rightarrow abC$$
$$bC \rightarrow bc$$
$$S \rightarrow A$$
$$CB \rightarrow BC$$
$$cC \rightarrow cc \quad A \rightarrow aABC$$
$$bB \rightarrow bb$$
$$\}$$

从规则形式上可以看出,文法 G 是一个 1 型文法,所产生的语言是

$$L(G) = \{a^i b^i c^i \mid i \geqslant 1\}$$

2.3.3　2 型文法

2 型文法是 1 型文法的特例,在 1 型文法的基础上,如果非终结符的替换可以不必考虑上下文,这就是 2 型文法,也称为上下文无关文法。上下文无关文法对应非确定的下推自动机,上下文无关文法有足够的能力描述现今多数程序设计语言的语法结构。

【例 2.10】　文法 $G = (V_T, V_N, S, P)$,其中 $V_T = \{a, b\}$,$V_N = \{S\}$,$P = \{S \rightarrow aSb, S \rightarrow ab\}$ 就是一个上下文无关文法,它所定义的语言为

$$L(G) = \{a^i b^i \mid i \geqslant 1\}$$

2.3.4　3 型文法

3 型文法包括左线性文法和右线性文法,每一个 3 型文法都可以由某一个正规式来表示,所以 3 型文法也称为正规文法。一个 3 型文法所描述的语言可以用相应的有限自动机来识别,因此常常将有限自动机和正规式作为设计词法扫描器的工具。在程序设计语言中,通常用 3 型文法来描述单词的结构。

【例 2.11】　文法 $G = (V_T, V_N, S, P)$,其中 $V_T = \{a, b\}$,$V_N = \{S, A\}$,P 由如下产生式

组成：

$$P=\{$$
$$S\rightarrow aA$$
$$A\rightarrow abA$$
$$A\rightarrow a$$
$$\}$$

显然,该文法的规则满足 3 型文法中右线性文法的限制条件,故该文法为右线性文法,它所定义的语言为

$$L(G)=\{a(ab)^n a\,|\,n\geqslant 0\}$$

【例 2.12】 文法 $G=(V_T,V_N,S,P)$,其中 $V_T=\{a,b\}$,$V_N=\{S,A\}$,P 由如下产生式组成：

$$P=\{$$
$$S\rightarrow Aa$$
$$A\rightarrow Aab$$
$$A\rightarrow a$$
$$\}$$

显然,该文法的规则满足 3 型文法中左线性文法的限制条件,故该文法为左线性文法,它所定义的语言也是

$$L(G)=\{a(ab)^n a\,|\,n\geqslant 0\}$$

特别注意:根据对产生式施加限制的不同,Chomsky 把文法分成四种类型。

综上所述,四类文法,从 0 型到 3 型,后一类是前一类的子集,且限制逐步增强,而描述语言的功能逐步减弱。四类文法之间的关系可以表示为

$$0\text{ 型}\supset 1\text{ 型}\supset 2\text{ 型}\supset 3\text{ 型}$$

2.4 文法和语言的二义性

定义 2.14 二义性文法:若文法 G 的一个句子有两种不同的最左推导(或最右推导),或者存在两棵不同的语法树,则称这个句子是二义性的。一个文法如果包含二义性的句子,则这个文法是二义性文法,否则是无二义性文法。

文法的二义性和语言的二义性是两个不同的概念,既有区别,又有联系。文法是二义性的,其描述的语言未必是二义性的。这要看该二义性文法是否存在一个等价的非二义性文法。如果存在一个与该二义性文法等价的非二义性文法描述同一种语言,则可以认为,该二义性文法所对应的语言中某些句子的二义性完全是由二义性文法所引起的,而不是语言本身所固有的。即有两个不同的文法 G 和 G′,其中 G 是二义性的,但是却有 L(G)=L(G′),也就是说,这两个文法所描述的语言是相同的。在这种情况下,可以把二义性文法看作是对语言的不完善说明,它在定义语言结构的同时,将语义的不确定性也强加于该语言,因而不能由此认为该语言是二义性的。只有当某种语言的所有文法都是二义性的时,才称该语言是先天二义性的或固有二义性的。

由于在程序设计语言中,不涉及语言的二义性问题,因此通常只讨论文法的二义性。

【例 2.13】 文法 G[E]:

$$E \rightarrow E+E \mid E*E \mid (E) \mid i$$

句子 i+i*i 存在着两种最左推导:

$$E \Rightarrow E+E \Rightarrow i+E \Rightarrow i+E*E \Rightarrow i+i*E \Rightarrow i+i*i$$

$$E \Rightarrow E*E \Rightarrow E+E*E \Rightarrow i+E*E \Rightarrow i+i*E \Rightarrow i+i*i$$

两种最左推导所形成的两棵不同的语法树分别如图 2-2(a)和(b)所示。

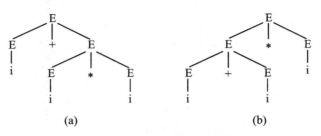

图 2-2　句子 i+i * i 的两棵不同的语法树

因此文法 G[E]是二义性文法。

【例 2.14】 文法 G[S]:

$$S \rightarrow if\ B\ S$$

$$S \rightarrow if\ B\ S\ else\ S$$

$$S \rightarrow A$$

其中 $V_N = \{B, S, A\}$,$V_T = \{if, else\}$,则句型 if B if B S else S 所对应的两棵不同的语法树分别如图 2-3(a)和(b)所示。

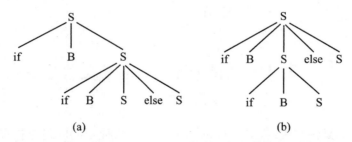

图 2-3　句型 if B if B S else S 的两棵不同的语法树

因此文法 G[S]是二义性文法。

对于一个程序设计语言来说,常常希望它的文法是无二义性的,因为希望对它的每个语句的分析是唯一的。已经证明,要判定任给的一个上下文无关文法是否为二义性的,或它是否产生一个先天二义性的上下文无关语言,这两个问题是递归不可解的,即上下文无关文法是否具有二义性是不可判定的。

特别注意:文法的二义性和语言的二义性是两个不同的概念,既有区别,又有联系。

一个文法是二义性的,并不能说明该文法所描述的语言也是二义性的,即对于一个二义性文法 G[S],如果能找到一个非二义性文法 G′[S],使得 L(G′)=L(G),则该二义性文法的二义性是可以消除的。实质上二义性文法对一种语言的语法说明不够完善,应该避免。一般有两种解决二义性的基本方法：

① 不修改二义性文法本身,而是设置一个规则,该规则可在每个二义性情况下指出哪一个语法树是正确的。这样的规则称作消除二义性规则。这种规则的优点在于:它无需修改文法就可消除二义性;它的缺点在于:原本一个语言的语法结构应该由文法单独定义,现在还得由其他补充规则说明。

② 通过增加适当的非终结符及产生式来消除方法中的二义性结构,实际上就是改写文法规则。文法的二义性主要来源于产生式候选式的无序性。这种无序性生成语法树时对候选式的选择有时是随意的。适当增加一些非终结符的目的就是确定选择候选式的次序。

两种方法中,都必须确定只有一棵对应于句子的语法树是正确的。

【例 2.15】 文法 G[E]：

$$E \to E+E \mid E*E \mid (E) \mid i$$

用两种方法消除文法 G[E]的二义性,求句子 i+i*i 对应的唯一语法树。

解 消除 G[E]的二义性可采用如下两种方法：

方法一 不改变文法 G[E]已有的四个产生式,仅加进运算符的优先顺序和结合规则,即 * 优先于＋,且 * ,＋都服从左结合。这样,文法 G[E]中的句子 i+i*i 就只有如图2-4(a)所示的唯一一棵语法树。

方法二 构造一个等价的无二义性文法,即把排除二义性的规则合并到原有文法中,改写原有的文法。将文法 G[E]改写为如下无二义性文法 G'[E]：

$$E \to E+T \mid T$$
$$T \to T*F \mid F$$
$$F \to (E) \mid i$$

此时,句子 i+i*i 就只有如图 2-4(b)所示的唯一一棵语法树。

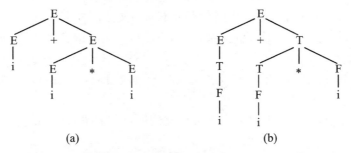

(a)　　　　　　　　　　(b)

图 2-4　用两种方法消除二义性后句子 i+i*i 对应的语法树

【例 2.16】 试将如下的二义性文法 G[S]的二义性消除：

$$S \to \text{if } b \text{ S} \mid \text{if } b \text{ S else } S \mid A$$

解 消除 G[S]的二义性可采用如下两种方法：

方法一 不改变已有规则,仅加进一项非形式的语法规定——else 与离它最近的 if 匹配(即最近匹配原则)。这样,文法 G[S]的句子 if b if b A else A 只对应如图 2-5(a)所示的唯一一棵语法树。

方法二 改写文法 G[S]为 G'[S]：

$$S \to S1 \mid S2$$
$$S1 \to \text{if } b \text{ S1 else S1} \mid A$$

$$S2 \rightarrow if\ b\ S\ |\ if\ b\ S1\ else\ S2$$

因为引起二义性的原因是 if-else 语句的 if 后可以是任意 if 型语句,所以改写文法时规定 if 和 else 之间只能是 if-else 语句或其他语句。这样,文法 $G'[S]$ 的句子 if b if b A else A 只对应如图 2-5(b)所示的唯一一棵语法树。

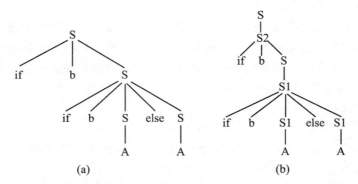

图 2-5   用两种方法消除二义性后句子 **if b if b A else A** 对应的语法树

2.5　文法的等价及其变换

一个文法可以定义某种语言,而一个特定的语言也可以由文法来描述。形式语言理论已经证明了以下两点:

① 对于一个给定的文法,可以唯一地确定它所产生的语言。

② 对于一个给定的语言,可以找到若干个不同的文法定义它。

因此由文法到语言,是一对一的关系,即 $G \rightarrow L(G)$;而由语言到文法,是一对多的关系,即 $L \rightarrow G_1, G_2, G_3, \cdots$。

定义 2.15　**等价文法**:若有两个文法 G_1 和 G_2,如果 $L(G_1) = L(G_2)$,则称 G_1 和 G_2 为等价文法。

等价文法的存在,使人们有可能在不改变文法所定义的语言的前提下,根据不同需要对文法进行改造。

【例 2.17】　已知语言 $L(G) = \{a^{2n+1} | n \geqslant 0\}$ 是由含有奇数个 a 的符号串所组成的集合:它可以由文法 $G_1[S] = (\{a\}, \{S\}, S, \{S \rightarrow aSa, S \rightarrow a\})$ 产生,即 $L(G_1) = L(G)$;也可以由文法 $G_2[S] = (\{a\}, \{S, A\}, S, \{S \rightarrow aA, S \rightarrow a, A \rightarrow aS\})$ 产生,即 $L(G_2) = L(G)$。从而可得 $L(G_1) = L(G_2)$。由定义 2.14 可知,G_1 和 G_2 为等价文法。

【例 2.18】　已知文法 $G[S]$ 为 $S \rightarrow aSb | ab$,构造其等价文法。

解　文法 $G[S]$ 所定义的语言是 $L(G[S]) = \{a^n b^n | n \geqslant 1\}$。

构造文法 $G_1[S]$:

$$S \rightarrow aT | ab$$
$$T \rightarrow Sb$$

构造文法 $G_2[S]$:

$$S \rightarrow aT$$
$$T \rightarrow Sb \mid b$$

显然,对这两个文法,都可以建立推导:

$$S \overset{+}{\Rightarrow} aSb \overset{+}{\Rightarrow} aaSbb \Rightarrow \cdots \Rightarrow a^{n-1}Sb^{n-1} \overset{+}{\Rightarrow} a^n b^n (n \geq 2) \quad \text{和} \quad S \overset{+}{\Rightarrow} ab$$

而且由 S 出发都不可能再推导出其他的符号串。因此

$$L(G_1[S]) = L(G_2[S]) = \{a^n b^n \mid n \geq 1\} = L(G[S])$$

从而 $G_1[S]$,$G_2[S]$ 和 $G[S]$ 是等价文法。

特别注意:若有 n 个文法所定义的语言相同,则这 n 个文法为等价文法。

上下文无关文法的等价问题是不可判定的,即不存在一种算法能够判别任意两个上下文无关文法是否等价。但无论在形式语言还是在编译理论中,文法等价都是一个很重要的概念,根据这一概念,可以对文法进行等价改造,以得到所需形式的文法。利用文法等价的概念,当讨论编译程序实现的有关问题时,某种分析技术对文法会有不同程度的限定。当文法不能满足某种分析技术的应用条件时,需要对文法进行等价变换,使之适应相应的分析技术。文法等价变换的目的是将文法变得更简单,更有利于实现。

常见的文法等价变换方法有:消除 ε 产生式、消除直接左递归和间接左递归。下面,主要介绍消除 ε 产生式的方法,后面两种方法在第 4 章再做介绍。

右部空符号串 ε 的产生式称为 ε 产生式。某些语法分析要求文法不含 ε 产生式,因此必须设法将 ε 产生式消除而不改变文法所定义的语言。为了判断一个语言中是否含有 ε 产生式,同时也为了构造消除 ε 产生式的算法,首先给出算法 2.1,利用此算法可找出一个语言中能导出 ε 的全部非终结符号。

算法 2.1 设 $G = (V_T, V_N, S, P)$ 是任意一文法,构造:集合 $W_1 = \{A \mid A \rightarrow \varepsilon \in P\}$ 和集合序列 $W_{k+1} = W_k \cup \{B \mid B \rightarrow \beta \in P, 且 \beta \in W_k^+\}(k \geq 1)$。对于由此构造的集合序列,显然有 $W_k \subseteq W_{k+1}(k \geq 1)$,而且,由于 V_N 是一有限集,故必存在一个 i,使 $W_i = W_{i+1} = W_{i+2} = \cdots$。若 $W = W_i$,则对于每一个 $A \in W$,有 $A \overset{*}{\Rightarrow} \varepsilon$。特别地,当 $S \in W$ 时,$\varepsilon \in L(G)$,否则 $\varepsilon \notin L(G)$。

根据算法 2.1 找出一个语言中能导出 ε 的全部非终结符号之后,将分别就 ε 是否属于 L(G) 来讨论消除 G 中 ε 产生式的问题。

① 若有文法 $G = (V_T, V_N, S, P)$,且 $\varepsilon \notin L(G)$,则可按下述算法 2.2 构造文法 $G' = (V_T, V_N, S, P')$,使 $L(G') = L(G)$,且 G' 中不含任何 ε 产生式。

算法 2.2 按算法 2.1 将 V_N 分为两个不相交的子集 W 及 $V_N - W$,设 $A \rightarrow X_1 X_2 \cdots X_m$ 是 P 中的任意一产生式,按下面的规则将形如 $A \rightarrow Y_1 Y_2 \cdots Y_m$ 的产生式放入 P' 中。对于一切 $1 \leq i \leq m$:

a. 若 $X_i \notin W$,即 $X_i \in (V_N - W) \cup V_T$,则取 $Y_i = X_i$。

b. 若 $X_i \in W$,则分别取 Y_i 为 X_i 和 ε,也就是说,如果 $X_1, X_2, \cdots, X_m$ 中有 $j(1 \leq j \leq m)$ 个符号属于 W,则将有 2^j 个形如 $A \rightarrow Y_1 Y_2 \cdots Y_m$ 的产生式放入 P' 中,但若所有的 X_i 均属于 W,却不能把所有的 Y_i 都取为 ε。由此构造的产生式集 P',将不包含任何 ε 产生式,且不改变相应的语言。

② 若有文法 $G = (V_T, V_N, S, P)$,且 $\varepsilon \in L(G)$,则可按下述算法 2.3 构造文法 $G_1 = (V_T, V_N^1, S^1, P^1)$,使 $L(G_1) = L(G)$,且除产生式 $S^1 \rightarrow \varepsilon$ 外,P^1 不再含有其他的 ε 产生式,此外 S^1 不出现在任何产生式的右边。

算法 2.3 如果在原文法 G 中,开始符号 S 不出现在任何产生式的右边,则可直接对 G 执行算法 2.2,消去 P 中所有的 ε 产生式,设所得的产生式集为 P′。不过,由于 ε∈L(G),故不论 G 中是否含有产生式 S→ε,G_1 中都含有此产生式。因此可令 P^1=P′∪{S→ε},V_N^1=V_N,S^1=S,则 G_1=(V_T,V_N^1,S^1,P^1)即为所求的文法。但若文法的开始符号 S 在某些产生式的右边出现,则:引入新的符号 S^1(S^1∉V_N∪V_T)作为 G′ 的开始符号,并令 V_N^1=V_N∪{S^1};作产生式集 P′=P∪{S^1→α|S→α∈P};对文法 G′=(V_T,V_N^1,S^1,P′)执行算法 2.2,消去 P′ 中的全部 ε 产生式。此外,再把产生式 S^1→ε 添加到所得的产生式集中,设最后所得的产生式集为 P^1,则文法 G_1=(V_T,V_N^1,S^1,P^1)即为所求的文法。

【例 2.19】 设有文法 G=(V_T,V_N,S,P),其中 V_T={a,b,c},V_N={S,A,B,C},P 由如下产生式组成:

$$S→aA \quad A→BC \quad B→bB \quad C→cC \quad B→ε \quad C→ε$$

对 G 执行算法 2.1,得到 W={A,B,C};再对 G 执行算法 2.2,得到产生式集 P′:

$$S→aA \quad S→a \quad A→BC \quad A→B \quad A→C \quad B→bB \quad B→b \quad C→cC \quad C→c$$

而 G′=(V_T,V_N,S,P′)即为所求的文法。

【例 2.20】 设有文法 G=(V_T,V_N,S,P),其中 V_T={a,b,c},V_N={S,A,B},P 由下列产生式组成:

$$S→cS \quad S→AB \quad A→aAb \quad B→Bb \quad A→ε \quad B→ε$$

引入新的符号 S^1;作产生式集 P′=P∪{S^1→cS,S^1→AB},利用算法 2.2 消去 P′ 中的 ε 产生式,并加入产生式 S^1→ε,设所得的产生式集为 P^1 且由如下的产生式组成:

$$S^1→cS \quad S^1→c \quad S^1→AB \quad S^1→A \quad S^1→B \quad S^1→ε \quad S→cS \quad S→c$$
$$S→AB \quad S→A \quad S→B \quad A→aAb \quad A→ab \quad B→Bb \quad B→b$$

则 G_1=(V_T,V_N∪{S^1},P^1,S^1)即为所求的文法。

> **特别注意**:上下文无关文法的等价问题是不可判定的;文法等价变换的目的是将文法变得更简单,更有利于实现。

2.6 本 章 小 结

形式语言由 Chomsky 于 1956 年提出,其理论的形成和发展推动了计算机科学技术的发展。形式语言理论是编译原理的重要理论基础。

文法是形式语言中一个十分重要的基本概念。可将文法定义为一个四元组,文法 G=(V_N,V_T,S,P)。其中 V_N 是一个非终结符集,V_T 是一个终结符集,S 是文法的开始符号,P 是一个产生式集。从文法的开始符号出发,反复使用产生式进行推导,所得到的符号串是该文法的句型,仅含终结符号的句型是该文法的句子,文法所产生的句子的全体是该文法生成的语言。给定一个语言的文法,一方面我们可以根据文法生成句子(编写程序);另一方面对于任意输入串(源程序),可以根据文法判断它是否属于该语言,这就是后面要介绍的语法分析。

Chomsky 将文法分类为 0 型文法、1 型文法、2 型文法和 3 型文法。程序设计语言的词法规则属于 3 型文法(正规文法)。程序设计语言的语法和语义部分,一般属于 1 型文法(上下文有关文法),但在实际中都是采用 2 型文法(上下文无关文法)来描述语法的。

习 题 2

1. 解释下列名词:
   (1)文法。
   (2)推导。
   (3)最左推导。
   (4)最右推导。
   (5)句型。
   (6)句子。
   (7)语言。
   (8)0 型文法。
   (9)1 型文法。
   (10)2 型文法。
   (11)3 型文法。
   (12)文法的二义性。

2. 请根据要求回答下列问题:
   (1)请简述推导和语法树之间的关系。
   (2)Chomsky 是按照什么原则对文法进行分类? 分成了几类? 各有什么样的特点?
   (3)如何理解"文法是一种以有限的方式描述潜在的无限的符号串集合的手段"这句话的含义?
   (4)简述文法和语言之间的关系。

3. 编写一个文法,使得其语言是偶正整数的集合。要求:
   (1)允许 0 打头。
   (2)不允许 0 打头。

4. 考虑下面的上下文无关文法:
$$S \rightarrow SS * \mid SS + \mid a$$
   (1)表明通过此文法如何生成串 $aa + a *$,并为该串构造推导树。
   (2)该文法生成的语言是什么?

5. 给出生成下述语言的上下文无关文法:
   (1)$\{a^n b^n a^m b^m \mid n, m \geq = 0\}$。
   (2)$\{1^n 0^m 1^m 0^n \mid n, m \geq = 0\}$。
   (3)长度为偶数的 0,1 串集合。

6. 令文法 G[E]为
$$E \rightarrow T \mid E + T \mid E - T$$
$$T \rightarrow F \mid T * F \mid T/F$$
$$F \rightarrow (E) \mid i$$
   (1)证明 $E + T * F$ 是它的一个句型。

(2)给出 i＋i＊i, i＊(i＋i)的最左推导和最右推导。

(3)给出 i＋i＋i, i＋i＊i, i−i−i 的语法树。

7. 证明下面的文法 G[S]是二义性文法：

$$S \rightarrow iSeS \mid iS \mid i$$

8. 将下面的文法 G[S]改写为无二义性文法：

$$S \rightarrow SS \mid (S) \mid ( )$$

9. 令文法 G[S]为

$$S \rightarrow aB \mid bA$$
$$B \rightarrow bS \mid aBB \mid b$$
$$A \rightarrow aS \mid bAA \mid a$$

(1)证明该文法是二义性的。

(2)将该文法改写为无二义性文法。

第 3 章　词法分析与有限自动机

【学习目标】　理解词法分析器的工作原理及设计实现;理解 DFA 和 NFA 的概念;掌握"正规式→NFA→DFA→最小化 DFA"的转换方法;掌握有限自动机、正规文法和正规式的等价性;了解 LEX 的原理与实现。

　　词法分析程序是编译程序的一个构成成分,它的主要任务是扫描源程序,按构词规则识别单词,并报告发现的词法错误。词法分析也是语法分析的一部分,把词法分析从语法分析中独立出来是为了使编译程序结构清晰,也是为了便于使用自动构造工具,提高编译效率。本章首先介绍词法分析程序的功能和设计原则,然后引入正规式和其对单词的描述,接着讲述有限自动机理论,最后给出词法分析程序的自动构造原理。

3.1　词法分析器的设计思想

　　程序的编译是在单词的级别上来分析和翻译源程序的。编译过程的第一步是进行词法分析,词法分析是编译的基础,执行词法分析的程序称为词法分析器或扫描器。词法分析器的主要任务是从左至右逐个字符地扫描源程序,按语言的词法规则识别出一个个的单词符号,把作为字符串的源程序改造成单词符号串的中间程序。

3.1.1　词法分析器的任务和输出形式

　　一个源程序是由单词符号和标点符号组成的。如上所述,词法分析器的主要任务就是从左至右逐个字符地对源程序进行扫描,按语言的词法规则识别出一个个单词,把作为字符串的源程序改造为单词符号串的中间程序,如图 3-1 所示。

图 3-1　词法分析器(扫描器)的主要任务

　　此外,词法分析器还可以完成其他一些任务:除去源程序中的注解和由空格、制表符或换行字符引起的多余的空白字符;由于词法分析器对读入的字符行进行计数,因而还可以将编译器发现的错误信息和源程序联系起来。

词法分析器的功能是输入源程序,输出单词符号,即把构成源程序的字符串转换成等价的单词序列。单词符号是程序语言的基本语法单位和最小语义单位,程序语言的单词符号一般分为以下五种:

① 标识符:由字母、数字、下划线三类字符组成,且只能以字母或下划线打头,用来表示变量、数组、函数等的名字。

② 关键字(又称保留字或基本字):由程序语言定义的具有固定意义的标识符。例如,C语言中的 if,switch,case,break,for,while 等都是关键字。

③ 常数:各种类型的常数。例如,整型常数、实型常数、布尔型常数等。

④ 运算符:如+,-,*,/,<=,<,>,>=,==等。

⑤ 界符:如,,;,(,)等。

词法分析器的输入是源程序字符串,输出是与源程序等价的单词序列。作为词法分析程序输出的单词序列,可以有各种不同的具体内部表示形式,只要不同的单词有唯一的表示,能相互区分就可以。为了后续阶段的处理,词法分析器可以采用某种中间语言形式表示单词以及与单词关联的值,然后交给语法分析程序。词法分析器的输出形式通常表示为一个二元式:

(单词种别,单词符号的属性值)

单词种别表示单词的种类,是语法分析需要的信息,通常用整数编码。一个语言的单词符号如何分类、如何编码,主要取决于如何使其处理起来方便。单词的种类编码方法应最大限度地把各个单词区别开来。标识符一般统归为一种;常数则按类型分种;可将关键字全体视为一种,也可以一字一种;运算符可采用一符一种的分法,但也可以把具有一定共性的算符视为一种;界符一般用一符一种的分法。

单词符号的属性用来区分该种单词中的具体的一个单词,它是单词本身的机内编码,是指单词符号的特性或特征。如果一个种别只含一个单词符号,那么对于这个单词符号,种别编码就完全代表它自身;若一个种别含有许多个单词符号,那么对于它的每个单词符号来说,除了给出种别编码之外,还应给出有关单词符号的属性信息。属性值是反映特性或特征的值。例如,对于某个标识符,常将存放它的有关信息的符号表项的指针作为其属性值;而对于某个常数,则是将存放它的常数表项的指针作为其属性值。

特别注意:词法分析器的功能是把构成源程序的字符串转换成等价的单词序列。

假定单词类别用整数编码,标识符、常数、关键字、运算符和界符的编码依次为1,2,3,4,5。C语句"if(a>=90) b=c;"在经过词法分析器处理后输出的二元式及其单词如表3-1所示。

表 3-1

二元式	单词
(3, "if")	关键字 if
(5, "(")	界符(
(1,指向 a 的符号表项的指针)	标识符 a
(4, ">=")	运算符>=
(2, 90)	常数 90
(5, ")")	界符)

二元式	单　　词
（1,指向 b 的符号表项的指针）	标识符 b
（4, "="）	运算符＝
（1,指向 c 的符号表项的指针）	标识符 c
（5, ";"）	界符;

3.1.2　将词法分析工作分离的考虑

词法分析器可以有两种,一种是作为编译器的独立一遍任务,词法分析器读入整个源程序,它的输出作为语法分析程序的输入。此时可以将词法分析器的输出存入一个中间文件,语法分析器则从该文件中取得输入。另一种是把词法分析程序作为语法分析程序的一个独立子程序。语法分析程序需要新符号时调用这个子程序。在分析阶段,将词法分析和语法分析分离,可以使整个编译程序的结构更简洁、清晰和条理化。词法分析比语法分析要简单得多,可用更有效的特殊方法和工具进行处理。通常把词法分析程序设计为语法分析程序的子程序,每当语法分析器需要一个单词符号时就调用词法分析器,每调用一次,词法分析器就从输入串中识别出一个单词符号,并将该单词类别和单词值返回给语法分析器。图 3-2描述了词法分析器的这种实现方式。

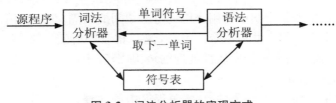

图 3-2　词法分析器的实现方式

在后面的章节中,假定词法分析器是按这种方式进行工作的。将词法分析工作分离有以下优点:

① 简化设计。由词法分析器处理注解和空白字符,可简化语法分析器的设计。此外,在设计新语言时,分离词法和语法规则可以进行更全面的语言设计。

② 改进编译效率。编译的大部分时间消耗在读源程序和分离一个个单词符号上,专用的经过精心设计的读源程序字符流和处理单词符号的词法分析器可以加快编译速度。

③ 增强编译系统的可移植性。不同语言的字母表的特殊性、构词规则的差异和其他与设备有关的不规则性可以限制在词法分析器中进行处理。

3.2　词法分析器的设计

根据上一节的分析,我们基于词法分析器的任务和将词法分析工作分离的考虑来进行词法分析器的设计。

3.2.1 输入缓冲区和预处理程序

词法分析器工作的第一步是输入源程序,词法分析器一般从源程序区依次读入字符后进行扫描和处理。如果能将源程序一次输入到内存的一个源程序区,就可以大大节省源程序输入的时间,提高词法分析器的效率。但要在一个有限的内存空间内满足各种规模源程序的一次输入是困难的,系统开销太大。在词法分析过程中,编译程序借助操作系统从外部存储介质依次读取源程序中的内容。为了提高读取效率和方便词法分析器的处理工作,一般采用缓冲输入方案,即在内存中开辟一个大小适当的输入缓冲区,将源程序从磁盘上分批读入缓冲区,词法分析器从这个缓冲区中读取字符后进行扫描和处理。一般以扇区为单位从磁盘读取信息,或将扇区集合构成的簇或块作为直接访问的最小单位,可以将这样的单位作为分配单位,使每次从磁盘读取的字节数是分配单位的整数倍。当然,缓冲区越大读取磁盘的开销就越小。另外,词法分析器为了正确地识别单词,常常需要进行超前搜索和回退字符等操作,在这个过程中缓冲区也有作用。

实际的词法分析程序往往带有预处理子程序,因此词法分析器真正接受的输入是经过预处理的源程序串。预处理程序可以对输入串进行预处理,这对单词符号的识别工作是比较方便的。空白符、跳格符、回车符和换行符等编辑性字符除了出现在文字常数中外,在其他地方出现是没有意义的,而注解部分几乎允许出现在程序中的任何地方。它们不是程序的必要组成部分,它们存在的意义仅仅在于改善程序的易读性和易理解性,预处理程序可以将其剔除。有些语言把若干个空白符用作单词符号之间的间隔,在这种情况下,预处理程序可以把相继的若干个空白符合并成一个。另外,像 C 语言中有宏定义、文件包含、条件编译等语言特性,为了减轻词法分析器实质性处理的负担,源程序在由缓冲区进入词法分析器之前,要先对源程序进行预处理。

预处理程序的主要功能包括:① 过滤掉源程序中的注释;② 剔除掉源程序中的无用字符;③ 进行宏替换;④ 实现文件包含的嵌入和条件编译的嵌入等。

每当词法分析器调用预处理程序时,预处理程序就处理出一串确定长度的输入字符,并将其装进词法分析器所指定的扫描缓冲区,这样,词法分析器就可以在扫描缓冲区中直接进行单词符号的识别。

3.2.2 词法分析器的工作原理

通常输入的源程序被引导至一个输入缓冲区,并对输入串进行预处理,然后才交付词法分析器进行处理。按照上节的输入缓冲区和预处理子程序的描述,可以给出一个带有两个缓冲区的词法分析器,其结构如图 3-3 所示。

从图 3-3 中可以看出,源程序首先被分批读入输入缓冲区,然后词法分析器调用预处理程序对输入缓冲区中的源程序进行相应的预处理操作,得到一串输入字符,再将其放进扫描缓冲区中,词法分析器就在这个扫描缓冲区中逐一识别单词符号。当缓冲区里的字符串被处理完之后,词法分析器又调用预处理程序装入新字符串。

词法分析器对扫描缓冲区进行扫描时,一般需要设置两个指示器,一个指向当前正在识别的单词的开始位置,称为起点指示器;另一个用于向前搜索,寻找单词的终点,称为搜索指示器。无论扫描缓冲区设得多大都不能保证单词符号不会被它的边界所打断。因此扫描缓冲区最好使用一个如图 3-4 所示的一分为二的区域。

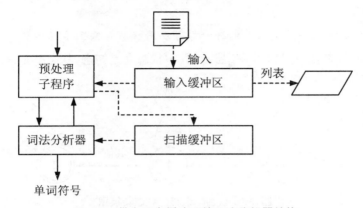

图 3-3 带有两个缓冲区的词法分析器结构

图 3-4 扫描缓冲区

词法分析器每次把长度为 N 的源程序输入到缓冲区的一个半区,如果搜索指示器从单词起点出发搜索到半区的边缘仍未到达单词的终点,就把源程序后续的 N 个字符输入到另一个半区,这样两个半区交替使用达到互补。当然,必须对单词的长度加以限制(单词的长度应不超过 N),使得在搜索指针对另一半区进行扫描的区间内,必定能够到达单词的终点。

特别注意:词法分析器对扫描缓冲区进行扫描时,一般需要设置起点指示器和搜索指示器。

词法分析器在识别单词的时候,为了判断是否已读入整个单词的全部字符,常采用一种称为超前搜索的技术。超前搜索就是向前读取字符,并判断该字符是什么,当情况明了之后,再返回处理已读过的字符。例如,识别一个标识符时,为了判别下一个字符是否是该标识符的组成部分,此时就要向前读取一个字符,如果这个字符是字母或数字(非下划线),则表示该字符是标识符的字符。只有搜索到一个非字母或数字(非下划线)时,才表示一个标识符的结束。

那些由多个字符组成的运算符和界符应被识别为一个单一的单词符号,同样需要超前搜索。因为这些字符串是一个不可分的整体,若分开,则失去了原来的意义(如 C 语言中的 ==,! =,>=等)。

3.2.3 状态转换图与单词的识别

状态转换图是一种有限方向图,状态转换图可用于识别 3 型语言,它是设计和实现分析器的一种有效工具,是有限自动机的直观图示。状态转换图由结点和箭弧组成,结点代表状态,用圆圈表示。状态之间用箭弧连接。箭弧上的标记(字符)代表在射出结点(即箭弧始结点)状态下可能出现的输入字符或字符串。一幅状态转换图只包含有限个状态(即有限个结点),其中有一个被认为是初态,并且至少要有一个终态(用双圈表示)。状态转换图可用于识别一定的字符串。

特别注意:*大多数程序语言的单词符号都可以用状态转换图予以识别。*

【**例 3.1**】 设状态转换图如图 3-5 所示,其中状态 0 是初态,状态 2 是终态。

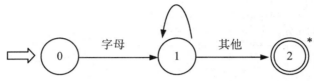

图 3-5 识别标识符的状态转换图

这个状态转换图识别标识符的过程是:从初态 0 开始,若在状态 0 之下输入字符是一个字母,则读进它,并转入状态 1。在状态 1 之下,若下一个输入字符为字母且不再是数字,则读进它,并重新进入状态 1。一直重复这个过程直到状态 1 发现输入字符不再是字母且不再是数字时(这个字符也已被读进)就进入状态 2。状态 2 是终态,它意味着到此已识别出一个标识符,识别过程结束。终态结上打个星号意味着多读进了一个不属于标识符部分的字符,应把它退还给输入串。

从初态出发到某一终态所经过的箭弧的标记依次连接而成的符号串,称为能被该状态转换图识别的符号串。

图 3-6 所示的符号串 x8y 能被图 3-5 中的状态转换图所识别。显然图 3-5 所示的状态转换图可以接受所有以字母开头的字母和数字构成的符号串。

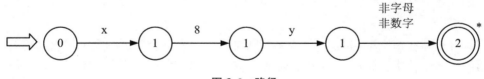

图 3-6 路径

从状态转换图的初态结点出发,分别沿一切可能的路径到达终态结点,并将路径中所标记的字符依次连接起来,便得到状态转换图所能识别的全部符号串,这些符号串组成的集合构成了该状态转换图所识别的语言。例如,图 3-7 所示的状态转换图所表示的语言为

$$L(G) = \{c, ad^n b \mid n \geq 0\}$$

利用状态转换图识别单词的步骤如下:

① 从开始状态出发。

② 读入一个字符。

③ 根据当前字符转入下一状态。

④ 重复②和③,直到无法继续进行状态转换为止。

在遇到读入的字符是分割符时:若当前状态是终止状态,说明读入的字符组成一单词;

否则,说明输入字符串不符合词法规则。

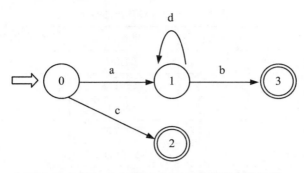

图 3-7 L(G)＝{c,ad^{n}b|n≥0}对应的状态转换图

图 3-8 是识别某个简单语言的所有单词符号的状态转换图,实际上可以将它看作是一个简单的词法分析程序的流程图,根据它可以很容易地编写出词法分析程序。

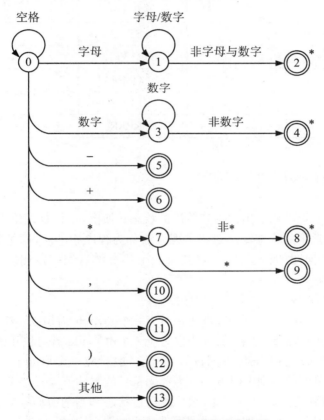

图 3-8 识别各类单词符号的状态转换图

图 3-8 中,在初态需读入一个输入字符,如果输入的是空格字符,则将它过滤掉,再读入下一个输入字符。在状态结点 1 与状态结点 3 处,需要读输入字符,并将输入字符拼成符号串;在状态结点 2 与状态结点 4 处,由于多读了一个非数字且非字母字符,所以需要回退一个字符;在状态结点 2 处,还要用单词符号去查关键字表,以确定该字母或数字串是否是用户定义的标识符。表 3-2 列出了这个简单语言的所有单词符号以及它们的种别编码和内码

值。为了便于记忆,用一些助忆符来表示种别编码。

表 3-2　单词符号及内部表示

单词符号	种别编码	助忆符	内码值
DIM	1	$ DIM	—
IF	2	$ IF	—
DO	3	$ DO	—
STOP	4	$ STOP	—
END	5	$ END	—
标识符	6	$ ID	内部字符串
常数	7	$ INT	标准二进制形式
=	8	$ ASSIGN	—
—	9	$ PLUS	—
*	10	$ STAR	—
* *	11	$ POWER	—
,	12	$ COMMA	—
(	13	$ LPAR	—
)	14	$ RPAR	—

3.2.4　状态转换图的代码实现

根据语言的词法规则构造出识别其单词的状态转换图,仅仅是理论上的词法分析器,是一个数学模型。最常用的状态转换图的实现方法称为程序中心法,即把状态转换图看成一个流程图,从状态转换图的初态开始,对其每一个状态结点编一段相应的程序。具体的做法是:

① 一般使每个状态结点对应一个程序段。

② 对不含回路的分叉结点来说,可让它对应一个 switch 语句或一组 if 语句。

③ 对含有回路的状态结点来说,可让它对应一个由 while 语句和 if 语句构成的程序段。

④ 终态结点表示识别出某种单词符号,因此一般对应一个形如 return(code,value)的语句,其中 code 为单词的种别编码,value 为单词符号的属性值或无定义。

⑤ 当程序执行到达"错误处理"时,意味着现行状态和当前所面临的输入串不匹配。若后面还有状态图,代码应为:将搜索指示器回退一个位置,并令下一个状态图开始工作;若后面没有状态图,代码应为:进行真正的错误处理。

⑥ 带有星号(*)的终态结点意味着多读进一个不属于现行单词符号的字符,该字符应予退回,即必须把搜索指示器回调一个字符位置。

为了使现阶段实现起来比较方便,在进行单词识别时不必使用超前搜索技术,对词法进行如下约定:

① 除标识符、常数外,均为一符一种。

② 关键字均作为保留字,不可用作用户标识符。

③ 设保留字表识别标识符时,查该表确定标识符是否为关键字。

④ 相邻单词之间至少存在一个界符、运算符或空格。

要实现图 3-8 的状态转换图,需要定义如下的一组全局变量和函数,并将它们作为状态转换图实现的基本成分。

① ch:字符变量,存放最新读入的源程序字符。

② strToken:字符数组,存放构成单词符号的字符串。

③ GetChar:函数,把下一个字符读入到 ch 中。

④ GetBC:函数,跳过空白符,直至 ch 中读入一非空白符。

⑤ Concat:函数,把 ch 中的字符连接到 strToken。

⑥ IsLetter:函数,判断 ch 中字符是否为字母。

⑦ IsDigit:函数,判断 ch 中字符是否为数字。

⑧ Reserve:函数,对于 strToken 中的字符串查找保留字表,若它是保留字则给出它的编码,否则返回 0。

⑨ Retract:函数,把搜索指针回调一个字符位置,将 ch 置为空白字符。

⑩ InsertId:函数,将 strToken 中的标识符插入符号表,返回符号表指针。

⑪ InsertConst:函数,将 strToken 中的常数插入常数表,返回常数表指针。

图 3-8 对应的状态转换图的实现代码如下:

```
int   code,value;
strToken=" ";
GetChar( );
GetBC( );
if (IsLetter( ))
    {
      while (IsLetter( ) or IsDigit( ))
        {
          Concat ( );
          GetChar( );
        }
      Retract( );
      code=Reserve ( );
      if (code==0)
      {
        value=InsertId(strToken);
        return ( $ ID,value);
      }
      else return(code,—);
    }
    else if (IsDigit( ))
      {while (IsDigit( ))
        {Contact( );Getchar( );}
      Retract( );
```

```
            value=InsertConst(strToken);
            return（$INT,value);
        }
    else if（ch=='='）  return($ASSIGN,—);
    else if（ch=='+'）  return($PLUS,—);
    else if（ch=='*'）
        {GetChar（）;
        if（ch=='*'）return（$POWER,—);
        Retract（）; return（$STAR,—);
        }
    else if（ch==';'）return（$SEMICOLON,—);
    else if（ch=='('）return（$LPAR,—);
    else if（ch==')'）return（$RPAR,—);
    else ProcError（）;
```

3.3　单词的描述工具

单词的描述工具有正规文法和正规式,它们的作用是描述单词的构成规则,基于这类描述工具建立词法分析技术,进而实现词法分析程序的自动构造。

3.3.1　正规文法

正规文法是 Chomsky 文法体系中最简单的一种文法。说它简单,是指它的产生式的形式简单,因为产生式集是一个文法的核心。正规文法定义了 3 型语言,程序设计语言的单词都能用正规文法来描述。

定义 3.1　**正规文法(3 型文法)**:文法 G 是一个四元组,即 $G=(V_T,V_N,S,P)$。若 G 的任意一个产生式的形式都为 $A \rightarrow aB$ 或 $A \rightarrow a$,其中 $A,B \in V_N$,$a \in V_T^*$,则称 G 为一个右线性文法;若 G 的任意一个产生式的形式都为 $A \rightarrow Ba$ 或 $A \rightarrow a$,其中 $A,B \in V_N$,$a \in V_T^*$,则称 G 为一个左线性文法。右线性文法和左线性文法统称为正规文法或 3 型文法。

【例 3.2】　设有文法 $G_1=(V_T,V_N,S,P)$,其中 $V_T=\{0,1\}$,$V_N=\{S,A,B\}$,P 为

$$S \rightarrow 0A \mid 1B$$
$$A \rightarrow 10A \mid 1$$
$$B \rightarrow 01B \mid 0$$

根据定义 3.1 及本例中的各个产生式的具体形式可以看出 G_1 是一个右线性文法,所以 G_1 是一个正规文法。

【例 3.3】　设有文法 $G_2=(V_T,V_N,S,P)$,其中 $V_T=\{a,b\}$,$V_N=\{S,A\}$,P 为

$$S \rightarrow Sb \mid Ab$$
$$A \rightarrow Aa \mid a$$

根据定义 3.1 及本例中的各个产生式的具体形式可以看出 G_2 是一个左线性文法,所以

G_2 是一个正规文法。

【例 3.4】 设有文法 $G_3 = (V_T, V_N, S, P)$，其中 $V_T = \{a, b\}$，$V_N = \{S, A, B\}$，P 为

$$S \rightarrow aA$$
$$A \rightarrow aA \mid Bb \mid b$$
$$B \rightarrow Bb \mid b$$

根据定义 3.1 及本例中的各个产生式的具体形式可以看出 G_3 同时含有左线性产生式和右线性产生式，而在一个正规文法中不允许既有右线性文法又有左线性文法，故 G_3 不是正规文法。

3.3.2 正规式与正规集

对于字母表 Σ，我们感兴趣的是其上定义的一些特殊字符，即正规集。可以使用正规式这个概念来表示正规集。正规式也称正规表达式，是说明单词模式的一种重要的表示法，是定义正规集的数学工具。正规式是定义正规集的一种表示法，正规文法是对正规集进行描述的一种工具。正规式比正规文法更容易让人理解单词是按怎样的规律构成的，且可以从某个正规式自动地构造识别程序。

定义 3.2 正规式与正规集：

① ε 和 $\varnothing$ 都是 Σ 上的正规式，它们所表示的正规集分别为 $\{\varepsilon\}$ 和 $\varnothing$。

② 若任何 $a \in \Sigma$，且 a 是 Σ 上的正规式，则它所表示的正规集为 $\{a\}$。

③ 假定 U 和 V 都是 Σ 上的正规式，它们所表示的正规集分别为 $L(U)$ 和 $L(V)$，那么 $(U \mid V)$，$(U \cdot V)$ 和 $(U)^*$ 也都是正规式，它们所表示的正规集分别为 $L(U) \cup L(V)$，$L(U)L(V)$ 和 $(L(U))^*$。正规式的运算符"|"" $\cdot$ "和" $*$ "分别读作"或""连接"和"闭包"。运算符的优先级由低到高。连接符" $\cdot$ "一般可以省略不写。

仅由有限次使用上述三个步骤而得到的表达式才是 Σ 上的正规式，仅由这些正规式所表示的字集才是 Σ 上的正规集。

【例 3.5】 求包含奇数个 1 或奇数个 0 的二进制串所对应的正规式。

本例求二进制串，并且要求包含奇数个 0 或奇数个 1。由于 0 和 1 都可以在二进制串中的任何地方出现，所以只需要考虑一种情况，另外一种情况也可以类似求得。

考虑包含奇数个 0 的字符串：

由于只关心 0 的个数的奇偶情况，可以把二进制串分成多段来考虑。第 1 段为二进制串的开始到第 1 个 0 为止，这一段包含 1 个 0，并且 0 的前面有 0 个或多个 1。对于剩下的二进制串，按照每段包含 2 个 0 的方式去划分，即以 0 开始，以 0 结尾，中间可以有 0 个或多个 1。如果一个二进制串被这样划分完后，剩下的部分如果是全 1 串（这些全 1 串在前面划分的串之间或最后），则该二进制串就具有奇数个 0。所以该二进制串可以这样描述：以第 1 段 $(1^* 0)$ 开始，后面由全 1 串 (1^*) 以及包含 2 个 0 的串 $(01^* 0)$ 组成，所以包含奇数个 0 的正规式为 $1^* 0(1 \mid 01^* 0)^*$，因此本例对应的正规式是 $1^* 0(1 \mid 01^* 0)^* \mid 0^* 1(0 \mid 10^* 1)^*$。

【例 3.6】 令 $\Sigma = \{a, b\}$，则 Σ 上的正规式和相应的正规集如表 3-3 所示。

若两个正规式所表示的正规集相同，则称这两个正规式等价。即 U，V 为正规式，若 $L(U) = L(V)$，则称 U，V 等价，记为 $U = V$。

例如，$1(01)^* = (10)^* 1$，$b(ab)^* = (ba)^* b$，$(a \mid b)^* = (a^* \mid b^*)^*$。

表 3-3

正规式	正规集
a	{a}
a|b	{a,b}
ab	{ab}
(a|b)(a|b)	{aa,ab,ba,bb}
a*	{ε,a,aa,…,任意个 a 的串}
(a|b)*	{ε,a,b,aa,ab,…,所有由 a 和 b 组成的串}
(a|b)*(aa|bb)(a|b)*	{Σ 上所有含有两个相继的 a 或两个相继的 b 组成的串}

特别注意:正规文法和正规式是单词的两种描述工具。

正规式和正规集的运算律:若 U,V 和 W 均为正规式,则下列关系普遍成立:

① 交换律,如表 3-4 所示。

表 3-4

正规式	正规集
U|V=V|U	L(U|V)=L(V|U) L(U|V)=L(U)∪L(V) L(V|U)=L(V)∪L(U)

② 结合律,如表 3-5 所示。

表 3-5

正规式	正规集
U|(V|W)=(U|V)|W	L(U|(V|W))=L((U|V)|W) L(U|(V|W))=L(U)∪L(V|W) 　　　　　　　=L(U)∪L(V)∪L(W) L((U|V)|W)=L(U|V)∪L(W) 　　　　　　　=L(U)∪L(V)∪L(W)
U(VW)=(UV)W	L(U(VW))=L((UV)W) L(U(VW))=L(U)L(VW) 　　　　　　=L(U)L(V)L(W) L((UV)W)=L(UV)L(W) 　　　　　　=L(U)L(V)L(W)

③ 分配律,如表 3-6 所示。

表 3-6

正规式	正规集
U(V|W)=UV|UW	L(U(V|W))=L(UV|UW) L(U(V|W))=L(U)L(V|W) 　　　　　　=L(U)L(V)∪L(U)L(W) L(UV|UW)=L(UV)∪L(UW) 　　　　　　=L(U)L(V)∪L(U)L(W)

正规式	正规集
(V|W)U＝VU|WU	$L((V\|W)U)=L(VU\|WU)$ $L((V\|W)U)=L(V\|W)L(U)$ $\qquad =L(V)L(U)\bigcup L(W)L(U)$ $L(VU\|WU)=L(VU)\bigcup L(WU)$ $\qquad =L(V)L(U)\bigcup L(W)L(U)$

④ 对任何正规式,有 $\varepsilon U=U\varepsilon=U$;对任何正规集,有 $L(\varepsilon U)=L(U\varepsilon)=L(U)$。

【例 3.7】 证明 $(AB)^{*}A=A(BA)^{*}$。

证明 可以利用正规式的分配律和结合律直接推导:

$(AB)^{*}A=((AB)^{0}\mid(AB)^{1}\mid(AB)^{2}\mid\cdots)A=\varepsilon A\mid(AB)^{1}A\mid(AB)^{2}A\mid\cdots$

$\qquad =A\varepsilon\mid A(BA)^{1}\mid A(BA)^{2}\mid\cdots=A(\varepsilon\mid(AB)^{1}\mid(AB)^{2}\mid\cdots)=A(BA)^{*}$

即 $(AB)^{*}A=A(BA)^{*}$。

3.4 有限自动机

有限自动机作为一种识别工具,它能正确地识别正规集,即识别正规文法所定义的语言和正规式所表示的集合。引入有限自动机这个理论,正是为词法分析程序的自动构造寻找特殊的方法和工具。有限自动机分为两类:确定有限自动机(DFA)和非确定有限自动机(NFA)。确定有限自动机是非确定有限自动机的特殊类型,非确定有限自动机总可以转换成等价的确定有限自动机。

3.4.1 确定有限自动机(DFA)

DFA 的模型如图 3-9 所示,它由输入带、读字头、有限状态控制器组成。工作时输入带由右向左运动。读字头将输入带上的字符依次读入有限状态控制器。在有限状态控制器上装有指针盘,指针盘上标记 DFA 所有可能的状态。有限状态控制器根据当前的状态与当前的输入决定 DFA 的下一个状态。这就是 DFA 最基本的工作方式。当 DFA 从初态变换到终态时,输入带上读过的字符串即是 DFA 所识别的字符串。DFA 所识别的字符串的全体即 DFA 所识别的语言。

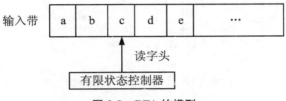

图 3-9 DFA 的模型

DFA 是指下一个状态是由当前状态和当前输入的字符唯一给出的自动机,其具体的形式定义如下:

定义 3.3 DFA M＝(S,Σ,δ,s₀,F)是一个五元组：

① S 是一个非空有限集,它的每个元素称为一个状态。

② Σ 是一个有穷字母表,它的每个元素称为一个输入符号,所以该字母表也称为输入符号字母表。

③ δ 是状态转换函数,是在 $S×Σ→S$ 上的单值映射。定义形式为 $δ(s,a)=s'$,其中 $s∈S, s'∈S$,表示当现行状态为 s,输入字符为 a 时,将转换到下一个状态 s'。称 s' 为 s 的一个后续状态。

④ $s_0∈S$,是唯一的一个初态。

⑤ $F⊆S$,可空,是一个终态集,终态也称可接受状态或结束状态。

特别注意：DFA 是指下一个状态由当前状态和当前输入的字符唯一给出的自动机。

可以用一个矩阵来表示一个 DFA,该矩阵的行表示状态,列表示输入字符,矩阵元素表示 $δ(s,a)$ 的值,这个矩阵称为状态转换矩阵。

【例 3.8】 DFA M＝({S,U,V,Q},{a,b},δ,S,{Q}),其中 δ 的定义为

$$δ(S,a)=U, \quad δ(S,b)=V, \quad δ(U,a)=Q, \quad δ(U,b)=V$$
$$δ(V,a)=U, \quad δ(V,b)=Q, \quad δ(Q,a)=Q, \quad δ(Q,b)=Q$$

则该 DFA 对应的状态转换矩阵如表 3-7 所示。

表 3-7 例 3.8 的状态转换矩阵

状态 \ 字符	a	b
S	U	V
U	Q	V
V	U	Q
Q	Q	Q

一个 DFA 也可以表示成一个确定的状态转换图。若一个 DFA 含有 m 个状态和 n 个输入字符,那么它所对应的状态转换图就含有 m 个状态结点,每个结点最多含有 n 条箭弧射出和别的结点相连接,每条箭弧用 Σ 中的一个不同输入字符作为标记,整个状态转换图含有唯一的一个初态结点和若干个终态结点。

【例 3.9】 在例 3.8 中所定义的 DFA M 相应的状态转换图如图 3-10 所示。

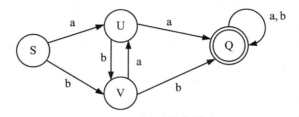

图 3-10 例 3.8 的状态转换图

对于 Σ* 中的任何字 α,若存在一条从初态结点到某一个终态结点的路径,这条路径即为通路。若这条通路上所有弧的标记符连接成的字等于 α,则称 α 可为 DFA M 所识别(或接受)。若 DFA M 的初态结点同时也是终态结点,则空字 ε 可为 DFA M 所识别。DFA M

$=(S,\Sigma,\delta,s_0,F)$ 所能接受的字符串的全体为 $L(M)$。Σ 上一个字符串集 $V\subseteq\Sigma*$ 是正规的,当且仅当存在一个 Σ 上的 DFA M,使得 $V=L(M)$。

【例 3.10】 证明 t＝baab 可以为例 3.8 中的 DFA M 所接受。

证明

$$\delta(S,baab)=\delta(\delta(S,b),aab)=\delta(V,aab)=\delta(\delta(V,a),ab)$$
$$=\delta(U,ab)=\delta(\delta(U,a),b)=\delta(Q,b)=Q$$

Q 属于终态。得证。

DFA 的确定性表现在映射 $\delta:S\times\Sigma\rightarrow S$ 是一个单值函数。也就是说,对任何状态 $s\in S$ 和输入符号 $a\in\Sigma$,$\delta(s,a)$ 唯一地确定了下一个状态。如果允许 δ 是一个多值函数,就得到非确定有限自动机的概念。

3.4.2 非确定有限自动机(NFA)

NFA 和 DFA 的区别在于某个输入符号从一个状态转换到另一个状态时是存在多种状态转换还是一种状态转换:DFA 每次转换的后继状态都是唯一的,而 NFA 每次转换的后继状态可能是不唯一的。

定义 3.4 NFA $M=(S,\Sigma,\delta,S_0,F)$ 是一个五元组:

① S 是一个非空有限集,它的每个元素称为一个状态。

② Σ 是一个有穷字母表,它的每个元素称为一个输入符号,所以该字母表也称为输入符号字母表。

③ δ 是状态转换函数,且 $\delta:S\times\Sigma^*\rightarrow 2^S$,即 δ 是一个从 $S\times\Sigma^*$ 到 S 的子集的映射。

④ $S_0\subseteq S$,是一个非空的初态集合。

⑤ $F\subseteq S$,可空,是一个终态集合,终态也称可接受状态或结束状态。

在定义 3.4 中,$\delta:S\times\Sigma^*\rightarrow 2^S$ 的含义是 $\delta(s,a)=\{s'|s'\in S\}$,$a\in\Sigma^*$($\Sigma^*=\{\varepsilon\}\bigcup\Sigma^+$),$2^S$ 是 S 的幂集,即由 S 的所有子集组成的集合。例如,若 $S=\{0,1\}$,则 $2^S=\{\emptyset,\{0\},\{1\},\{0,1\}\}$。

一个 NFA 也可以用状态转换矩阵和状态转换图来表示。状态转换矩阵的行表示状态,列表示输入字,矩阵元素表示 $\delta(s,a)$ 的值。若一个 NFA 含有 m 个状态和 n 个输入字符,那么它所对应的状态转换图就含有 m 个状态结点,每个结点可以射出若干条箭弧与别的结点相连接,每条箭弧用 Σ^* 中的一个字(不一定要不同的字而且可以是空字 ε)作为标记(称为输入字),整个状态转换图至少含有一个初态结点和若干个终态结点,某些结点既可以是初态结点也可以是终态结点。

特别注意:NFA 和 DFA 的区别在于某个输入符号从一个状态转换到另一个状态时是存在多种状态转换还是一种状态转换。

【例 3.11】 NFA $M=(\{0,1,2\},\{a,b\},\delta,\{0\},\{1,2\})$,其中 δ 定义为

$$\delta(0,a)=\{0\},\quad \delta(0,b)=\{0\},\quad \delta(0,aa)=\{1\},\quad \delta(0,bb)=\{2\}$$
$$\delta(1,a)=\{1\},\quad \delta(1,b)=\{1\},\quad \delta(1,aa)=\emptyset,\quad \delta(1,bb)=\emptyset$$
$$\delta(2,a)=\{2\},\quad \delta(2,b)=\{2\},\quad \delta(2,aa)=\emptyset,\quad \delta(2,bb)=\emptyset$$

该 NFA 所对应的状态转换矩阵和状态转换图分别如表 3-8 和图 3-11 所示。

表 3-8　例 3.11 的状态转换矩阵

S ＼ Σ*	a	b	aa	bb
0	{0}	{0}	{1}	{2}
1	{1}	{1}	∅	∅
2	{2}	{2}	∅	∅

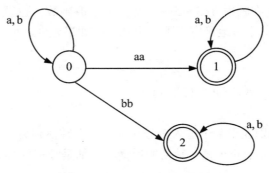

图 3-11　例 3-11 的状态转换图

对于 Σ* 中的任何一个字 α，若存在一条从某一个初态结点到某一个终态结点的通路，且这条通路上所有弧的标记字依序连接成的字（忽略那些标记为 ε 的弧）等于 α，则称 α 可为 NFA M 所识别（或接受）。若 NFA M 的某些结点既是初态结点又是终态结点，或者存在一条从某个初态结点到某个终态结点的 ε 通路，则空字 ε 可为 NFA M 所识别。

例如，图 3-12 所示的 NFA M 所能识别的是所有含有相继两个 a 或相继两个 b 的字。

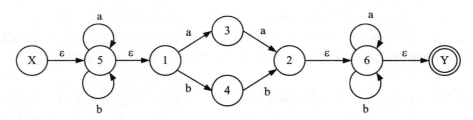

图 3-12　NFA M 所能识别的字

3.4.3　将 NFA 转换为 DFA

使用 NFA 判定某个输入符号串的时候，可能出现不确定的情况：不知道下面要选择哪个状态。如果选择不好，该输入符号串可能不能到达终止状态。但是这不能说明该输入符号串不能被该 NFA 接受。如果通过不断试探来确定输入符号串是否可被接受，那么判定的效率将降低。解决的方法是将 NFA 转换为等价的 DFA。

若规定 NFA 的初态集中只有唯一一个元素，即 NFA 的初态唯一，且状态转换函数单值，则该 NFA 即为 DFA。显然，DFA 是 NFA 的特例。对于每一个 NFA N 一定存在一个 DFA M，使得 L(M)=L(N)，即对于每个 NFA N 都存在着与之等价的 DFA M，而且与某一

NFA 等价的 DFA 是不唯一的。

通过子集法将 NFA 转换成接受同样语言的 DFA。子集法的基本思想是：把 DFA 中的每一个状态对应 NFA 中的一组状态。即由于 NFA 中的 δ 是多值的，所以在读入一个输入符号后其可能达到的状态是集合，而子集法就是用 DFA 的状态记录该状态的集合。

1. 子集法涉及的相关运算

假定 I 是 M 状态集的子集，定义 I 的 ε 闭包 ε_CLOSURE(I) 为：

① 若 q∈I，则 q∈ε_CLOSURE(I)。

② 若 q∈I，那么从 q 出发经任意条 ε 弧而能到达的任何状态 q′ 都属于 ε_CLOSURE(I)。

假定 I 是 M 状态集的子集，a∈Σ，定义 I_a＝ε_CLOSURE(J)，其中 J 是那些可从 I 中某一状态结点出发经过一条 a 弧而到达的状态结点的全体。

通过 I 可以先求 J，即 J＝{y|y＝δ(x,a),x∈I}，再求 ε_CLOSURE(J)，即可得 I_a。

例如，如图 3-13 所示的 NFA。

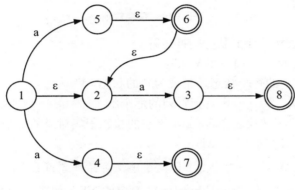

图 3-13　NFA 举例

若 I＝{1}，则 ε_CLOSURE(I)＝{1,2}；若 I＝{5}，则 ε_CLOSURE(I)＝{5,6,2}；若令 ε_CLOSURE(I)＝{1,2}＝I，则 I_a＝{5,4,3}＝J，ε_CLOSURE(J)＝{5,6,2,3,8,4,7}。

2. 转换方法

(1) 状态转换图改造

对 NFA M＝$(S,Σ,δ,S_0,F)$ 的状态转换图做如下改造：

① 引进新的初态结点 X 和终态结点 Y(X,Y∉S)，从 X 到 S_0 中任意状态结点连一条 ε 箭弧，从 F 中任意状态结点连一条 ε 箭弧到 Y。

② 对 M 的状态转换图按图 3-14 所示的规则做重复替换，其中 k 是新引入的状态。

重复这种分裂过程直至状态转换图中的每条箭弧上的标记为 ε 或为 Σ 中的单个字母。

将完成以上操作后最终得到的 NFA 记为 M′，显然有 L(M′)＝L(M)。

(2) 构造状态转换表

假设 Σ＝$\{a_1,a_2,\cdots,a_k\}$。则构造如下的状态转换表：

① 该表有 k＋1 列，置该表的首行首列为 ε_CLOSURE(X)，其中 X 为初始符，不妨设 I＝ε_CLOSURE(X)。

② 在首行中的其他列中分别对 Σ 中的所有元素求状态子集 $I_{a_i}(i＝1,2,\cdots,k)$。

③ 检查该行上的所有状态子集,若它们从未在第一列上出现,即将其填入第一行后面各空行的第一列。

④ 重复上述过程,直至再也没有③中的情况发生。

由于状态子集个数有限,所以上述过程必定在有限步内终止。

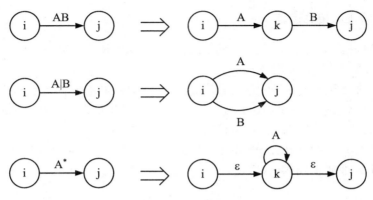

图 3-14　替换规则

(3) 用状态转换表构造新的状态转换矩阵

状态转换表唯一刻画了一个 DFA M":

① 将状态转换表中的每个状态子集视为新的状态 M"。

② M"的初态是状态转换表中首行首列的那个状态。

③ M"的终态是状态转换表中含有 M′终态的状态子集对应的那个状态。

显然,有 L(M")＝L(M′)＝L(M)。

> **特别注意**:通过子集法可以将 NFA 转换成接收同样语言的 DFA。

【例 3.12】　正规式(a|b)*(aa|bb)(a|b)* 对应的 NFA 如图 3-13 所示,其中 X 为初态,Y 为终态。其状态转换矩阵见表 3-9。

表 3-9　例 3.12 对应的状态转换矩阵

I	I_a	I_b
{X,5,1}	{5,3,1}	{5,4,1}
{5,3,1}	{5,3,1,2,6,Y}	{5,4,1}
{5,4,1}	{5,3,1}	{5,4,1,2,6,Y}
{5,3,1,2,6,Y}	{5,3,1,2,6,Y}	{5,4,1,6,Y}
{5,4,1,6,Y}	{5,3,1,6,Y}	{5,4,1,2,6,Y}
{5,4,1,2,6,Y}	{5,3,1,6,Y}	{5,4,1,2,6,Y}
{5,3,1,6,Y}	{5,3,1,2,6,Y}	{5,4,1,6,Y}

对表 3-9 中的所有状态子集重新命名,得到表 3-10 所示的状态转换矩阵。

与表 3-10 相对应的状态转换图如图 3-15 所示,其中初态为 0,终态为 3,4,5,6。显然,图 3-12 和图 3-15 所示的有限自动机是等价的。

表 3-10　对表 3-9 中的状态子集重新命名后的状态转换矩阵

s	a	b
0	1	2
1	3	2
2	1	5
3	3	4
4	6	5
5	6	5
6	3	4

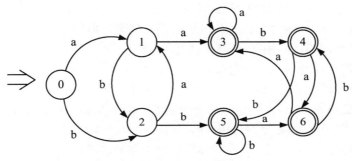

图 3-15　与表 3-10 对应的 DFA

3.4.4　DFA 的化简

对于已求得的 DFA,可以进一步将其化简,即求最小 DFA。也就是对于任意给定的 DFA M,构造另一个 DFA M′,使 L(M)＝L(M′),且 DFA M′ 的状态个数为最少。假定 s 和 t 是 DFA M 的两个不同状态,如果从状态 s 出发能读出某个字 w 而停于终态,从状态 t 出发也能读出同样的字 w 而停于终态,反之亦然,就称状态 s 和 t 是等价的;如果 DFA M 的两个状态 s 和 t 不等价,则称状态 s 和 t 是可区别的。如果从状态 s 开始输入 w 使得结束时候的状态为终态,而从 t 开始输入 w 时,结束的状态为非终态(或无状态),那么就表示 w 可把 s 和 t 区别开来。

DFA 化简的任务是去掉多余状态,合并等价状态。多余状态是指从该 DFA 的初态出发,任何输入串都不能达到的状态,即从初态结点开始永远到达不了的那些状态。DFA 化简算法的基本思想是划分法,共有三个步骤:

① 将 DFA M 中的状态划分为互不相交的子集,每个子集内部的状态都等价,而在不同子集间的状态均不等价。

② 从每个子集中任选一个状态作为代表,消去其他等价状态。

③ 把那些原来到达其他等价状态的弧改为到达相应的代表状态。

划分法的具体化简算法如下:

① 把状态集 S 划分为终态集和非终态集,得 $\Pi_0 = \{I_0^1, I_0^2\}$,I_0^1 属于非终态集,I_0^2 属于终

态集。

② 假定经过 k 次划分后 $\Pi_k = \{I_k{}^0, I_k{}^1, \cdots, I_k{}^m\}$。这 m 个子集之间可区分,任取一个子集 $I_k{}^i = \{s_1, s_2, \cdots, s_k\}$,若存在某读入字符 a,使 $f(I_k{}^i, a)$ 的结果不是全部包含在 Π_k 的某个子集中的,则说明 $I_k{}^i$ 中有不等价的状态,还要进一步划分。对 Π_k 中所有子集都进行测试,以完成一次划分。

③ 重复步骤②,直到所含的子集数不再增加为止。

④ 对每个子集任取一个代表状态。若该子集包含原有的初态,则相应代表状态就是最小化后 DFA M 的初态;同样,若该子集包含原有的终态,则相应代表状态就是最小化后 DFA M 的终态。

以上的化简算法通过消除多余状态、合并等价状态而转化成一个最小化的与 DFA M 等价的 DFA M′,使得 L(M) = L(M′)。DFA M′ 就是所求的最简的确定有限自动机。

【例 3.13】 对图 3-15 所示的 DFA M 进行化简,得到与之等价的最简的 DFA M′。

解 首先,将 DFA M 的七个状态划分为两组:非终态组为 {0,1,2},终态组为 {3,4,5,6}。

① 考查处理 {3,4,5,6}:由于 {3,4,5,6}$_a$ = {3,6} ⊂ {3,4,5,6};{3,4,5,6}$_b$ = {4,5} ⊂ {3,4,5,6},所以 {3,4,5,6} 不可再分。

② 考查处理 {0,1,2}:由于 {0,1,2}$_a$ = {1,3},它既不包含在 {3,4,5,6} 之中,也不包含在 {0,1,2} 之中,因此应对 {0,1,2} 再划分。由于状态 1 经 a 弧到达状态 3,而状态 0,2 经 a 弧到达状态 1,所以将 {0,1,2} 划分为 {1} 和 {0,2}。

③ 考查处理 {0,2}:由于 {0,2}$_b$ = {2,5},不包含在 {3,4,5,6}、{1} 和 {0,2} 中的任一组之中,故将 {0,2} 划分为 {0} 和 {2}。

最终将七个状态共分成四组:{0},{1},{2},{3,4,5,6}。每个组都已经不可再分。令状态 3 代表 {3,4,5,6},把原来到达状态 4,5,6 的弧都导入状态 3,并删除状态 4,5,6。这样,就得到如图 3-16 所示 DFA M′,即与 DFA M 等价的化简后的 DFA。

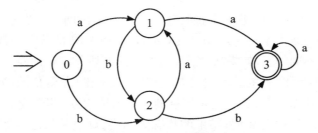

图 3-16 图 3-15 化简后得到的 DFA M′

特别注意:DFA 化简的任务是去掉多余状态,合并等价状态。

【例 3.14】 对图 3-17 所示的 DFA M 进行化简,得到与之等价的最简的 DFA M′。

解 首先,将 DFA M 的七个状态划分为两组:非终态组为 {1,2,3,4},终态组为 {5,6,7}。

按照化简算法,得到:{1,2,3,4} 划分为 {1,2} 和 {3,4},{1,2} 不可再分,{3,4} 划分为 {3} 和 {4};{5,6,7} 划分为 {5} 和 {6,7},{6,7} 不可再分。最终共分为五组:{1,2},{3},{4},{5},{6,7}。每组都已经不可再分。

令状态 1 代表 {1,2},把原来到达状态 2 的弧都导入状态 1,并删除状态 2。令状态 6 代表 {6,7},把原来到达状态 7 的弧都导入状态 6,并删除状态 7。这样,就得到如图 3-18 所示

DFA M′，即与 DFA M 等价的化简后的 DFA。

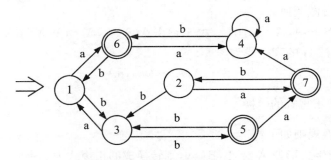

图 3-17　例 3.14 化简前的 DFA M

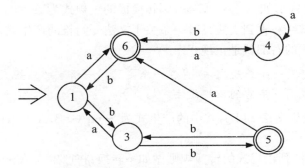

图 3-18　例 3.14 化简后的 DFA M′

3.5　正规文法、正规式和有限自动机的等价性

3.5.1　正规文法与正规式的等价性

一个正规语言(正规集)既可以用正规文法定义，也可以用正规式定义。对于任意一个正规文法，存在一个定义同一语言的正规式；反之，对于每一个正规式，存在一个生成同一语言的正规文法，有些正规语言更容易用正规文法定义，有些正规语言更容易用正规式定义。

1. 正规式到正规文法的转换

令 $V_T = \Sigma$，对于任何正规式 r，选择一个 $S \in V_N$，生成产生式 $S \rightarrow r$，并将 S 定为开始符号。若 x 和 y 都是正规式，则不断应用下述规则做变换，直到每个产生式都符合正规文法的形式。

规则 1：形如 $A \rightarrow xy$，变换为 $A \rightarrow xB, B \rightarrow y, B \in V_N$。

规则 2：形如 $A \rightarrow x^* y$，变换为 $A \rightarrow xA, A \rightarrow y, B \in V_N$。

规则 3：形如 $A \rightarrow x|y$，变换为 $A \rightarrow x, A \rightarrow y$。

【**例 3.15**】　将正规式 $R = a(a|d)^*$ 转换成相应的正规文法。

解 令转换成的文法为 $G=(V_T,V_N,S,P)$，其中 $V_T=\{a,d\}$，文法开始符为 S，首先形成 $S\rightarrow a(a|d)^*$，然后做变换：

$$S\rightarrow aA,A\rightarrow(a|d)^*,A\rightarrow(a|d)A,A\rightarrow\varepsilon,A\rightarrow aA,A\rightarrow dA$$

最终得到的正规文法 G 的产生式为

$$S\rightarrow aA,A\rightarrow\varepsilon|aA|dA$$

2. 正规文法到正规式的转换

令 $V_T=\Sigma$，转换规则如下：

规则 1：文法产生式形如 $A\rightarrow xB,B\rightarrow y$，则转换成的正规式为 $A=xy$。

规则 2：文法产生式形如 $A\rightarrow xA|y$，则转换成的正规式为 $A=x^*y$。

规则 3：文法产生式形如 $A\rightarrow x,A\rightarrow y$，则转换成的正规式为 $A=x|y$。

不断用上述规则转换，直到文法只有一条关于文法开始符的产生式，且其右部不含非终结符为止，这个产生式的右部就是正规式。

特别注意：对于任意一个正规文法，存在一个定义同一语言的正规式；反之，对于每一个正规式，存在一个生成同一语言的正规文法。

【例 3.16】 有正规文法 G[S]，其中的产生式为 $S\rightarrow dA|eB,A\rightarrow aA|b,B\rightarrow bB|c$，将该文法转换成正规式。

解 根据正规文法到正规式的转换规则做如下转换：将产生式 $A\rightarrow aA|b$ 转换成正规式 $A\rightarrow a^*b$，将产生式 $B\rightarrow bB|c$ 转换成正规式 $B\rightarrow b^*c$，再将 A 和 B 代入 S 产生式的右部，得

$$S\rightarrow dA|eB\Rightarrow S=da^*b|eb^*c$$

因此本例所求的正规式即为 $da^*b|eb^*c$。

3.5.2　正规文法与有限自动机的等价性

正规文法包括左线性文法和右线性文法。在功能上，正规文法与有限自动机在描述和识别语言方面是等价的。对于正规文法 G 和有限自动机 M，如果 $L(G)=L(M)$，则称 G 和 M 是等价的。关于正规文法和有限自动机的等价性，有以下结论：

① 对于每一个右线性正规文法或左线性文法 G，都存在一个等价的有限自动机 M，使得 $L(M)=L(G)$。

② 对于每一个有限自动机 M，都存在一个等价的右线性正规文法 G_R 和左线性正规文法 G_L，使得 $L(M)=L(G_R)=L(G_L)$。

1. 由正规文法构造有限自动机

(1) 由右线性正规文法构造有限自动机

设 $G=(V_T,V_N,S,P)$ 为一个右线性正规文法，则存在一个有限自动机 $M=(S,\Sigma,\delta,S_0,F)$，使得 $L(M)=L(G)$。

M 的构造方法如下：

① 让 M 的字母表与 G 的终结符集合相同。

② 让 G 中的每个非终结符对应 M 中的一个状态结点。

③ 以 G 的开始符作为 M 的初态结点。

④ 引进一个新终态结点 f。

⑤ 对于 G 中形如 A→aB 的产生式,令 δ(A,a)＝B。

⑥ 对于 G 中形如 A→a 的产生式,令 δ(A,a)＝f。

(2) 由左线性正规文法构造有限自动机

设 G＝(V_T,V_N,S,P)为一个左线性正规文法,则存在一个有限自动机 M＝(S,Σ,δ,S_0,F),使得 L(M)＝L(G)。

M 的构造方法如下:

① M 的字母表与 G 的终结符集合相同。

② 让 G 中的每个非终结符对应 M 中的一个状态结点。

③ 以 G 的开始符作为 M 的终态结点。

④ 引进一个新初态结点 q_0。

⑤ 对于 G 中形如 A→Ba 的产生式,令 δ(B,a)＝A。

⑥ 对于 G 中形如 A→a 的产生式,令 δ(q_0,a)＝A。

【例 3.17】 设有右线性正规文法 G＝({0,1},{A,B,C,D},A,P),其中 P 为

$$A→0|0B|1D \qquad B→0D|1C$$
$$C→0|0B|1D \qquad D→0D|1D$$

构造与 G 等价的有限自动机 M。

解 根据右线性正规文法构造有限自动机的方法,构造 M＝({A,B,C,D,f},{0,1},δ,{A},{f}),其中

$$δ(A,0)=f, \quad δ(A,0)=B, \quad δ(A,1)=D, \quad δ(B,0)=D, \quad δ(B,1)=C$$
$$δ(C,0)=f, \quad δ(C,0)=B, \quad δ(C,1)=D, \quad δ(D,0)=D, \quad δ(D,1)=D$$

由本例中的右线性正规文法 G 构造的 M 对应的状态转换图如图 3-19 所示,图中 A 为 M 的初态结点,f 为 M 的终态结点。

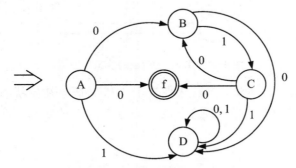

图 3-19 例 3.17 对应的状态转换图

特别注意:在功能上,正规文法与有限自动机在描述和识别语言方面是等价的。

2. 由有限自动机构造正规文法

(1) 由有限自动机构造右线性正规文法

设有 DFA M＝(S,Σ,δ,s_0,F),构造一个右线性正规文法 G＝(V_T,V_N,S,P),使得 L(G)＝L(M)。

G 的构造方法如下：

① $V_N = S, V_T = \Sigma, S = s_0$。

② 若 $s_0 \in F$，添加新的非终结符号 s_0'，并用 s_0' 代替 s_0 作为开始符号，同时添加产生式 $s_0' \rightarrow s_0 | \varepsilon$。

③ 对于任何 $a \in \Sigma$ 及 $A, B \in S$，若有 $\delta(A, a) = B$，则：当 $B \notin F$ 时，得产生式 $A \rightarrow aB$；当 $B \in F$ 时，得产生式 $A \rightarrow a | aB$。

（2）由有限自动机构造左线性正规文法

设有 DFA $M = (S, \Sigma, \delta, s_0, \{f\})$，构造一个左线性正规文法 $G = (V_T, V_N, S, P)$，使得 $L(G) = L(M)$。

G 的构造方法如下：

① $V_N = S - \{s_0\}, V_T = \Sigma, S = f$。

② 若 $f \in S$，添加新的非终结符号 f'，并用 f' 代替 f 作为开始符号，同时添加产生式 $f' \rightarrow f | \varepsilon$。

③ 对于任何 $a \in \Sigma$ 及 $A, B \in S$，有 $\delta(A, a) = B$：若 A 不是初态，则得产生式 $B \rightarrow Aa$；若 A 是初态，并且 A 状态有箭弧射入，则得产生式 $B \rightarrow a | Aa$。

例如，对于图 3-19 对应的有限自动机 M，按照上述规则构造出的左线性正规文法 $G = (\{0, 1\}, \{B, C, D, f\}, f, P)$，其中 P 由下列产生式组成：

$$f \rightarrow 0 | C0 \qquad C \rightarrow B1$$
$$B \rightarrow 0 | C0 \qquad D \rightarrow 1 | C1 | D0 | D1 | B0$$

【例 3.18】 语言 L 是所有由偶数个 0 和偶数个 1 组成的句子的集合，能接受语言 L 的状态转换图如图 3-20 所示，给出其对应的正规文法。

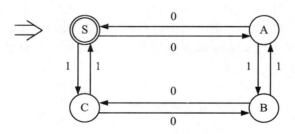

图 3-20　例 3.18 对应的状态转换图

解 从图 3-20 可以看出：状态 S 代表偶数个 0 和 1，既是初始状态，也是终止状态。根据上述由有限自动机构造右线性正规文法的方法与图 3-20 的状态转换图，可得对应的右线性正规文法为

$$S \rightarrow 0A | 1C | \varepsilon$$
$$A \rightarrow 0S | 1B | 0$$
$$C \rightarrow 0B | 1S | 1$$
$$B \rightarrow 0C | 1A$$

3.5.3　正规式与有限自动机的等价性

正规文法、正规式、DFA 和 NFA 在接收语言的能力上是等价的。正规式和有限自动机的等价性体现在以下两点：

① 对于任何一个有限自动机 M,都存在一个正规式 r,使得 L(r)＝L(M)。

② 对于任何一个正规式 r,都存在一个有限自动机 M,使得 L(M)＝L(r)。

1. 由有限自动机 M 构造正规式 r

由有限自动机 M 构造正规式 r 的步骤如下:

① 在 M 的状态转换图上加进两个结点,一个为 x 结点,一个为 y 结点。将 x 结点用 ε 弧连接到 M 的所有初态结点,将 M 的所有终态结点用 ε 弧连接到 y 结点,形成一个与 M 等价的 M',M'只有一个初态 x 和一个终态 y。

② 逐步消去 M'中的所有结点,直至只剩下 x 和 y 结点。在消除结点的过程中,逐步用正规式来标记弧。消除结点的规则如图 3-21 所示。

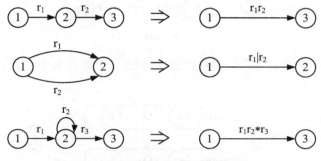

图 3-21　消除结点时的替换规则

最后,x 和 y 结点间的弧上的标记则为所求的正规式 r。

【**例 3.19**】　对于如图 3-22 所示的有限自动机 M,求其构造的等价正规式 r。

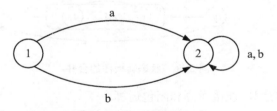

图 3-22　有限自动机 M

解　根据由有限自动机 M 构造正规式 r 的规则如图 3-23 所示。

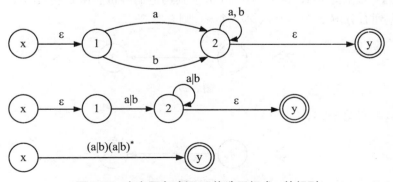

图 3-23　由有限自动机 M 构造正规式 r 的规则

由图 3-23 的替换过程,可得到本例中所求的正规式 r=(a|b)(a|b)*。

2. 由正规式 r 构造有限自动机 M

若 r 具有 0 个运算符,则:

① 对应正规式 ε,构造 NFA 为图 3-24。

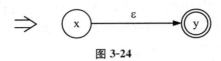

图 3-24

② 对应正规式 a,构造 NFA 为图 3-25。

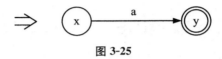

图 3-25

假设结论对少于 k 个运算符的正规式成立,则当 r 中含有 k 个运算符时,状态转换图的合并如图 3-26 所示。

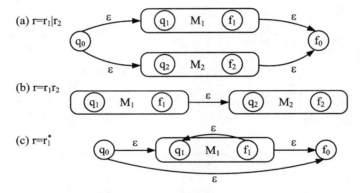

图 3-26 状态转换图的合并

图 3-26 中,包括并运算、连接运算和闭包运算。

特别注意:正规式和有限自动机的等价性体现在:对于任何一个有限自动机 M,都存在一个正规式 r,使得 L(r)=L(M);反之亦然。

【例 3.20】 设有正规式 r=(a|b)*abb,求其构造的等价有限自动机 M。

解   从左到右分解 r,令 r_1=a(第一个 a),则有图 3-27。

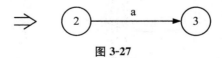

图 3-27

令 r_2=b,则有图 3-28。

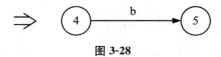

图 3-28

令 $r_3 = r_1 | r_2$，则有图 3-29。

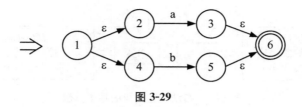

图 3-29

令 $r_4 = r_3^*$，则有图 3-30。

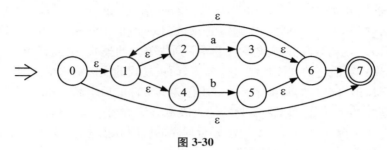

图 3-30

令 $r_5 = a, r_6 = b, r_7 = b, r_8 = r_5 r_6, r_9 = r_8 r_7$，则有图 3-31。

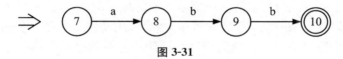

图 3-31

令 $r_{10} = r_4 r_9$，则可得到如图 3-32 所示的 NFA，即本例中所求的等价有限自动机。

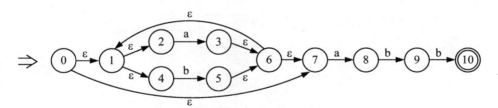

图 3-32　由正规式 r＝(a|b)* abb 构造的 NFA

3.6　词法分析器的自动构造工具——LEX

　　构造词法分析器一般有两种方法：一个是根据对程序设计语言中各类单词的某种描述或定义，用手工的方式构造词法分析器；另一个方法是词法分析器的自动生成，即先用正规式对语言中的各类单词符号进行词型描述，并分别指出在识别单词时，词法分析器所应进行的语义处理工作，然后由一个词法分析器的构造程序对上述信息进行加工，便能得到所需的词法分析器。一般程序设计语言单词的词法规则属于正规文法，可以用正规式对其进行描述。这就解决了语言词法规则的形式化描述和可识别单词的状态转换图的抽象描述，具备了词法分析器自动生成的基本理论。词法分析器的自动构造工具的基本思想如图 3-33 所示。

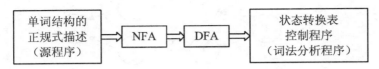

图 3-33　自动构造工具的基本思想

上述构造过程由计算机来完成就称为词法分析器的自动构造,能完成上述任务的程序称为词法分析器的自动构造工具。LEX(lexical analyzer generator)就是一个词法分析器的自动生成工具,它是 1972 年由贝尔实验室的 M. E. Lesk 和 E. Schmidt 在 UNIX 操作系统上首次开发的。LEX 支持使用正规式来描述各个词法单元的模式,由此给出一个词法分析器的规约。用正规式对语言的词法规则进行描述,而正规式的实际输入形式是用 LEX 语言来描述的。由 LEX 语言编写的源程序一般以 1 作为其文件的后缀名。LEX 体系包括 LEX 语言和 LEX 编译器两个部分。LEX 工具的输入表示方法称为 LEX 语言,而工具本身则称为 LEX 编译器。LEX 源程序是对一个词法分析程序的说明和描述,在逻辑上分成两部分:

① 一组正规式:表示单词构成规则。

② 每个正规式相应的动作:识别单词时应采取的动作。

由 LEX 所产生的词法分析器逐一扫描输入串的每个字符,寻找一个最长的子串匹配某个正规式,将该子串截下来放在一个缓冲区中,然后调用动作子程序。当相应的动作子程序执行完后,词法分析器就把所得的单词符号交给语法分析程序。当词法分析器重新被调用时就从输入串中继上次截出的位置之后识别下一个单词符号。用 LEX 创建一个词法分析器的过程如图 3-34 所示。

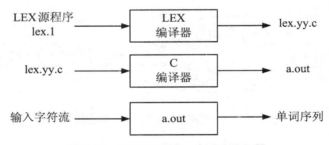

图 3-34　用 LEX 生成一个词法分析器

从图 3-34 可以看出:首先,用 LEX 语言写出一个输入文件 lex. 1,描述将要生成的词法分析器;然后,用 LEX 编译器将输入文件 lex. 1 转换成 C 语言程序,存放该程序的文件名为 lex. yy. c;最后,文件 lex. yy. c 被 C 编译器编译为一个名为 a. out 的文件。C 编译器的输出就是一个读取输入字符流并生成词法单元流的可运行的词法分析器。a. out 通常是一个被语法分析器调用的子例程,这个子例程返回一个整数值(即可能出现的某个词法单元名的编码),而词法单元的属性值,不管是一个数字编码,还是一个指向符号表的指针,抑或是什么也没有,都保存在全局变量 yylval 中。全局变量 yylval 由词法分析器和语法分析器共享,可以同时返回一个词法单元名字和一个属性值。

特别注意:LEX 体系包括 LEX 语言和 LEX 编译器两个部分。

1. LEX 程序的一般描述

LEX 程序由三部分组成：说明部分、转换规则和辅助过程。格式为

$$说明部分$$
$$\%\%$$
$$转换规则$$
$$\%\%$$
$$辅助过程$$

(1) 说明部分

说明部分包括变量、常数标识符与正则定义。正则定义中对一些正则表达式命名。在使用 LEX 时，先将高级程序设计语言的词法写成说明部分。说明部分的形式为

$$
\begin{array}{ll}
D_1 & R_1 \\
D_2 & R_2 \\
\cdots \\
D_n & R_n
\end{array}
$$

其中 $R_i(i=1,2,\cdots,n)$ 是一个正规表达式，$D_i(i=1,2,\cdots,n)$ 代表此正规表达式的名字。例如，

$$
\begin{array}{ll}
digit & [0\sim9] \\
letter & [A\sim Za\sim z] \\
identifierletter(letter \mid digit)^*
\end{array}
$$

(2) 转换规则

转换规则表示了当程序识别到一个单词时所需要完成的动作，LEX 源程序中的转换规则是一串如下形式的 LEX 语句：

$$
\begin{array}{ll}
P_1 & \{action\ 1\} \\
P_2 & \{action\ 2\} \\
\cdots \\
P_n & \{action\ n\}
\end{array}
$$

其中 $P_i(i=1,2,\cdots,n)$ 是由字母表的字符 $d_i(i=1,2,\cdots,n)$ 组成的正规式，称为词形，最终可转换成字母表上的正规式。每个 action 是一段 C 程序代码，指出识别出 P_i 所描述的单词后，词法分析器所应采取的动作(如查填符号表，返回种别码及单词的自身值等)。例如，

$$BEGIN \qquad \{return(\$ BEGIN)\}$$

表示当识别出符号 BEGIN 时，将回送 BEGIN 的内部表示 $ BEGIN。

(3) 辅助过程

为了使 action 部分更简洁，action 中用到的一些过程可放在辅助过程部分，辅助过程用 C 语言书写了一些过程，被识别过程调用，这些过程经单独编译后可以合成到词法分析器中。

【例 3.21】 识别标识符、数字、和＋，－，＊，／,运算符的 LEX 源程序如下：

```
NUM [0-9][0-9]*
ID  [a-z][a-z0-9]*
%{
```

```
# include(math. h)
%}
%%
{NUM}            printf("An Integer：%d\n",atoi(yytext));
{ID}             printf("An Identifier：%s\n", yytext);
"+"|"−"|"*"|"/"     printf("An Operator：%s\n", yytext);
%%
main(int  argc，char * * argv)
{if (argc>0)      yyin=fopen(argv[0]，'r');
 else             yyin=stdin;
 yylex()；
}
```

在 UNIX 中运行例 3.21 中的 LEX 源程序,得到词法分析器。

① $ lex lex.l:在当前目录下产生 lex.yy.c 文件。

② $ cc lex.yy.c‐ll:得到可运行的目标代码 a.out。

③ $./a.out:输入字符串为 "123+str",得到

An Integer：123

An Operator：+

An Identifier：str

【例 3.22】 生成一个统计行数和字符个数的程序

```
int num_lines=0, num_chars=0;
%%
\n   {++num_lines;++num_chars;}
 .  {++num_chars;}
%%
main( )
{yylex( );
printf("# of lines=%d, # of chars=%d\n",num_lines, num_chars);
}
```

然后编译,再输入一个文本进行测试:

```
$ flex sample1.l
$ mv lex.yy.csample1.c
$ gcc sample1.c —o sample1 —ll
$ ./sample1<sample.txt
# of lines=4, # of chars=225
```

可以看出,只需少量代码就可以实现一个行数统计程序。再加点功能,代码如下:

```
int num_lines=0, num_chars=0, num_words=0;
%%
\n{++num_lines;}
[A−Za−z]*  {++num_words;}
.  {++num_chars;}
%%
main( )
```

```
{
    yylex( );
    printf("lines:%d \tchars:%d\twords:%d\n", num_lines, num_chars, num_words);
}
```

此时,这个 LEX 文件可以用来生成一个统计行数、字符个数和单词个数的工具。

2. LEX 中的相关约定

(1) LEX 中的元字符
LEX 中的元字符约定如表 3-11 所示。

表 3-11　LEX 中的元字符约定

格　式	含　义
a	字符 a
"a"	即使 a 是一个元字符,它仍是字符 a
\a	当 a 是一个元字符时,为字符 a
a*	a 的零次或多次重复
a+	a 的一次或多次重复
a?	一个可选的 a
a|b	a 或 b
(a)	a 本身
[abc]	字符 a,b 或 c 中的任意一个字符
[a—d]	字符 a,b,c 或 d 中的任意一个字符
[^ab]	除了 a 或 b 外的任意一个字符
.	除了新行之外的任意一个字符
{xxx}	名字 xxx 表示的正则表达式

(2) LEX 中的内部名字
LEX 中常见的内部名字及其含义如表 3-12 所示。

表 3-12　LEX 中的内部名字及其含义

LEX 内部名字	含　义
lex. yy. c 或 lexyy. c	LEX 输出文件名
yylex	LEX 扫描例程
yytext	当前行为匹配的串
yyin	LEX 输入文件(缺省:stdin)
yyout	LEX 输出文件(缺省:stdout)
input	LEX 缓冲的输入例程
ECHO	LEX 缺省行为(将 yytext 打印到 yyout)

（3）二义性的解决

在识别单词符号时，常会发生下列情况：一个单词符号能被多个构词规则匹配；将一个单词符号分割成两个单词符号。在发生这两种二义性情况时，词法分析器遵循下述规则：

① 最长匹配规则：该规则规定了词法分析器应优先识别最长的单词符号。

② 优先匹配规则：如果一个单词符号与两个或更多的规则匹配，则在 LEX 源程序中排列在最前面的规则的优先级最高，优先进行匹配。

（4）C 代码的插入

① 任何写在定义部分 %{ 和 %} 之间的文本将被直接复制到外置于任意过程的输出程序之中。

② 辅助过程中的任何文本都将被直接复制到 LEX 代码末尾的输出程序中。

③ 将任何跟在行为部分（在第一个 % % 之后）的正规表达式之后（中间至少有一个空格）的代码插入到识别过程 yylex 的恰当位置，并在与对应的正规表达式匹配时执行它。代表一个行为的 C 代码既可以是一个 C 语句，也可以是一个由任何说明及位于花括号中的语句组成的复杂的 C 语句。

3. LEX 的实现

LEX 的实现原理是：LEX 通过对 LEX 源文件的扫描，将源文件的正规表达式转换为与之等价的有限自动机，接着进行有限自动机的确定化和状态最少化，得到一个化简的 DFA，然后产生由该 DFA 驱动的 C 语言词法分析函数 yylex，最后将该 C 语言源程序输出到名为 lex. yy. c 的文件中。这就是能识别 LEX 源文件定义的正规式的词法分析器。具体的实现步骤如下：

① 对于规则部分的每个正规式 P_i，为其构造相应的 NFA M_i（$1 \leqslant i \leqslant m$）。

② 引入一个新的初态 S_0，并用 ε 把 S_0 和每个 NFA M_i 的初态连接起来，得到描述该扫描器的 NFA M（图 3-35）。

③ 利用 3.4.3 小节描述的子集法将 M 确定化，然后将 DFA M 输出。

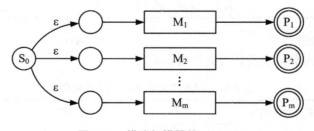

图 3-35 描述扫描器的 NFA M

【例 3.23】 定义在 $\Sigma = \{a, b, c\}$ 上的 DFA M 能识别的单词的词形为 abc^+ 或 acb^+。能识别这两类词形的 NFA M 分别如图 3-36 的（a）和（b）所示。

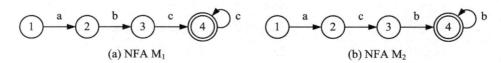

图 3-36 能识别 abc^+ 的 NFA M_1 和 acb^+ 的 NFA M_2

将图 3-36 的(a)和(b)合并成一个 NFA M,如图 3-37 所示。

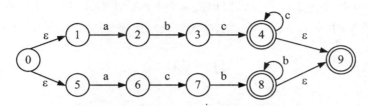

图 3-37　NFA M₁ 和 NFA M₂ 合并后的 NFA M

利用 3.4.3 小节描述的子集法对图 3-37 表示的 NFA M 进行确定化,再用划分法进行化简,得到最小的 DFA M′ 如图 3-38 所示。

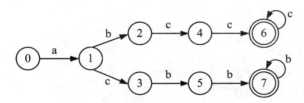

图 3-38　NFA M 化简后得到的 DFA M′

对于某高级程序设计语言,只要能按该语言的词法写出 LEX 语言的源程序,经过 LEX 编译程序,即可得到该语言的词法分析器。LEX 是一个非常优秀的词法分析器的自动构造工具,具有较好的可移植性,LEX 已广泛应用于自动生成各种程序设计语言的词法分析器中。

3.7　本章小结

词法分析是编译过程的第一阶段,是编译过程的基础。它负责对源程序扫描,从中识别出一个个的单词。单词是程序设计语言的基本语法单位和最小的语义单位。单词一般可分为五类:关键字(又称保留字或基本字)、标识符、常数、运算符和界符。词法分析器的输出是一个二元式(单词种别码,单词符号属性值)。

词法分析器可利用状态转换图进行设计。状态转换图是一个有向图,每个结点表示一个状态,其中有一个初态,至少有一个终态。词法分析器还可以根据正规文法或正规表达式来进行设计。

自动机是一种能进行运算并能实现自我控制的装置。它是描述符号串处理的强有力的工具,是研究词法分析器的理论基础。本章只限于研究有限自动机,介绍它的基本概念和基本理论。有限自动机分为确定有限自动机(DFA)和非确定有限自动机(NFA)。

对 NFA 可采用子集法和造表法进行确定化,将其转化为等价的 DFA。对 DFA 则可进行最小化(化简)。对 DFA 化简的基本思想是:将状态集分解成若干个互不相交的子集,使每个子集中的状态都是等价的,而不同子集的状态是可区分的。

正规文法与有限自动机有着特殊的关系。由正规文法可直接构造其自动机;反之,由自动机也可直接构造其正规文法。正规表达式与有限自动机也有着特殊的关系。对于字母表 Σ 上的任意一个正规表达式 e,一定可以构造一个 NFA M,使 L(M)＝L(e);反之,对于一个具有输入字母表 Σ 的 NFA M,在 Σ 上也可构造一个正规表达式 e,使 L(e)＝L(M)。

习　题　3

1. 解释下列名词:
    (1) 正规式与正规集。
    (2) DFA。
    (3) NFA。
    (4) 状态等价。
    (5) DFA 的化简。

2. 根据要求回答下列问题:
    (1) 将词法分析工作进行分离有什么好处?
    (2) 请解释词法分析器的工作原理。
    (3) 请解释 NFA 与 DFA 之间的区别。

3. 给出下面描述的正规表达式:
    (1) 以 01 结尾的二进制数串。
    (2) 能被 5 整除的十进制整数。
    (3) 所有表示偶数的数串。
    (4) 不包含子串 abb 的由 a 和 b 组成的符号串的全体。

4. 将图 3-39 所示的 DFA 最小化。

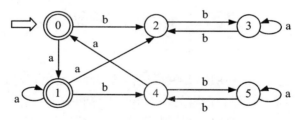

图 3-39　需要最小化的 DFA

5. 将图 3-40 所示的 NFA 确定化并最小化。

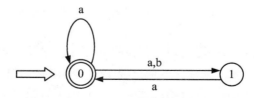

图 3-40　需要确定化并最小化的 NFA

6. 试构造与下列正规式等价的 NFA,然后将其确定化为 DFA,并将该 DFA 最小化。
    (1) (a|b)* aa (a|b)*。
    (2) 1 (0|1)* 101。

(3) $0^*10^*10^*10^*$。

(4) $((a|b)^*|aa)^*b$。

(5) $00|01(0|1)^*10|11$。

(6) $((0|1)^*|(11)^*)^*$。

7. 构造一个 DFA,它接受 $\Sigma=\{0,1\}$ 上所有满足如下条件的字符串:每个 1 都有 0 直接跟在右边。

8. 设 $M=(\{x,y\},\{a,b\},f,x,\{y\})$ 为一 NFA,其中 f 定义如下:

$$f(x,a)=\{x,y\} \qquad f(x,b)=\{y\}$$
$$f(y,a)=\Phi \qquad f(y,b)=\{x,y\}$$

请构造相应的 DFA。

9. 构造下述文法 G(Z)的自动机。该自动机是确定的吗? 其相应的语言是什么?

$$Z\rightarrow A0$$
$$A\rightarrow A0|Z1|0$$

10. 若 A,B 是任意正规式,证明:$A^*=\varepsilon|AA^*$。

11. 给定右线性文法 G:

$$S\rightarrow 0S|1S|1A|0B$$
$$A\rightarrow 1C|1$$
$$B\rightarrow 0C|0$$
$$C\rightarrow 0C|1C|0|1$$

求出一个与 G 等价的左线性文法。

12. 给出接受$\{0,1\}$上不含子串 010 的所有串的正规表达式和 DFA。

13. 构造与正规式$(a|b|c)^*a$等价的 DFA。

14. 构造与正规式 $(0|1)^*00$ 相应的 DFA 并进行化简。

15. 写出在字母表$\{a,b\}$上,不以 a 开头,但以 aa 结尾的字符串集合的正规表达式,并构造与之等价的最小化的 DFA。

【实验 1】 词法分析器的设计

1. 实验目的和要求

(1) 理解词法分析器的任务和输出形式。

(2) 理解词法分析器的工作原理。

(3) 掌握状态转换图的绘制以及单词的识别技术。

(4) 掌握词法分析器的设计过程,能够使用某种高级语言实现一个词法分析器。

2. 实验内容

给出一个简单语言的词法规则描述(表 3-13),其中:种别码以 1 开头的为关键词,以 2

开头的为运算符,以 3 开头的为界符,以 4 开头的为标识符,以 5 开头的为常数;标识符是以字母开头,且是以字母和数字组成的任意符号串;常数为整数,即以数字组成的符号串。

请完成以下任务:

(1) 画出识别该语言词法规则的状态转换图。

(2) 依据该状态转换图编制出词法分析程序,能够从输入的源程序中,识别出各个具有独立意义的单词,即基本保留字、标识符、常数、运算符、界符五大类,并依次输出各个单词的内部编码(种别码)及单词符号自身值。

表 3-13 某简单语言的词法规则

单词符号	种别码	内码	单词符号	种别码	内码
void	101		==	210	
main	102		<>	211	
int	103		++	212	
char	104		——	213	
if	105		>>	214	
else	106		<<	215	
for	107		&&	216	
while	108		||	217	
return	109		!	218	
printf	110		(	301	
scanf	111		)	302	
+	201		[	303	
—	202		]	304	
*	203		{	305	
/	204		}	306	
=	205		,	307	
>	206		;	308	
>=	207		标识符	400	
<	208		常数	500	二进制形式
<=	209				

第4章 自上而下语法分析法

【**学习目标**】 理解自上而下分析的一般思想和面临的问题;熟练掌握左递归的消除方法;掌握提左公因子消除回溯的方法;熟练掌握 FIRST 集和 FOLLOW 集的计算方法;理解 LL(1)文法的判定条件;熟练掌握 LL(1)分析表的构造方法;深入理解和熟练掌握预测分析算法;理解递归下降分析算法;了解 LL(1)分析中的错误处理方法。

语法分析是编译过程的核心部分,主要是在词法分析识别出单词符号串的基础上,分析并判定程序的语法结构是否符合语法规则。本章学习自上而下语法分析方法,主要内容包括:自上而下分析的一般思想、面临的问题与相应解决方法,预测分析算法和递归下降分析算法。

4.1 语法分析的任务和分析方法

语法分析是编译过程的核心部分,其主要任务是:在词法分析的基础上,根据语言的语法规则,把单词符号串分解成各类语法单位(语法范畴),如短语、子句、句子(语句)、程序段和程序等。语法分析器在编译程序中的地位如图 4-1 所示。

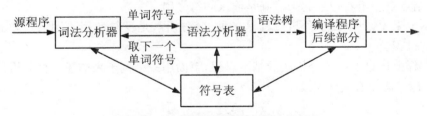

图 4-1 语法分析器在编译程序中的地位

语法分析器的工作本质是:按文法的产生式,识别输入符号串是否为一个句子,判断是否能从文法的开始符号出发推导出这个输入串;或者说,根据文法的产生式,判断是否能够为输入的符号串建立一棵语法树,使得这棵语法树的根结点为文法的开始符号,叶子结点自左至右排列起来正好为所输入的符号串。

根据语法树建立方法的不同,通常将语法分析法划分为两大类:自上而下分析法和自下而上分析法,如图 4-2 所示。本章主要介绍自上而下语法分析法,第 5 章将详细介绍自下而上语法分析法。

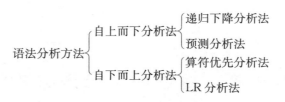

图 4-2　语法分析法分类

> **特别注意**:语法分析器的工作本质就是按文法的产生式,识别输入符号串是否为一个句子。这就要判断,是否能从文法的开始符号出发推导出这个输入串;或者,从概念上讲,就是要建立一棵与输入串相匹配的语法树。按照语法树的建立方法,可以将语法分析法分为两类:自上而下分析法和自下而上分析法。

4.2　自上而下分析法的基本思想和面临的问题

自上而下分析法是从文法的开始符号出发,构建一个推导,使得从开始符号出发能够推出单词符号串。下面,将介绍自上而下分析法的基本思想以及在分析过程中所面临的问题。

4.2.1　自上而下分析法的基本思想

自上而下分析法的基本思想是:对给定的输入符号串,从文法的开始符号出发,用一切可能的方法,寻找一个最左推导,使得能够从开始符号出发推导出这个输入符号串。从构建语法树的角度来说,自上而下分析法是以文法的开始符号为根结点,然后从根结点出发,穷尽一切可能的方法自上而下地为输入串构建一棵语法树,使得这棵语法树的根结点为开始符号,叶子结点自左至右排列起来恰好是输入的符号串。

从根本上来说,自上而下分析过程是一种试探过程,是反复使用不同的产生式,谋求匹配输入串的过程。

为了解释上述自上而下分析法的基本思想,下面用一个例子来描述这种分析过程。

【例 4.1】　假设有文法 G[S]:

$$S \rightarrow xAy;　　①$$
$$A \rightarrow **|*;　②$$

现有输入符号串 $\alpha = x*y$,试用自上而下分析法的思想来分析该输入串。

解　① 初始时,指示器 ip 指向输入符号串的第一个字符 x,从文法的开始符号 S 开始建立推导序列,并以 S 作为语法树的根结点:

② 读取左部为 S 的产生式,即产生式①。因其只有一个候选项,因此用该候选项去推导,并作为根结点 S 的子结点向下扩展语法树。此时,因为语法树的最左子结点是终结符,

并且和输入缓冲区的第一个字符相匹配,故指示器 ip 指向下一个输入字符 ＊:

③ 现在轮到第二个子结点开始匹配,因其是非终结符,所以读取以 A 为左部的产生式,即产生式②。该产生式有两个候选项,先尝试用第一个候选去推导,并将其作为结点 A 的子结点进一步扩展语法树。这时 A 的左子结点为终结符,并且和当前指示器所指的输入字符相匹配,因此将指示器 ip 指向下一个输入字符 y:

④ 目前,语法树中 A 的第二个子结点为终结符 ＊,与输入缓冲区中指示器 ip 所指字符 y 不匹配,这意味着在第③步中使用 A 的第一个候选项进行推导是失败的,所以这个时候我们应该及时回溯,即注销 A 的子树,并将指示器 ip 回退一格,重新回到第③步初始的情形:

⑤ 接着,用 A 的第二个候选去推导,并将其作为 A 的子结点,重新扩展以 A 为根结点的子树。因为这时 A 的子结点为终结符且与 ip 所指字符相匹配,所以将 ip 指向下一个输入字符:

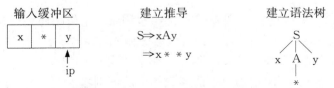

⑥ 现在的情况是,用语法树的最后一个子结点去匹配当前输入字符,而该子结点是一个终结符,恰好与当前 ip 所指字符相匹配。并且,ip 已指向输入缓冲区的最后一个字符,也就是说,已经为输入字符串寻找到了一个最左推导序列或语法树。因此该输入串是文法 G[S]的一个句子。至此,自上而下分析过程结束。

4.2.2 自上而下分析法存在的困难和缺陷

前面所述的自上而下分析法的一般思想存在着一些固有的困难和缺陷,主要表现在以下几个方面:

1. 左递归问题

首先给出左递归文法的含义:如果文法 G 中存在非终结符 P 满足条件 $P \xrightarrow{+} P\alpha$,则称该文法含有左递归特性或称其为左递归文法。

如果一个文法具有左递归特性,则自上而下分析将无法进行。下面通过一个例子来解释。

【例 4.2】 已知文法 G[S]:S→Sa|b。下面用自上而下分析法分析输入串 ba。

首先,文法 G[S]含有左递归特性,这是因为 S⇒Sa。根据自上而下分析法的基本思想,初始时刻,从文法的开始符号 S 开始推导,当前输入字符为 b。首先试探用 S 的第一个候选项 Sa 进行推导,这时,仍然用非终结符 S 去匹配字符 b,于是再用 S 的第一个候选项 Sa 进行下一步推导,如此反复下去,即 S⇒Sa⇒Saa⇒…。

显然,左递归文法将使得自上而下分析过程陷入无限循环状态,可见自上而下分析法不能分析含有左递归特性的文法。所以要使用自上而下分析法就必须消除文法的左递归特性。

2. 回溯问题

因为自上而下分析法的本质是一种穷举试探法,即当使用非终结符 P 去匹配输入串时,按序列举 P 的各个候选项,直到某个候选项能够匹配输入串或确定所有候选都不能匹配。这个过程必然会导致大量的回溯现象,尤其是当输入串不是文法的一个句子时,只有在穷尽一切可能的试探之后,才能最终得到该输入串不是句子这一结论。由于回溯会使从出错点到迄今为止所做过的大量工作废弃,所以势必会大大降低分析效率,特别是对于那些在语法分析过程中就进行语义处理的编译程序,需把所做的一大堆语义工作推倒重来,工作效率降低的情况将更加严重。

回溯使得分析工作既麻烦又费时,因此为了提高自上而下分析法的工作效率,应该设法消除回溯。

3. 虚假匹配现象

在上述的自上而下分析过程中,当一个非终结符用某一个候选匹配成功时,这种成功可能仅是暂时的。例如,就例 4.1 中的文法而言,考虑输入串 x＊y。若对 A 首先使用第二个候选项,A 将成功地把它的唯一子结 ＊ 匹配于输入符号串的第二个符号。但 S 的第三个子结 y 与第三个输入符号 ＊ 不匹配。因而,导致了无法识别输入串 x＊＊y 是一个句子的事实。然而,若 A 首先使用它的第一个候选 ＊＊,则整个输入串即可获得成功分析。这意味着,A 首先使用第二个候选所得到的成功匹配是虚假的。由于这种虚假匹配现象的存在,我们需要更复杂的回溯技术。一般来说,要消除虚假匹配是很困难的,但若从最长的候选开始匹配,虚假匹配的现象就会减少一些。

4. 出错时不能准确报告出错地点

若穷尽一切可能的候选组合都不能为输入串建立一棵语法树,那么表明输入串存在语法错误。但这种分析法,最终只能报告输入串不是文法的一个句子,而无法告知输入串错在何处。

5. 效率很低,代价极高

由于这种带回溯的自上而下分析法实际上是一种穷尽一切可能的试探法,因此效率很低,代价极高。严重的低效使得这种分析法只有理论意义,而在实践中价值不大。

针对上述困难和缺陷,要想能够高效地使用自上而下分析法,则必须消除左递归,并设法避免回溯。以下将首先讨论左递归和回溯的消除问题,然后讨论如何构造不带回溯的自上而下分析法。

> **特别注意**:自上而下分析法本质上是一种穷举试探法,存在以下困难和缺陷:① 左递归;② 回溯;③ 虚假匹配现象;④ 出错时不能准确报告出错地点;⑤ 效率低、代价高。

4.3 左递归和回溯的消除

由 4.2 节所述的自上而下分析法的基本思想和存在的问题可知,要想使用自上而下分析法进行工作,就必须消除文法存在的左递归特性;而要提高工作效率,就应该避免出现回溯现象。本节将阐述如何消除文法的左递归特性以及如何避免回溯现象。

4.3.1 消除直接左递归

一般来说,文法的左递归特性表现在两个方面:直接左递归和间接左递归。前者是指见于产生式中的左递归,即文法中存在的形如 $P \rightarrow P\alpha | \beta$ 的产生式。后者是指文法中虽然不存在左递归特性的产生式,但是存在非终结符 P,使得 $P \overset{+}{\Rightarrow} P\alpha$。本小节讨论直接左递归的消除方法,下一小节将讨论间接左递归的消除方法,并给出一般性左递归的消除方法。

假设关于非终结符 P 的规则为 $P \rightarrow P\alpha | \beta$,其中 β 不以 P 打头。则从 P 开始推导出的句型为 $\beta\alpha^n (n \geqslant 0)$,该句型可以看成是子串 β 和子串 $\alpha^n (n \geqslant 0)$ 的连接。因此我们可以引入一个新的非终结符 P' 用于产生子串 $\alpha^n (n \geqslant 0)$,这可以通过规则 $P' \rightarrow \alpha P' | \varepsilon$ 做到。由此,可以将关于 P 的规则 $P \rightarrow P\alpha | \beta$ 改写为以下规则:

$$P \rightarrow \beta P'$$
$$P' \rightarrow \alpha P' | \varepsilon$$

显然,改写后的规则和原规则是等价的,但新的规则产生式中不存在左递归特性。这种变换的实质是将原规则的左递归特性转化为新规则的右递归特性,而右递归特性并不影响自上而下分析法的进行。

【例 4.3】 已知文法 G[E]:

$$E \rightarrow E + T | T$$
$$T \rightarrow T * F | F$$
$$F \rightarrow (E) | i$$

消除该文法的左递归特性。

解 消除文法 G[E]的左递归后的规则为

$$E \rightarrow TE'$$
$$E' \rightarrow + TE' | \varepsilon$$
$$T \rightarrow FT'$$

$$T' \rightarrow *FT' \mid \varepsilon$$
$$F \rightarrow (E) \mid i$$

一般来说,假定与 P 相关的全部产生式为

$$P \rightarrow P\alpha_1 \mid P\alpha_2 \mid \cdots \mid P\alpha_m \mid \beta_1 \mid \beta_2 \mid \cdots \mid \beta_n$$

其中 $\alpha_i \neq \varepsilon(i=1,2,\cdots,m)$,而 $\beta_j(j=1,2,\cdots,n)$ 不以 P 开头,那么消除 P 的直接左递归特性就是把这些规则改写成

$$P \rightarrow \beta_1 P' \mid \beta_2 P' \mid \cdots \mid \beta_n P'$$
$$P' \rightarrow \alpha_1 P' \mid \alpha_2 P' \mid \cdots \mid \alpha_m P' \mid \varepsilon$$

【例 4.4】 有文法 G[E]:

$$E \rightarrow E+E \mid E-E \mid E*E \mid E/E \mid (E) \mid i$$

构造该文法的等价文法 G′[E],要求 G′[E] 不含左递归。

解 消除文法 G[E] 的左递归后的文法 G′[E] 为

$$E \rightarrow (E)E' \mid iE'$$
$$E' \rightarrow +EE' \mid -EE' \mid *EE' \mid /EE' \mid \varepsilon$$

4.3.2 消除间接左递归

由前所述,我们很容易把见于表面上的所有直接左递归都消除掉,也就是说,把直接左递归都改成直接右递归。但这并不意味着已经消除了整个文法的左递归特性。例如,文法

$$S \rightarrow Qc \mid c$$
$$Q \rightarrow Rb \mid b$$
$$R \rightarrow Sa \mid a$$

虽不具有直接左递归,但 S,Q,R 都是左递归特性的,这是因为

$$S \Rightarrow Qc \Rightarrow Rbc \Rightarrow Sabc$$
$$Q \Rightarrow Rb \Rightarrow Sab \Rightarrow Qcab$$
$$R \Rightarrow Sa \Rightarrow Qca \Rightarrow Rbca$$

如何消除一个文法的一切左递归呢?下面介绍消除文法左递归的算法。

如果一个文法不含回路(形如 $P \overset{+}{\Rightarrow} P$ 的推导),也不含以 ε 为右部的产生式,那么执行下述算法将保证消除左递归(但改写后的文法可能含有以 ε 为右部的产生式)。

消除左递归算法:

1. 排列顺序

把文法 G 的所有非终结符按任意一种顺序排列成 $P_1,P_2,\cdots,P_n$,并按此顺序执行。

2. 代入及消除左递归

```
for(i=1; i<=n; i++)
{
    for(j=1; j<=i-1; j++)   //代入,将间接左递归转化为直接左递归
    {
        把形如 Pi→Pj γ 的规则改写成 Pi→δ1 γ|δ2 γ|⋯|δk γ
```

（其中 $P_j \rightarrow \delta_1 \mid \delta_2 \mid \cdots \mid \delta_k$ 是关于 P_j 的所有规则）

　　　　}

　　　消除关于 P_i 规则的直接左递归性 //消除直接左递归

　　}

3. 化简

化简由 2 所得的文法，即去除那些从开始符号出发永远无法到达的非终结符的产生规则。

特别注意：直接左递归的消除方法实质上是将其转化为直接右递归。而间接左递归的消除是通过排序和代入的方法将其转化为直接左递归，然后再将其消除。

【例 4.5】 考虑文法 $G[S]$：

$$S \rightarrow Qc \mid c$$
$$Q \rightarrow Rb \mid b$$
$$R \rightarrow Sa \mid a$$

试消除该文法的左递归。

解　① 排列顺序：令文法 $G[S]$ 的非终结符的排列顺序为 R, Q, S。

② 代入及消除左递归：

a. 考虑非终结符 R，不存在直接左递归。

b. 考虑非终结符 Q。

ⓐ 将 R 代入到 Q 的有关候选后，Q 的规则变为

$$Q \rightarrow Sab \mid ab \mid b$$

ⓑ 此时，Q 仍然不存在直接左递归。

c. 考虑非终结符 S：

ⓐ 将 Q 代入到 S 的有关候选后，S 的规则变为

$$S \rightarrow Sabc \mid abc \mid bc \mid c$$

ⓑ 消除 S 的直接左递归后，其规则变为

$$S \rightarrow abcS' \mid bcS' \mid cS'$$
$$S' \rightarrow abcS' \mid \varepsilon$$

③ 化简：经消除文法的所有左递归后，其文法的所有规则为

$$S \rightarrow abcS' \mid bcS' \mid cS'$$
$$S' \rightarrow abcS' \mid \varepsilon$$
$$Q \rightarrow Sab \mid ab \mid b$$
$$R \rightarrow Sa \mid a$$

显然，其中关于 Q 和 R 的规则已是多余的，应将它们及其规则删除化简。化简后所得的文法为

$$S \rightarrow abcS' \mid bcS' \mid cS'$$
$$S' \rightarrow abcS' \mid \varepsilon$$

注意：由于对非终结符排序的不同，最后所得的文法在形式上可能不一样。但不难证明，它们都是等价的。例如，若将例 4.5 中的文法的非终结符排序选为 S, Q, R，那么最后所得的无左递归文法为

$$S \rightarrow Qc \mid c$$
$$Q \rightarrow Rb \mid b$$
$$R \rightarrow bcaR' \mid caR' \mid aR'$$
$$R' \rightarrow bcaR' \mid \varepsilon$$

显然,这个文法与例 4.5 解答的文法是等价的。

4.3.3　提左公因子消除回溯

要能行之有效地使用自上而下分析法,就应该避免回溯。为此,下面先分析回溯产生的根本原因。

假设有上下文无关文法 $G=(V_T, V_N, S, P)$,并且 G 中有产生式 $A \rightarrow \gamma_1 \mid \gamma_2 \mid \cdots \mid \gamma_m$。为了判定符号串 $w = a_1 a_2 \cdots a_n \in V_T$ 是否为 L(G) 中的一个句子,我们从 S 开始进行最左推导。假定经过若干步推导后得到的句型是 $S \overset{*}{\Rightarrow} a_1 a_2 \cdots a_{i-1} A\beta$,其中 $A \in V_N, \beta \in (V_T \cup V_N)^*, 1 \leqslant i \leqslant n$(注意:当 i=1 时,$w_1 = \varepsilon, A=S$)。也就是说,到此为止,已使输入串 w 的一个前缀 w_1 从上面的推导中得到匹配,现在需再对 $A\beta$ 进行推导,以期使余留的输入串 $a_i a_{i+1} \cdots a_n$ 也获得匹配。根据最左推导的定义,此时应首先使用 A 产生式进行推导,即当前有 m 个候选式可供选择去完成后继的推导。我们可以采用以下决策来进行这种选择:对于余留输入串的首符号 a_i,如果有唯一的 γ_j,使得从 $\gamma_j \beta$ 出发至少可推导出一个以 a_i 开头的符号串,而对于其余的 $\gamma_k (1 \leqslant k \leqslant m, k \neq j)$,从 $\gamma_k \beta$ 出发均不能推导出以 a_i 开头的符号串,则能唯一地选用产生式 $A \rightarrow \gamma_j$ 进行推导。当然,我们总是希望每一步推导所选用的产生式是准确无误的,即要求:如果 w 是句子,则所选产生式必然会使后继匹配得以成功;如果 w 不是句子,由所选定的候选无法经过后继推导去匹配余留的输入串,则由其余的所有候选也同样无法进行匹配。也就是说,根据这个决策所选定的候选是确定的、唯一的、具有代表性的,判定了所选候选项能否使后继推导成功得到匹配就能完全断定输入串是否是一个句子。很明显,如果一个文法的每一个产生式都能满足上述要求,那么消除回溯的问题也就迎刃而解了。

从上面的分析可知,要实现无回溯的自上而下的语法分析,对相应的文法需有一定的要求。假设 G 是一个不含左递归的文法,对于 G 的所有非终结符的每个候选 α,令集合

$$FIRST(\alpha) = \{a \mid \alpha \overset{*}{\Rightarrow} a \cdots, a \in V_T\}$$

特别地,若 $\alpha \overset{*}{\Rightarrow} \varepsilon$,则规定 $\varepsilon \in FIRST(\alpha)$。集合 $FIRST(\alpha)$ 的直观意义是:α 所有可能推导的开头终结符或可能的 ε。因此这个集合也称为 α 的终结首符集。

如果文法 G 的所有非终结符 A 的所有候选首符集两两不相交,即 A 的任何两个候选 γ_i 和 $\gamma_j (i \neq j)$ 满足

$$FIRST(\gamma_i) \cap FIRST(\gamma_j) = \varnothing$$

那么当要求 A 匹配输入串时,A 就能根据它所面临的第一个输入符号 a,准确地指派某一个候选式前去执行任务,如 $a \in FIRST(\gamma_i)$,则选用候选 γ_i 去执行后继的匹配任务。

事实上,许多文法都存在这样的非终结符:它的所有候选终结首符集并非两两不相交。例如,通常关于条件句的产生式

语句 → if 条件 then 语句 else 语句
|if 条件 then 语句

就是这样一种情形。

如何把一个文法改造成任何非终结符的所有候选首符集两两不相交呢？其方法是提取左公共因子。提取左公因子是一种文法转换方法，它可以产生适用于自上而下分析技术的文法。当不清楚应该在两个 A 产生式中如何选择时，我们可以通过改写产生式来推后这个选择，等我们读入了足够多的输入，获得了足够多的信息后再做出正确选择。

一般来说，假定关于 A 的产生式是

$$A \rightarrow \delta\beta_1 \mid \delta\beta_2 \mid \cdots \mid \delta\beta_n \mid \gamma_1 \mid \gamma_2 \mid \cdots \mid \gamma_m$$

其中 $\gamma_i (1 \leqslant i \leqslant m)$ 不以 δ 打头，那么可以把这些产生式改写成

$$A \rightarrow \delta A' \mid \gamma_1 \mid \gamma_2 \mid \cdots \mid \gamma_m$$

$$A' \rightarrow \beta_1 \mid \beta_2 \mid \cdots \mid \beta_n$$

经过反复提取左公因子，就能够使每个非终结符（包括新引进者）的所有候选首符集两两不相交。为此付出的代价是，大量引进新的非终结符和 ε 产生式。

4.4 LL(1)分析法

当一个文法不含左递归，并且满足每个非终结符的所有候选首符集两两不相交的条件时，是不是就一定能进行有效的自上而下分析了呢？答案是否定的，如果存在非终结符 A，有 $\varepsilon \in \text{FIRST}(A)$（尤其是消除左递归和提取左公因子后，文法引入了大量的 ε 产生式），就未必能有效地进行自上而下分析。且看例 4.6 的分析。

【例 4.6】 针对文法

$$A \rightarrow aB$$

$$B \rightarrow bBc \mid \varepsilon$$

用自上而下的分析方法分析输入串 abc。

解 ① 从开始符号 A 开始匹配输入串，当前面临的输入符号为 a，由于 A 的候选项只有一个 aB，且 $a \in \text{FIRST}(aB)$，所以选用 A→aB 进行推导：

② 因为 A 的最左子结是终结符，且与当前输入符号相匹配，因此将指示器 ip 挪到下一个位置，使得当前面临的输入符号为 b。对现有非终结符 B 进行匹配，其产生式有两个候选项 bBc 和 ε，且 $b \in \text{FIRST}(bBc)$，因此使用产生式 B→bBc 进行推导。

③ 再次将指示器 ip 向后挪一个位置，当前输入符号为 c。现在仍然由 B 去进行后继匹

配工作。但是 c∉FIRST(bBc)，且 c∉FIRST(ε)，即 B 的两个候选的终结首符集均不含 c，因此此时宣告分析失败。可是，文法中有产生规则 B→ε，所以这里，我们不妨先用这条规则，使得非终结符 B 自动获得匹配，即 B 匹配于空字 ε（注意这种情况下输入符号并不读进）。

④ 此时，语法树的最后一个叶子结点正好与输入符号串的最后一个符号相匹配。由此可说明输入符号串 abc 是一个合法的句子。

从例 4.6 中可以看出，若当前由非终结符 A 进行匹配，其面临的输入符号为 a，如果 a 不属于 A 的任意候选的终结首符集，但是 A 的终结首符集中包含 ε 的话，我们可以暂时让 A 自动获得匹配，即忽略当前的非终结符 A，而让输入符号 a 在后继的匹配工作中得到匹配。这么做，是否一定可行呢？

假设当前获得的句型为 $S \overset{*}{\Rightarrow} \alpha A \beta$，其中 $\alpha \in V_T^*$，$\beta \in (V_T \cup V_N)^*$。现由 A 开始匹配，面临的输入符号为 a，且 a 不属于 A 的任意候选的终结首符集，但 A 的某个候选的终结首符集中包含 ε。假设让 A 自动获得匹配，那么句型将演变成 $S \overset{*}{\Rightarrow} \alpha \beta$，如果说输入符号串是文法的一个句子，输入符号 a 一定能在后续的匹配中获得匹配，那么 $a \in FIRST(\beta)$，即 $S \overset{*}{\Rightarrow} \cdots Aa \cdots$。换句话说，一定存在某个句型，在这个句型中 a 仅跟在 A 的后面。否则，此处 a 的出现是一种错误，让 A 自动获得匹配也是徒劳无功的，只不过是将错误的报告时间推迟了而已。

通过上面的一系列分析，我们可以找出满足构造不带回溯的自上而下分析的文法条件。这就是本节将要介绍的 LL(1)分析法。下面，首先介绍 FIRST 集和 FOLLOW 集两个集合的含义和计算方法，然后说明 LL(1)分析法及其分析条件。

4.4.1 FIRST 集及其计算方法

给定文法 $G=(V_T, V_N, S, P)$，有符号串 α，且 $\alpha \in (V_T \cup V_N)^*$。定义 α 的 FIRST 集（终结首符集）为

$$FIRST(\alpha) = \{a \mid \alpha \overset{*}{\Rightarrow} a \cdots, a \in V_T\}$$

特别地，若 $\alpha \overset{*}{\Rightarrow} \varepsilon$，则规定 $\varepsilon \in FIRST(\alpha)$。

对于 G 中的文法符号 $X \in (V_T \cup V_N)$，FIRST(X)的计算规则如下：

① 若 $X \in V_T$，则 $FIRST(X) = \{X\}$。

② 若 $X \in V_N$，则

a. 若有产生式 X→a⋯，其中 $a \in V_T$，则 $a \in FIRST(X)$。

b. 若有产生式 X→ε，则 $\varepsilon \in FIRST(X)$。

c. 若有产生式 X→Y⋯，其中 $Y \in V_N$，则把 FIRST(Y)中的所有非 ε 元素都加入到 FIRST(X)中；更一般的情形是，若有产生式 $X \to Y_1 Y_2 \cdots Y_n$，其中 $Y_1, Y_2, \cdots, Y_{i-1} \in V_N (1 < i \leqslant n)$，则将 FIRST($Y_1$)中的所有非 ε 元素都加入到 FIRST(X)中；若对于任意 j($1 \leqslant j \leqslant i-$

1),均有 $\varepsilon \in FIRST(Y_j)$(即 $Y_1Y_2\cdots Y_{i-1} \overset{*}{\Rightarrow} \varepsilon$),则将 $FIRST(Y_i)$ 中的所有非 ε 元素都加入到 $FIRST(X)$ 中;若所有 $FIRST(Y_j)(j=1,2,\cdots,n)$ 均含有 ε,即 $Y_1Y_2\cdots Y_n \overset{*}{\Rightarrow} \varepsilon$,则把 ε 加入到 $FIRST(X)$ 中。

③ 反复使用以上规则,直至每个非终结符的 FIRST 集不再增大为止。

【**例 4.7**】 文法 G[E]如下所示,求该文法所有非终结符的 FIRST 集。

$$E \rightarrow TE'$$
$$E' \rightarrow +TE' | \varepsilon$$
$$T \rightarrow FT'$$
$$T' \rightarrow * FT' | \varepsilon$$
$$F \rightarrow (E) | i$$

解 文法 G[E]的所有非终结符的 FIRST 集的计算过程如表 4-1 所示。

表 4-1 非终结符 FIRST 集的计算过程

步骤	使用规则	E	E′	T	T′	F
1	规则②a 和②b		+,ε		*,ε	(,i
2	规则②c		+,ε	(,i	*,ε	(,i
3	规则②c	(,i	+,ε	(,i	*,ε	(,i

现在,我们可以对文法 G[E]的任何符号串 $\alpha = X_1X_2\cdots X_n$,构造集合 $FIRST(\alpha)$。其方法如下:

① 置 $FIRST(\alpha)=FIRST(X_1)-\{\varepsilon\}$。

② 当 $1 < i \leqslant n$ 时,若对于任何 $1 \leqslant j \leqslant i-1$,均有 $\varepsilon \in FIRST(X_j)$,则将 $FIRST(X_i)-\{\varepsilon\}$ 中所有元素加入到 $FIRST(\alpha)$ 中。

③ 若对于所有的 $X_j(1 \leqslant j \leqslant n)$,均有 $\varepsilon \in FIRST(X_j)$,则 $\varepsilon \in FIRST(\alpha)$。特别地,当 $\alpha = \varepsilon$ 时,$FIRST(\alpha)=\{\varepsilon\}$。

【**例 4.8**】 接着例 4.7 的题,求文法 G[E]的所有候选式的 FIRST 集。

解 该文法的所有候选式的 FIRST 集如下:

$E \rightarrow TE'$	$FIRST(TE')=FIRST(T)-\{\varepsilon\}=\{(,i\}$
$E' \rightarrow +TE' | \varepsilon$	$FIRST(+TE')=\{+\}, \quad FIRST(\varepsilon)=\{\varepsilon\}$
$T \rightarrow FT'$	$FIRST(FT')=FIRST(F)-\{\varepsilon\}=\{(,i\}$
$T' \rightarrow * FT' | \varepsilon$	$FIRST(*FT')=\{*\}, \quad FIRST(\varepsilon)=\{\varepsilon\}$
$F \rightarrow (E) | i$	$FIRST((E))=\{(\}, \quad FIRST(i)=\{i\}$

4.4.2 FOLLOW 集及其计算方法

给定文法 $G=(V_T,V_N,S,P)$,对于 G 中任意非终结符 A,我们定义 A 的 FOLLOW 集为

$$FOLLOW(A)=\{a | S \overset{*}{\Rightarrow} \cdots Aa\cdots, a \in V_T\}$$

特别地,若 $S \overset{*}{\Rightarrow} \cdots A$,则规定 $\# \in FOLLOW(A)$。$FOLLOW(A)$ 的直观意义是:所有句型中

出现在紧接 A 之后的终结符或#。

对于文法 G 的每个非终结符 A,FOLLOW(A)的计算规则如下:

① 对于文法的开始符号 S,置# 于 FOLLOW(S)中。

② 若有产生式 A→αBβ,其中 B∈V_N,α∈$(V_T \cup V_N)^*$,β∈$(V_T \cup V_N)^+$,则将 FIRST(β)－{ε}加至 FOLLOW(B)中。

③ 若有产生式 A→αB 或 A→αBβ(β$\overset{*}{\Rightarrow}$ε,即 ε∈FIRST(β)),则把 FOLLOW(A)加至 FOLLOW(B)中。

④ 反复使用规则②和③,直至每个非终结符的 FOLLOW 集不再增大为止。

【例 4.9】 如同例 4.7 中的文法 G[E],求其所有非终结符的 FOLLOW 集。

$$E \rightarrow TE'$$
$$E' \rightarrow +TE' | ε$$
$$T \rightarrow FT'$$
$$T' \rightarrow *FT' | ε$$
$$F \rightarrow (E) | i$$

解 文法 G[E]的所有非终结符的 FOLLOW 集的计算过程如表 4-2 所示。

表 4-2 文法 G[E]所有非终结符的 FOLLOW 集的计算过程

步骤	使用规则	E	E′	T	T′	F
1	规则①	#				
2	规则②	# ,)		+		*
3	规则③	# ,)	# ,)	+,#,)	+,#,)	*,+,#,)

4.4.3 LL(1)文法及 LL(1)判定条件

LL(1)文法是一种满足构造不带回溯的自上而下分析的文法。这里,LL(1)中的第一个 L 表示从左至右扫描输入串,第二个 L 表示最左推导,1 表示分析时每一步只需向前查看 1 个符号。

LL(1)文法的判定条件如下:

① 文法不含左递归。

② 文法中每一个非终结符 A 的各个产生式的候选首符集两两不相交,即若

$$A \rightarrow α_1 | α_2 | \cdots | α_n$$

则

$$FIRST(α_i) \cap FIRST(α_j) = \emptyset \quad (i \neq j)$$

③ 对于文法中的每个非终结符 A,若存在某个候选首符集包含 ε,则

$$FIRST(A) \cap FOLLOW(A) = \emptyset$$

如果一个文法 G 满足以上条件,则称该文法为 LL(1)文法。

特别注意:LL(1)中的第一个 L 表示从左至右扫描输入串,第二个 L 表示最左推导,1 表示分析时每一步只需向前查看 1 个符号。

4.4.4 LL(1)分析算法

对于一个 LL(1)文法,可以对其输入串进行有效的无回溯的自上而下分析。假设要用非终结符 A 进行匹配,面临的输入符号为 a,关于 A 的所有产生式为

$$A \rightarrow \alpha_1 | \alpha_2 | \cdots | \alpha_n$$

则 LL(1)分析算法如下:

① 若 $a \in FIRST(\alpha_i)$,则指派 α_i 去执行匹配任务。

② 若 a 不属于任何一个候选首符集,则:

a. 若 ε 属于某个 $FIRST(\alpha_i)$ 且 $a \in FOLLOW(A)$,则让 A 与 ε 自动匹配。

b. 否则,a 的出现是一种语法错误。

根据 LL(1)文法的条件,每一步这样的工作都是确信无疑的。

4.5 预测分析法

预测分析法是一种不带回溯的非递归的自上而下分析法,采用这种方法的语法分析程序称为预测分析器。预测分析器主要由一张预测分析表[LL(1)分析表]、一个总控程序(表驱动程序)和一个分析栈组成,其模型如图 4-3 所示。其中输入串是待分析的符号串,为方便起见,一般把# 作为输入串的结束符(# 不是文法的终结符,也不是文法的一部分)。

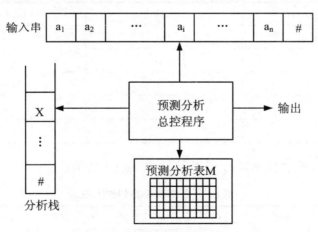

图 4-3 预测分析器模型

分析栈用于存放分析过程中的文法符号。分析开始时,栈底先放入#,然后压入文法开始符号。当分析栈中仅剩# 且输入串指示器 ip 指向输入串结束符# 时,分析成功。

预测分析表是一个形如 M[A,a]的矩阵,可以用二维数组来表示,它概括了文法的全部信息。矩阵的每一行与文法的一个非终结符相关联(即 $A \in V_N$),每一列与文法的一个终结符或# 相关联(即 $a \in V_T$ 或 $a = \#$)。矩阵元素 M[A,a]中存放着一条形如 $A \rightarrow \alpha$(其中 $\alpha \in (V_T \cup V_N)^*$)的产生式,表示非终结符 A 面临输入符号 a 时应采用的候选式,即用 α 进行匹

配。M[A,a]中也可能存放着一个出错标志或空白字,表明 A 不应该面临输入符号 a,即输入串含有语法错误。

给定文法 G,其预测分析表 M[A,a]的构造算法如下:

① 构造文法 G 中所有候选式的 FIRST 集,构造所有非终结符的 FOLLOW 集。

② 对文法 G 的每个产生式 A→α 执行步骤③和④。

③ 对于文法 G 的每个终结符 a,若 a∈FIRST(α),则把 A→α 加至 M[A,a]中。

④ 对于任意 b∈FOLLOW(A),若 ε∈FIRST(α),则把 A→α 加至 M[A,b]中。

⑤ 把所有未定义的 M[A,a]标上出错标志。

如果文法 G 是左递归或二义性的,上述算法构造的分析表 M[A,a]至少含有一个多重定义入口。可以证明,一个文法 G 的预测分析表 M[A,a]不含多重定义入口当且仅当该文法为 LL(1)。

特别注意:预测分析器主要由一张 LL(1)分析表、一个总控程序和一个分析栈组成。

【**例 4.10**】 构造如下文法 G[E]的预测分析表:

$$E \rightarrow TE'$$
$$E' \rightarrow +TE' | \varepsilon$$
$$T \rightarrow FT'$$
$$T' \rightarrow *FT' | \varepsilon$$
$$F \rightarrow (E) | i$$

解 ① 构造文法 G[E]的所有非终结符的 FIRST 集和 FOLLOW 集,如表 4-3 所示。

表 4-3 非终结符的 **FIRST** 集和 **FOLLOW** 集

非终结符	FIRST 集	FOLLOW 集
E	(,i	#,)
E'	+,ε	#,)
T	(,i	+,#,)
T'	*,ε	+,#,)
F	(,i	*,+,#,)

② 构造文法 G[E]各候选式的 FIRST 集,如表 4-4 所示。

表 4-4 各候选式的 **FIRST** 集

候选式	TE'	+TE'	ε	FT'	*FT'	(E)	i
FIRST 集	(,i	+	ε	(,i	*	(	i

③ 构造文法 G[E]的预测分析表,如表 4-5 所示。

表 4-5 预测分析表

	+	*	(	)	i	#
E			E→TE'		E→TE'	
E'	E'→+TE'			E'→ε		E'→ε

	＋	＊	(	)	i	＃
T			T→FT′		T→FT′	
T′	T′→ε	T′→＊FT′		T′→ε		T′→ε
F			F→(E)		F→i	

任何时刻,总控程序都根据分析栈的栈顶符号 X 和当前输入符号 a 决定分析器应该采取的动作:

① 若 X＝a＝′＃′,则宣布分析成功,停止分析过程。

② 若 X＝a≠′＃′,即栈顶符号 $X \in V_T$ 且与当前输入符号 a 相匹配,则把 X 从栈顶弹出,输入串指针后移,让 a 指向下一个输入符号。

③ 若 $X \in V_N$,记 X＝A,$A \in V_N$,则查看分析表 M[A,a]:

a. 若 M[A,a]为形如 A→α(其中 $\alpha \in (V_T \cup V_N)^+$)的产生式,那么首先把 X 从栈顶弹出,然后把产生式的右部符号串 α 按反序一一压栈,输入串指针不动。

b. 若 M[A,a]为产生式 A→ε,则只将 X 从栈顶弹出,无符号进栈,输入串指针不动。

c. 若 M[A,a]为出错标志或空白,则发现语法错误,调用出错处理程序进行处理。

假设文法 G 的开始符号为 S,总控程序的形式化描述如下:

```
    void LL1( )
    {
      Push('＃');   //将＃压入分析栈
      Push('S');   //将开始符号 S 压入分析栈
      Read(a);    //把第一个输入符号读入 a 中
      while(1)
      {
        Pop(X);   //把栈顶符号弹出,并放入 X 中
        if(X∈VT)
        {
          if(X==a) Read(a);   //当前符号匹配成功,读入下一个输入符号
          else Error( );
        }
        else if(X=='＃')
        {
          if(X==a) break;   //分析成功,终止分析过程
          else Error( );
        }
        else if(M[X][a]=="X→X₁X₂…Xk")   //X∈VN,查分析表 M[X,a]为产生式
          if(X₁X₂…Xk≠ε)
          {
            for(j=k;j>0;j——)
            Push(Xj);   //将产生式右部逆序压栈,即按 Xk,Xk₋₁,…,X₁的顺
                        序一一将其压栈,若 X₁X₂…Xk＝ε,则不进行压栈操作
          }
```

else Error( );//查分析表 M[X,a]为出错标志
```
    }
}
```

其中 Read(a)函数的功能为将输入串指示器 ip 当前所指的符号读进变量 a 中,并将 ip 移到下一个输入符号位置(初始时,ip 指向输入串的第一个符号);Push(ch)函数的功能为将符号 ch 压入分析栈;Pop(X)函数的功能为将分析栈的栈顶符号弹出,并放入 X 中;Error( )是出错处理程序。

【例 4.11】 根据例 4.10 中的文法及其构造出的预测分析表,使用预测分析法分析输入串 i+i*i#。

解 输入串 i+i*i#的预测分析过程如表 4-6 所示。

表 4-6 对输入串 i+i*i# 的分析

步骤	分析栈	输入串	采取的动作
1	#E	i+i*i#	初始化
2	#E'T	i+i*i#	用 E→TE'推导
3	#E'T'F	i+i*i#	用 T→FT'推导
4	#E'T'i	i+i*i#	用 F→i 推导
5	#E'T'	+i*i#	匹配,读入下一个符号
6	#E'	+i*i#	用 T'→ε自动匹配
7	#E'T+	+i*i#	用 E'→+TE'推导
8	#E'T	i*i#	匹配,读入下一个符号
9	#E'T'F	i*i#	用 T→FT'推导
10	#E'T'i	i*i#	用 F→i 推导
11	#E'T'	*i#	匹配,读入下一个符号
12	#E'T'F*	*i#	用 T'→*FT'推导
13	#E'T'F	i#	匹配,读入下一个符号
14	#E'T'i	i#	用 F→i 推导
15	#E'T'	#	匹配,读入下一个符号
16	#E'	#	用 T'→ε自动匹配
17	#	#	用 E'→ε自动匹配
18	#	#	成功,分析过程终止

【例 4.12】 已知文法 G[A]如下:

$$A→aABc|a$$
$$B→Bb|d$$

① 给出与文法 G[A]等价的 LL(1)文法 G'[A]。
② 构造文法 G'[A]的预测分析表,并给出输入串 aadbc 的分析过程。

解 ① 对于产生式 A→aABc|a,有

$$FIRST(aABc) \cap FIRST(a) = \{a\} \neq \varnothing$$

产生式 B→Bb|d 存在左递归,因此文法 G[A]不是 LL(1)文法。对 A→aABc|a 提取左公因子,并对 B→Bb|d 消除左递归,得到改造后的文法 G′[A]:

$$A \rightarrow aA'$$
$$A' \rightarrow ABc | \varepsilon$$
$$B \rightarrow dB'$$
$$B' \rightarrow bB' | \varepsilon$$

构造文法 G′[A]的所有非终结符的 FIRST 集和 FOLLOW 集,如表 4-7 所示。

表 4-7　非终结符的 FIRST 集和 FOLLOW 集

非终结符	FIRST 集	FOLLOW 集
A	a	#,d
A′	a,ε	#,d
B	d	c
B′	b,ε	c

文法 G′[A]满足以下三个条件:

a. 不含左递归。

b. 对于产生式 A′→ABc|ε,有 FIRST(ABc)={a},FIRST(ε)={ε},所以 FIRST(ABc) $\cap$ FIRST(ε) = $\varnothing$;对于产生式 B′→bB′|ε,有 FIRST(bB′)={b},所以 FIRST(bB′) $\cap$ FIRST(ε)= $\varnothing$。

c. 对于产生式 A′→ε,由于 FIRST(A′)={a,ε},FOLLOW(A′)={#,d},则 FIRST(A′) $\cap$ FOLLOW(A′) = $\varnothing$;对于产生式 B′→ε,由于 FIRST(B′)={b,ε},FOLLOW(B′)={c},则 FIRST(B′) $\cap$ FOLLOW(B′)= $\varnothing$。

根据以上分析得知,文法 G′[A]是 LL(1)文法。

② 文法 G′[A]的预测分析表如表 4-8 所示。

表 4-8　预测分析表

	a	b	c	d	#	
A	A→aA′					
A′	A′→ABc			A′→ε	A′→ε	
B				B→dB′		
B′		B′→bB′	B′→ε			

③ 输入串 aadbc 的分析过程如表 4-9 所示。

表 4-9　输入串 aadbc 的分析过程

步骤	分析栈	输入串	采取的动作
1	# A	aadbc #	初始化
2	# A′a	aadbc #	用 A→aA′推导

步骤	分析栈	输入串	采取的动作
3	$\# A'$	adbc $\#$	匹配,读入下一个符号
4	$\# cBA$	adbc $\#$	用 $A' \rightarrow ABc$ 推导
5	$\# cBA'a$	adbc $\#$	用 $A \rightarrow aA'$ 推导
6	$\# cBA'$	dbc $\#$	匹配,读入下一个符号
7	$\# cB$	dbc $\#$	用 $A' \rightarrow \varepsilon$ 自动匹配
8	$\# cB'd$	dbc $\#$	用 $B \rightarrow dB'$ 推导
9	$\# cB'$	bc $\#$	匹配,读入下一个符号
10	$\# cB'b$	bc $\#$	用 $B' \rightarrow bB'$ 推导
11	$\# cB'$	c $\#$	匹配,读入下一个符号
12	$\# c$	c $\#$	用 $B' \rightarrow \varepsilon$ 自动匹配
13	$\#$	$\#$	匹配,读入下一个符号
14	$\#$	$\#$	成功,分析过程终止

4.6　递归下降分析法

递归下降分析程序由一组递归过程构成,文法中的每个非终结符都与某个过程相对应。由于文法通常是递归的,所以这样的分析程序称为递归下降分析器。

递归下降分析器的实现方法是:针对文法中的每一个非终结符,根据其产生式各候选项的结构,为其编写一个子程序(或函数),用来识别由该非终结符所推导出的符号串。当某个非终结符的产生式有多个候选时,能够按 LL(1)形式唯一地确定选用某个候选进行推导。这样,在分析过程中,当需要从某个非终结符出发进行展开(推导)时,就调用这个非终结符所对应的子程序。每一个子程序按如下方式进行工作:根据当前所面临的输入符号,选择正确的候选项去进行后续的匹配工作,当碰到非终结符时,就调用该非终结符所对应的子程序。

【例 4.13】 文法 G[E]的规则产生式如下:

$$E \rightarrow TE'$$
$$E' \rightarrow +TE' | \varepsilon$$
$$T \rightarrow FT'$$
$$T' \rightarrow *FT' | \varepsilon$$
$$F \rightarrow (E) | i$$

根据上述文法,试用类 C 语言构造一个递归下降分析器。

解　根据递归下降分析器的设计思想,对应文法 G[E]的递归下降分析器如下:

```
void E( )    //识别 E 所推导出的符号串,E→TE′
{
  T( );
  E′( );
}
void E′( )    //识别 E′所推导出的符号串,E′→+TE′|ε
{
  if(sym=='+')
  {
    NextSym( );
    T( );
    E′( );
  }
}
void T( )    //识别 T 所推导出的符号串,T→FT′
{
  F( );
  T′( );
}
void T′( )    //识别 T′所推导出的符号串,T′→*FT′|ε
{
  if(sym=='*')
  {
    NextSym( );
    F( );
    T′( );
  }
}
void F( )    //识别 F 所推导出的符号串,F→(E)|i
{
  if(sym=='(')
  {
    NextSym( );
    E( );
    if(sym==')')
      NextSym( );
    else
      Error( );
  }
  else if(sym=='i')
    NextSym( );
  else
    Error( );
}
```

其中 sym 表示输入串指示器 ip 当前所指的那个输入符号;NextSym( )函数表示将输入串指示器 ip 调至下一个输入符号;Error( )函数的功能是进行出错诊察处理工作。

在以上程序中,我们假定分析器刚开始工作时,指示器 ip 指向第一个输入符号。当每个子程序工作完毕之后,ip 总是指向下一个未处理的符号。对递归子程序 E′做以下说明:由于 E′的产生式为 E′→+TE′|ε,即 E′有两个候选式。当 E′面临输入符号+时,令第一个候选式进入工作;当面临任何其他输入符号时,则让 E′自动获得匹配(这时,更精确的做法是判断该输入符号是否属于 FOLLOW(E′))。T′所对应的递归子程序也是基于类似的原则而设计的。

递归下降分析器适用于手工编写程序,它的优缺点如下:

① 优点:实现思想简单明了,程序结构和语法规则有直接的对应关系。因为每个过程表示一个非终结符号的处理,添加语义加工比较方便。

② 缺点:由于递归调用多,效率低,占用空间大,处理能力相对有限,通用性差,难以自动生成。

4.7　LL(1)分析中的错误处理

在预测分析过程中,若出现下列两种情况,则说明遇到了语法错误。

① 栈顶的终结符与当前的输入符号不匹配。

② 非终结符 A 处于栈顶,面临的输入符号为 a,但分析表 M 中的 M[A,a]为空。

发现错误后,要尽快从错误中恢复过来,使分析能够继续进行下去。基本的做法就是跳过输入串中的一些符号直至遇到同步符号为止。这种做法的效果有赖于对同步符号集的选择。我们可以从以下几个方面考虑同步符号集的选择。

① 把 FOLLOW(A)中的所有符号放入非终结符 A 的同步符号集。如果我们跳读一些输入符号直至出现 FOLLOW(A)中的符号,把 A 从栈中弹出,这样就可能使分析继续下去。

② 对非终结符 A 来说,只用 FOLLOW(A)作为它的同步符号集是不够的。例如,如果用分号作为语句的结束符(C 语言中就是这样的),那么作为语句开头的关键字就可能不在产生表达式的非终结符的 FOLLOW 集中。这样,在一个赋值语句后少一个分号就可能导致下一语句开头的关键字被跳过。

③ 如果把 FIRST(A)中的符号加入非终结符 A 的同步符号集,那么当 FIRST(A)中的一个符号在输入中出现时,可以根据 A 恢复语法分析。

④ 如果一个非终结符产生空串,那么推导 ε 的产生式可以作为缺省的情况处理,这样做可以推迟某些错误检查,但不会导致放弃一个错误。这种方法减少了在错误恢复期间必须考虑的非终结符数。

⑤ 如果不能匹配栈顶的终结符,一种简单的做法是弹出栈顶的这个终结符,并发出一条消息,说明已经插入这个终结符,然后继续进行语法分析。结果,这种方法使一个单词符号的同步符号集包含所有其他单词符号。

【例 4.14】　表 4-10 是在表 4-5 所示的 LL(1)分析表的基础上加入同步符号得到的,其中的 synch 表示由相应非终结符的后继符号集得到的同步符号。

表 4-10　加入同步符号的 LL(1)分析表

	+	*	(	)	i	#
E			E→TE′	synch	E→TE′	synch
E′	E′→+TE′			E′→ε		E′→ε
T			T→FT′	synch	T→FT′	synch
T′	T′→ε	T′→*FT′		T′→ε		T′→ε
F	synch	synch	F→(E)	synch	F→i	synch

分析时,若发现 M[A,a]为空,则跳过输入符号 a;若该项为同步,则弹出栈顶的非终结符;若栈顶的终结符号不匹配输入符号,则弹出栈顶的终结符。

例如,有错误输入串)i * +i 的分析过程如表 4-11 所示。

表 4-11　输入串)i * +i 的分析过程

步骤	分析栈	输入串	采取的动作
1	#E	)i*+i#	初始化
2	#E	i*+i#	错误,跳过)
3	#E′T	i*+i#	用 E→TE′推导
4	#E′T′F	i*+i#	用 T→FT′推导
5	#E′T′i	i*+i#	用 F→i 推导
6	#E′T′	*+i#	匹配,读入下一个符号
7	#E′T′F*	*+i#	用 T′→*FT′推导
8	#E′T′F	+i#	匹配,读入下一个符号
9	#E′T′	+i#	错误,M[F,+]=synch,弹出 F
10	#E′	+i#	用 T′→ε 自动匹配
11	#E′T+	+i#	用 E′→+TE′推导
12	#E′T	i#	匹配,读入下一个符号
13	#E′T′F	i#	用 T→FT′推导
14	#E′T′i	i#	用 F→i 推导
15	#E′T′	#	匹配,读入下一个符号
16	#E′	#	用 T′→ε 自动匹配
17	#	#	用 E′→ε 自动匹配
18	#	#	分析过程结束

发现语法错误时,除了要使语法分析继续下去之外,还要形成诊断信息,并向程序员报告。把关于错误处理的操作放在一个过程 Error 里,在分析表的相应空白项填入调用 Error 的入口,以便出错时调用。

4.8 本 章 小 结

　　根据语法树的建立方式的不同,语法分析方法划分为自上而下分析法和自下而上分析法两大类。自上而下分析法的基本思想是以开始符号为根结点,并从根结点开始穷尽一切可能的方法试图从上而下地为输入串建立一棵语法树。这种方法面临的两个最主要的问题是左递归和回溯。消除左递归的方法是将左递归问题转化为右递归。通过不断地提取左公因子,可以将可能存在的回溯延迟。要构造无回溯的自上而下分析方法,要求文法为 LL(1)文法,即满足 LL(1)分析条件:① 文法不含左递归;② 文法中的每个产生式的任意候选项的终结首符集两两不相交;③ 若非终结符 A 的某个候选的终结首符集包含 ε,则 FIRST(A)∩FOLLOW(A)=∅。不带回溯的自上而下分析法主要有递归下降分析程序和预测分析程序。前者为文法的每一个非终结符构造一个递归过程,以表示该非终结符所识别的符号串,分析从开始符号所对应的过程开始,分析的每一步都是根据当前输入符号选择某个合适的候选进行推导,当碰到非终结符时,就调用其所对应的过程;后者主要由分析栈、预测分析表和总控程序构成,分析开始时,将 # 和开始符号压栈,分析的每一步都根据栈顶文法符号和当前输入符号来决定分析器应采取的动作是匹配、推导、成功还是报错,当栈顶为 # 而且输入符号串只剩 # 时,分析器宣告分析成功并终止分析过程。

习　　题　　4

1. 解释下列名词:
　　(1) 左递归。
　　(2) FIRST 集。
　　(3) FOLLOW 集。
　　(4) LL(1)文法。

2. 根据要求回答下列问题:
　　(1) 语法分析主要有哪两类方法? 它们各有哪些分析算法?
　　(2) 阐述自上而下分析的一般思想。分析过程中遇到哪些问题? 怎么解决这些问题?
　　(3) 为什么说左递归是自上而下分析的致命问题,且回溯严重影响自上而下分析的效率?
　　(4) 要能够行之有效地使用自上而下分析法,对文法有何要求?
　　(5) 如何判定一个文法是否为 LL(1)文法?
　　(6) 不带回溯的自上而下分析算法有哪些? 它们各有什么优点和缺点?
　　(7) 如何实现一个文法的递归下降分析器?
　　(8) 预测分析器由哪些部分构成? 它们分别是如何工作的?

3. 消除以下文法的左递归:

$$E \rightarrow E+T \mid E-T \mid T$$
$$T \rightarrow T*F \mid T/F \mid F$$
$$F \rightarrow (E) \mid a$$

4. 消除以下文法的左递归：

$$S \rightarrow AB$$
$$A \rightarrow bB \mid Aa$$
$$B \rightarrow Sb \mid a$$

5. 试构造与下列文法 G[S]等价的无左递归的文法：

$$S \rightarrow Sa \mid Nb \mid c$$
$$N \rightarrow Sd \mid Ne \mid f$$

6. 判断下列文法是否为 LL(1)文法：若是，为其构造 LL(1)分析表；若不是，哪些能改写为 LL(1)文法，并进行改写，然后构造改写后的 LL(1)文法的 LL(1)分析表。

(1) $S \rightarrow aABC \mid \varepsilon$

$A \rightarrow a \mid bbD$

$B \rightarrow a \mid \varepsilon$

$C \rightarrow b \mid \varepsilon$

$D \rightarrow c \mid \varepsilon$

(2) $A \rightarrow BCc \mid eDB$

$B \rightarrow \varepsilon \mid bCD$

$C \rightarrow DaB \mid ca$

$D \rightarrow \varepsilon \mid dD$

(3) $S \rightarrow A \mid B$

$A \rightarrow aA \mid a$

$B \rightarrow bB \mid b$

(4) $S \rightarrow AB$

$A \rightarrow Ba \mid \varepsilon$

$B \rightarrow Db \mid D$

$D \rightarrow d \mid \varepsilon$

(5) $S \rightarrow ABBA$

$A \rightarrow a \mid \varepsilon$

$B \rightarrow b \mid \varepsilon$

7. 已知文法 G[E]：

$$E \rightarrow TE'$$
$$E' \rightarrow +E \mid \varepsilon$$
$$T \rightarrow FT'$$
$$T' \rightarrow T \mid \varepsilon$$
$$F \rightarrow PF'$$
$$F' \rightarrow *F' \mid \varepsilon$$
$$P \rightarrow (E) \mid a \mid b \mid \wedge$$

(1) 构造每个非终结符的 FIRST 集和 FOLLOW 集。

(2) 证明这个文法是 LL(1)文法。

（3）构造这个文法的 LL(1) 分析表。

（4）给出句子(a+b)＊a 的预测分析器。

（5）构造这个文法的递归下降分析器。

8. 考虑文法 G[A]：

$$A \rightarrow A \vee B \mid B$$
$$B \rightarrow B \wedge C \mid C$$
$$C \rightarrow \neg D \mid D$$
$$D \rightarrow (A) \mid i$$

（1）试问该文法是否为 LL(1) 文法，为什么？

（2）写出与该文法等价的 LL(1) 文法 G′。

（3）构造 G′ 的 LL(1) 分析表。

9. 证明下列文法不是 LL(1) 文法，并将其改写为 LL(1) 文法：

$$S \rightarrow aSb \mid P$$
$$P \rightarrow bPc \mid bQc$$
$$Q \rightarrow Qa \mid a$$

10. 设有文法 G[S]：

$$S \rightarrow BA$$
$$A \rightarrow BS \mid d$$
$$B \rightarrow aA \mid bS \mid c$$

（1）证明该文法是 LL(1) 文法。

（2）构造该文法的 LL(1) 分析表。

（3）写出句子 badccdd 的分析过程。

【实验2】 语法分析器设计之一——预测分析器设计

1. 实验目的和要求

（1）理解无回溯的自上而下分析算法的构造思想。

（2）掌握 LL(1) 文法的判定方法。

（3）理解预测分析器的构造过程。

（4）能够使用某种高级语言实现一个预测分析器。

2. 实验内容

编写一个预测分析器，能实现以下功能：

（1）给定文法 G，消除文法 G 的左递归和左公因子。

（2）构造并输出各非终结符的 FIRST 集和 FOLLOW 集。

（3）判定文法 G 是否为 LL(1)文法。

（4）构造并输出 G 的预测分析表。

（5）任意输入一个输入串,可得到成功的分析或错误的提示,输出其分析过程或打印其语法树。

第 5 章　自下而上语法分析法

【**学习目标**】　理解自下而上分析法的一般思想、面临的问题和解决方法;掌握短语、直接短语、句柄、素短语和最左素短语的概念及其计算方法;熟练掌握 FIRSTVT 集、LASTVT 集和算符优先关系表的构造方法;深入理解和掌握算符优先分析算法;理解 LR 分析器的工作原理;熟练掌握 LR(0)分析表、SLR 分析表、LR(1)分析表和 LALR 分析表的构造方法;深入理解和掌握 LR 分析算法;了解二义性文法在 LR 分析中的应用和语法分析器的自动产生工具。

本章学习自下而上的语法分析法,以输入串作为叶子结点,通过移进-归约的方式自下而上地为输入串建立一棵语法树。

5.1　自下而上分析法的一般思想和面临的问题

根据语法树构建过程的不同,语法分析方法有自上而下和自下而上两类分析法。其中自上而下分析法以文法的开始符号为根结点,然后自上而下地为输入串建立一棵语法树,使得树的叶子结点自左至右排列起来正好为输入串;而自下而上的分析法以输入符号为叶子结点,然后自下而上地为输入串建立一棵语法树,使得这棵树的根结点为文法的开始符号。在第 4 章中介绍了自上而下分析法的一般思想以及遇到的一些诸如左递归、回溯等的问题,然后提出了这些问题的解决方案,并分析了两种不带回溯的自上而下分析算法。为了探讨自下而上分析法,下面我们首先介绍其基本思想,然后分析其中会遇到的问题以及如何去解决这些问题,根据问题解决方法的不同,又有哪些分析算法。

5.1.1　归约和移进-归约分析法

所谓的归约就是推导的逆过程。我们知道:$\alpha A\beta \Rightarrow \alpha\gamma\beta$ 当且仅当 $A \rightarrow \gamma$ 是一个产生式。将这个推导过程逆序,就得到归约,即 $\alpha\gamma\beta$ 可以归约为 $\alpha A\beta$ 当且仅当 $A \rightarrow \gamma$ 是一个产生式。其中 $A \in V_N, \alpha, \beta, \gamma \in (V_T \cup V_N)^*$。通俗地说,推导的每一步是用产生式的右部候选式来替换左部的非终结符,而归约的每一步是用产生式的左部非终结符来替换右部的候选式。

我们所讨论的自下而上分析法是一种移进-归约法,其基本思想为:采用一个寄存符号的先进后出栈(称为分析栈),保存分析的历史信息和指示分析的下一步动作。分析时,首先从左至右扫描输入符号串,并将输入符号逐个移进分析栈中,边移进边分析,一旦栈顶出现可归约串(也就是栈的顶端符号串形成某个产生式的右部)时,就将这个可归约串归约为相应产生式的左部,即把栈顶部构成可归约串的那个符号串用相应产生式的左部替代。接着再检查栈的顶部是否又形成了新的可归约串:若形成,则再进行归约;若未形成,则再从输入串中移进新的符号。如此重复以上分析过程,即一边移进一边归约,直至输入串分析完毕。此时,若栈中只剩下文法的开始符号,则表明所分析的输入串是合法的,报告分析成功;否则,输入串是不合法的。

实际分析时,为了便于识别符号串,一般首先将#压入分析栈,当分析成功时,分析栈中只剩下文法的开始符号和#。这里,将#作为输入串的结束符而并非文法中的符号。移进-归约法的分析过程如图 5-1 所示。

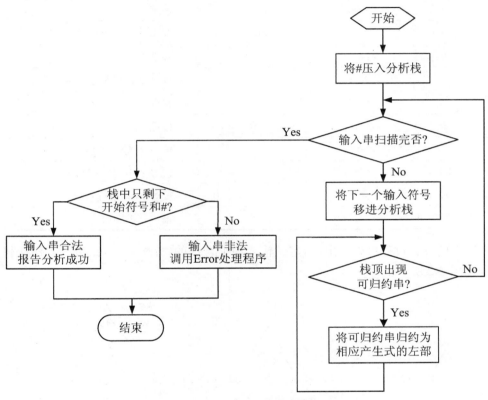

图 5-1 移进-归约法的分析流程

特别注意:自下而上分析法是一种移进-归约分析法,当分析时,借助一个分析栈,一边移进一边归约,直到归约到文法的开始符号为止。所谓的归约是指当栈顶形成某个产生式的候选式时,即把栈顶的这一部分替换成该产生式的左部符号。

下面举一个例子来说明上述分析过程。

【例 5.1】 设有文法 G[S]:

$$S \rightarrow AB \qquad ①$$
$$A \rightarrow aAb \qquad ②$$
$$A \rightarrow ab \qquad ③$$
$$B \rightarrow bB \qquad ④$$
$$B \rightarrow c \qquad ⑤$$

给出输入串 aabbbc 的移进-归约分析过程。

解 给定输入串的移进-归约分析过程如表 5-1 所示。

表 5-1　输入串 aabbbc 的移进-归约分析过程

步骤	分析栈	输入符号串	操　作
1	#	aabbbc #	初始
2	# a	abbbc #	移进
3	# aa	bbbc #	移进
4	# aab	bbc #	移进
5	# aA	bbc #	按 A→ab 进行归约
6	# aAb	bc #	移进
7	# A	bc #	按 A→aAb 进行归约
8	# Ab	c #	移进
9	# Abc	#	移进
10	# AbB	#	按 B→c 进行归约
11	# AB	#	按 B→bB 进行归约
12	# S	#	按 S→AB 进行归约
13	# S	#	报告分析成功

从以上的分析过程可以看出,给定的输入串是合法的,分析成功,结束。其语法树的生长过程如图 5-2 所示。

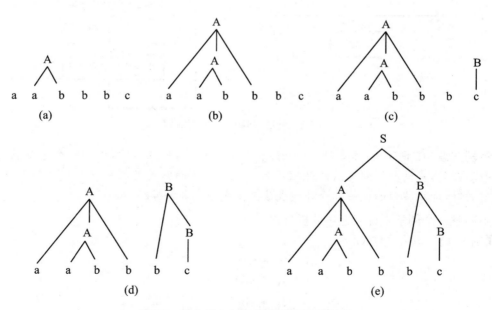

图 5-2　输入串 aabbbc 的语法树生长过程

这个归约过程依次用到产生式③,②,⑤,④,①,即进行了五次归约,若把这个归约过程

中使用的产生式的次序倒过来,那么我们就得到

$$S \Rightarrow AB \Rightarrow AbB \Rightarrow Abc \Rightarrow aAbbc \Rightarrow aabbbc$$

这恰好是一个最右推导序列,后面我们将说明,类似于这样的归约过程实际上是一个最右推导的逆过程。

5.1.2 短语、句柄和最左素短语

下面介绍自下而上分析算法中涉及的几个非常重要的概念:

1. 短语和直接短语

令 G 是一个文法,S 是该文法的开始符号,假定 $\alpha\beta\delta$ 是该文法的一个句型,如果有

$$S \overset{*}{\Rightarrow} \alpha A\delta \quad 且 \quad A \overset{+}{\Rightarrow} \beta$$

则称 β 是句型 $\alpha\beta\delta$ 相对于非终结符 A 的短语。其中 $A \in V_N, \alpha, \beta, \delta \in (V_T \cup V_N)^*$。特别地,如果有 $S \overset{*}{\Rightarrow} \alpha A\delta$ 且 $A \Rightarrow \beta$,则称 β 是句型 $\alpha\beta\delta$ 相对于规则 $A \to \beta$ 的直接短语,也称为简单短语。

注意:作为短语的两个条件均是不可缺少的。仅仅有 $A \overset{+}{\Rightarrow} \beta$,未必意味着 β 就是句型 $\alpha\beta\delta$ 的一个短语,因为还需要 $S \overset{*}{\Rightarrow} \alpha A\delta$ 这一条件。

2. 句柄

一个句型的最左直接短语称为该句型的句柄。

3. 素短语

所谓素短语是指这样的一个短语:它至少含有一个终结符,并且除它自身之外不再含任何更小的素短语。

4. 最左素短语

最左素短语是指处于句型最左边的那个素短语。

语法树与短语的关系密切。语法树的子树是由该树的某个结点(称为子树的根)及所有分支构成的部分树。语法树的简单子树是只有单层分支的子树,这棵子树有且仅有父子两代,没有第三代。由此引出下列结论:

① 每个句型都对应一棵语法树。

② 每棵语法树的叶子结点自左至右排列构成一个句型。

③ 每棵子树的叶子结点自左至右排列构成一个相对于子树根的短语。

④ 每棵简单子树的叶子结点自左至右排列构成一个直接短语。

⑤ 最左简单子树的叶子结点自左至右排列构成当前句型的句柄。

【例 5.2】 文法 G[E]:

$$E \to E + T \mid T$$
$$T \to T * F \mid F$$
$$F \to (E) \mid i$$

计算句子 $i * (i+i)$ 的所有短语、直接短语、句柄、素短语和最左素短语。

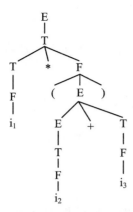

图 5-3 句子 $i_1 * (i_2 + i_3)$ 的语法树

解 为了加以区分,对句子 $i * (i+i)$ 中的 i 加上下标,即 $i_1 * (i_2 + i_3)$,其语法树如图 5-3 所示。由图可知:

① 短语:

$$i_1 * (i_2 + i_3), \quad i_1, \quad (i_2 + i_3), \quad i_2 + i_3, \quad i_2, \quad i_3$$

② 直接短语:

$$i_1, \quad i_2, \quad i_3$$

③ 句柄:

$$i_1$$

④ 素短语:

$$i_1, \quad i_2, \quad i_3$$

⑤ 最左素短语:

$$i_1$$

> **特别注意**:通过语法树可以很方便地求出一个句型所有的短语、直接短语、句柄、素短语和最左素短语。

5.1.3 规范归约与规范推导

在例 5.1 中,我们知道句型 aabbbc 的归约过程实际上是其最右推导的逆过程,那么是不是说一个句型的归约过程一定就是其最右推导的逆过程呢? 其实不然,下面我们来分析什么情况下一个句型的归约过程是其最右推导的逆过程。

1. 规范推导与规范句型

在形式语言中,最右推导通常被称为规范推导,由规范推导所得的句型称为规范句型。

2. 规范归约

假定 α 是文法 G 的一个句型,如果序列

$$\alpha_n, \alpha_{n-1}, \cdots, \alpha_0$$

满足以下条件,则称这个序列是 α 的一个规范归约:

① $\alpha_n = \alpha$。

② α_0 为文法的开始符号,即 $\alpha_0 = S$。

③ 对于任何 $i(0 \leqslant i \leqslant n)$,$\alpha_{i-1}$ 是由把 α_i 的句柄替换为相应产生式的左部符号而得到的。

容易看出,规范归约是关于 α 的一个最右推导的逆过程。因此规范归约也称为最左归约。如果文法 G 是无二义性的,则规范推导和规范归约是一个互逆过程。

对于规范句型来说,句柄的后面不会出现非终结符号(即句柄的后面只能出现终结符)。基于这一点,可用句柄来刻画移进-归约过程的可归约串。因此规范归约的实质是:在移进过程中,当发现栈顶出现句柄时就用相应产生式的左部符号进行替换。规范归约的中心问题是如何寻找或确定一个句型的句柄。

为加深对规范归约和句柄等概念的理解,下面通过对语法树的修剪来进一步阐明规范归约的分析过程。

【例 5.3】 设有文法 G[S]:

$$S \rightarrow aAcBe$$
$$A \rightarrow b$$
$$A \rightarrow Ab$$
$$B \rightarrow d$$

试通过修剪语法树的方法来分析句子 abbcde 的规范归约过程。

解 首先画出句子 abbcde 的语法树,如图 5-4(a)所示。其语法树的修剪过程如图 5-4 所示,其中虚线框内为当前语法树的最左简单子树,其叶子结点为当前句型的句柄。则其规范归约过程如下:

① 图 5-4(a)当前句柄为 b,将其归约为 A,则句型变为 aAbcde,语法树如图 5-4(b)所示。

② 图 5-4(b)当前句柄为 Ab,将其归约为 A,则句型变为 aAcde,语法树如图 5-4(c)所示。

③ 图 5-4(c)当前句柄为 d,将其归约为 B,则句型变为 aAcBe,语法树如图 5-4(d)所示。

④ 图 5-4(d)当前句柄为 aAcBe,将其归约为 S,语法树如图 5-4(e)所示。

⑤ 至图 5-4(e),已归约至开始符号 S,表明输入串是合法的句子。

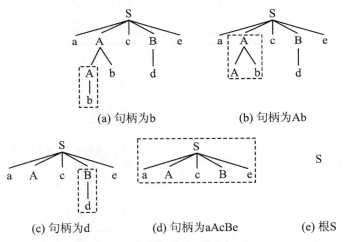

图 5-4 句子 abbcde 的语法树修剪过程

从以上分析过程可以看出,规范归约的每一步都是将当前句型的句柄归约为相应产生式的左部。换句话说,在移进-归约过程中,一旦发现栈的顶端出现当前句型的句柄,就进行一次归约动作,否则进行移进动作。

至此,我们只是说明了规范归约的实质问题是用句柄来刻画可归约串,但是在以上的分析过程中,我们是通过语法树及其修剪后的语法树来逐步得到当前句型的句柄的,这里就有一个逻辑上的错误:语法分析的目的就是要建立一棵语法树,即在进行分析时,并没有语法树,要通过移进-归约的方法来为输入串建立一棵语法树,而不是根据语法树来获取句柄,再进行移进-归约。所以例 5.3 只是借助于语法树及其剪枝的方法来帮助读者理解规范归约的过程,至于句柄的寻找需要通过特定的算法来进行,不同的寻找算法就给出了不同的规范归约方法,这将在 5.3 节详细阐述。

特别注意:规范推导是最右推导,规范归约是最左归约。

5.1.4　自下而上分析法的核心问题和分析方法

由前所述,我们已经知道,自下而上分析法是一种移进-归约分析法,根据图 5-1 的分析流程,在将输入符号逐个移进分析栈的过程中,任何时刻,只要栈的顶端出现可归约串,就可进行归约。那么在这个过程中,又如何发现可归约串呢? 或者说,当栈的顶端出现了什么特性的符号串时,就表明已经形成了可归约串呢? 这也是自下而上分析法的核心问题。在例 5.1 的移进-归约分析中,我们认为,一旦栈的顶端出现了某个产生式的右部符号串时,就表明已经形成了可归约串,可立即将其进行归约。这么做是否一定可行呢? 为了弄清楚这个问题,我们再用例 5.3 中的文法 G[S]来讨论输入串 abbcde 的自下而上分析过程,如表 5-2 所示。

从表 5-2 可以看出,这个分析非常顺利,最终报告分析成功,即说明了输入串 abbcde 是一个合法的句子。表 5-2 中的第 5 步,当前分析栈中自栈底至栈顶的符号串为 # aAb,其中栈顶端的子串 b 和子串 Ab 分别是产生式 A→b 和 A→Ab 的右部,这时应该按哪个产生式进行归约或者说将栈顶端的 b 还是 Ab 认定为可归约串呢? 表 5-2 中将 Ab 认定为可归约串得到了成功分析,假如这时将 b 看成是可归约串,则得不到成功分析。

表 5-2　输入串 abbcde 的自下而上分析过程

步骤	分析栈	输入符号串	操作
1	#	abbcde #	初始
2	# a	bbcde #	移进
3	# ab	bcde #	移进
4	# aA	bcde #	按 A→b 进行归约
5	# aAb	cde #	移进
6	# aA	cde #	按 A→Ab 进行归约
7	# aAc	de #	移进
8	# aAcd	e #	移进
9	# aAcB	e #	按 B→d 进行归约
10	# aAcBe	#	移进
11	# S	#	按 S→aAcBe 进行归约
12	# S	#	报告分析成功

所以说,移进-归约分析法的核心问题是如何寻找可归约串。根据对可归约串的刻画方式的不同,有不同的自下而上分析算法,主要有两大类算法:算符优先分析法和 LR 分析法。前者主要以最左素短语来刻画可归约串,而后者以句柄来刻画可归约串。也就是说,算符优先分析法根据栈顶端是否存在当前句型的最左素短语来决定是否进行归约,而 LR 分析法则通过判断栈顶端是否形成当前句型的句柄来决定是否进行归约。一般来说,算符优先分析法不是一个规范归约分析法,而 LR 分析法是一个规范归约分析法。表 5-2 中的分析过程是一个规范归约分析过程。

5.1.5 语法分析栈的使用与语法树的表示

栈是语法分析的一种基本数据结构。在移进-归约分析法中使用了一个分析栈,用于存放句型的前缀,还使用了一个输入缓冲区,用于存放输入符号串,其分析器结构如图 5-5(a)所示。

分析时,一般使用一个非分析文法符号作为句子的开始符号和结束符号,如#。初始时,将#压入分析栈,输入串指针指向第一个输入符号,如图 5-5(b)所示。分析器的工作过程是:自左至右把输入串 $a_1a_2{\cdots}a_n$ 的符号——移进分析栈中,一旦发现栈顶形成一个可归约串,就把这个串用相应的归约符号(在规范归约的情况下用相应产生规则的左部符号)代替。这种替换可能重复多次,直至栈顶不再呈现可归约串为止。然后,继续移进符号,重复整个过程,直至最终形成如图 5-5(c)所示的格局,即分析成功,栈中只剩下#和最终归约符号 S(在规范归约的情形下 S 为文法的开始符号),输入缓冲区中只剩下#。如果达不到这种格局,则意味着输入串含有语法错误。

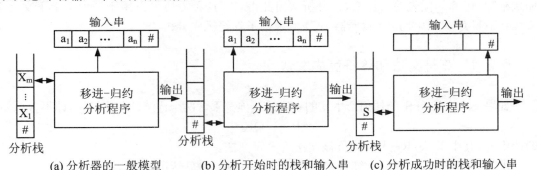

(a) 分析器的一般模型　　(b) 分析开始时的栈和输入串　　(c) 分析成功时的栈和输入串

图 5-5　移进-归约分析器结构

注意:以上分析过程中并未涉及如何在栈中寻找可归约串,实际上,不同的寻找可归约串的方法构成了不同的自下而上分析算法。

分析过程中,分析器会根据当前栈顶符号串和当前输入串采取以下四种动作:

① 移进:将输入串的一个符号移进分析栈。

② 归约:发现栈顶可归约串,并用适当的符号去替换这个串。

③ 接受:宣布最终分析成功,可看作是归约的一种特殊形式。

④ 报错:发现栈顶内容与输入串相悖,调用出错处理程序进行诊察和校正,并对栈顶内容和输入符号进行调整。

如果要实际表示一棵语法树的话,一般来说,使用穿线表是比较方便的,只需对每个进栈符号配上一个指示器就可以了。

当要从输入串移进一个符号 a 入栈时,我们就开辟一项代表端末结点 a 的数据结构,让这项数据结构的地址(指示器值)连同 a 本身一起进栈。端末结点的数据结构应包括这样一些内容:子结点个数 0;关于 a 自身的信息(如单词内部值,现在暂且不管)。

当要把栈顶的 n 个符号(如 $X_1X_2{\cdots}X_n$)归约为 A 时,我们就开辟一项代表新结点 A 的数据结构。这项数据结构应包含这样一些内容:子结点个数 n;指向子结点的 n 个指示器值;关于 A 自身的其他信息(如语义信息,我们暂且不管)。归约时,让这项数据结构的地址连同 A 本身一起进栈。

最终,当要执行"接受"操作时,我们将发现一棵用穿线表表示的语法树也已形成,代表根结点的数据结构的地址和文法的开始符号(在规范归约情况下)一起留在栈中。

用这种方法表示语法树是最直截了当的。当然,也可以用别的或许更加高效的表示方法。

5.2　算符优先分析法

算符优先分析法是一种分析速度比较快的自下而上的分析方法,特别适用于对表达式的分析,易于手工实现。算符优先分析法不是一种严格的最左归约,即不是一种规范归约方法。在算符优先分析法中,可归约串就是最左素短语。

所谓算符优先就是借鉴表达式运算不同优先顺序的概念,在终结符之间定义某种优先归约的关系,从而在句型中寻找可归约串。终结符关系的定义和普通算术表达式的算符(如加减乘除)运算的优先关系相似,该分析法由此得名。这种方法可以用于一大类上下文无关文法,GNU GCC 中的 Java 编译器 GCJ 就采用了算符优先分析法。

5.2.1　算符文法和算符优先文法

如果一个文法 G 中的任何产生式的右边候选项都不含两个连续的非终结符,即不含形如
$$P \rightarrow \cdots QR \cdots$$
的产生式,其中 $P, Q, R \in V_N$,则称该文法为算符文法。

由算符文法的定义可知,算符文法的句型的一般形式显然可写成
$$[N_1]a_1[N_2]a_2 \cdots [N_m]a_m[N_{m+1}]$$
其中: $a_i \in V_T (i=1, 2, \cdots, m)$; $N_i \in V_N (i=1, 2, \cdots, m+1)$,可能出现也可能不出现。

在后面的定义中,a,b 代表任意的终结符;P,Q,R 代表任意非终结符;…代表由终结符和非终结符组成的任意序列,包括空字。

假定 G 是一个不含 ε 产生式的算符文法,对于任意一对终结符 a,b,我们定义:

① $a \doteq b$,当且仅当文法 G 中含有形如 $P \rightarrow \cdots ab \cdots$ 或 $P \rightarrow \cdots aQb \cdots$ 的产生式。

② $a \lessdot b$,当且仅当 G 中含有形如 $P \rightarrow \cdots aR \cdots$ 的产生式,而 $R \overset{+}{\Rightarrow} b \cdots$ 或 $R \overset{+}{\Rightarrow} Qb \cdots$。

③ $a \gtrdot b$,当且仅当 G 中含有形如 $P \rightarrow \cdots Rb \cdots$ 的产生式,而 $R \overset{+}{\Rightarrow} \cdots a$ 或 $R \overset{+}{\Rightarrow} \cdots aQ$。

如果一个算符文法 G 中的任何终结符对(a,b)至多只满足下述三种关系之一:
$$\doteq, \lessdot, \gtrdot$$
则称 G 是一个算符优先文法。

注意: $\doteq, \lessdot, \gtrdot$ 称为算符优先关系(简称优先关系),它们表示算符文法 G 中任意两个终结符之间的关系,与非终结符无关。优先关系 $a \doteq b$ 表示 a 和 b 的归约优先关系相等,它们属于同一个可归约串,可同时被某个非终结符替换掉;优先关系 $a \lessdot b$ 表示 a 的归约优先级

比 b 的要低,只有 b 所在符号串归约完之后,才能归约包含 a 的符号串;优先关系 a ·>b 则表示 a 的归约优先级比 b 的要高,在包含 a 的符号串归约完之后,才能归约包含 b 的符号串。

算符优先关系是有序的,但不满足对称性和传递性,即对于文法 G 的终结符 a,b 和 c:如果 a<· b,并不意味着 b ·>a;如果 a ≐ b 和 b ≐ c,不一定有 b ≐ a 或 a ≐ c;同样,如果 a<· b 和 b<· c,也不能得出 a<· c。

特别注意:算符优先关系不满足对称性和传递性。

5.2.2 FIRSTVT 集和 LASTVT 集

为便于对分析算法中的终结符之间的优先级进行比较,最简单的方法是先将各种可能相继出现的终结符的优先关系计算出来,并将其表示成一个矩阵形式,在分析过程中通过查询矩阵元素而获得终结符间的优先关系,这个矩阵称为算符优先关系表。

为构造算符优先关系表,对文法的每个非终结符 P 引入两个集合 FIRSTVT(P) 和 LASTVT(P):

$$FIRSTVT(P) = \{a\,|\,P\overset{+}{\Rightarrow}a\cdots 或 P\overset{+}{\Rightarrow}Qa\cdots,a\in V_T,Q\in V_N\}$$
$$LASTVT(P) = \{a\,|\,P\overset{+}{\Rightarrow}\cdots a 或 P\overset{+}{\Rightarrow}\cdots aQ,a\in V_T,Q\in V_N\}$$

1. 集合 FIRSTVT(P) 的构造规则

① 若有产生式 P→a··· 或 P→Qa···,则 a∈FIRSTVT(P)。
② 若 a∈FIRSTVT(Q) 且有产生式 P→Q···,则 a∈FIRSTVT(P)。
③ 反复使用以上两条规则,直到 FIRSTVT(P) 不再增大为止。

2. 集合 LASTVT(P) 的构造规则

① 若有产生式 P→···a 或 P→···aQ,则 a∈LASTVT(P)。
② 若 a∈LASTVT(Q) 且有产生式 P→···Q,则 a∈LASTVT(P)。
③ 反复使用以上两条规则,直到 LASTVT(P) 不再增大为止。

3. 构造 FIRSTVT(P) 的形式化算法描述

我们将建立一个布尔数组 F[P,a],使得 F[P,a] 为真的条件是当且仅当 a∈FIRSTVT(P)。开始时,按上述的集合 FIRSTVT(P) 的构造规则①对每个数组元素 F[P,a] 赋初值。并利用一个栈 STACK,把所有初值为真的数组元素 F[P,a] 的符号对 (P,a) 全部压入 STACK 中。然后,对栈 STACK 施行如下运算:如果栈 STACK 不为空,就将栈顶项弹出,并记此项为 (Q, a)。对于每一个形如 P→Q··· 的产生式,若 F[P,a] 为假,则将其值变为真,且将 (P,a) 压入 STACK 栈。重复以上过程,直至 STACK 栈为空为止。

以上算法的形式化描述如下:

```
void Insert(P,a)    //P∈VN,a∈VT
{
  if (F[P,a]==FALSE)
  {
```

```
            F[P,a]=TRUE;
            Push(P,a);    //将(P,a)压入栈 STACK 中
        }
    }
    void FIRSTVT(P)    //计算非终结符 P 的 FIRSTVT 集
    {
        for(每个非终结符 P 和终结符 a)    //对数组 F[P,a]进行初始化
        {
        F[P,a]=FALSE;
        }
        for(每个形如 P→a…或 P→Qa…的产生式)    //应用规则①
        {
        Insert(P,a);
        }
        while(!StackEmpty( ))    //栈 STACK 非空
        {
            Pop(Q,a);    //将栈 STACK 的栈顶项弹出,记为(Q,a)
            for(每条形如 P→Q…的产生式)    //应用规则②
            {
                Insert(P,a);
            }
        }
    }
```

以上算法的执行结果将是一个二维数组 F,由它可得到任何非终结符 P 的 FIRSTVT 集,即

$$FIRSTVT(P)=\{a \mid F[p,a]=TRUE\}$$

同理,可构造 LASTVT 的算法(留作练习,请读者自行写出)。

【例 5.4】 构造下面的文法 G[E]的所有非终结符的 FIRSTVT 集和 LASTVT 集:

$$E→E+T \mid T$$
$$T→T*F \mid F$$
$$F→P↑F \mid P$$
$$P→(E) \mid i$$

解 根据 FIRSTVT 和 LASTVT 的构造规则,可得文法 G[E]如表 5-3 所示的所有非终结符的 FIRSTVT 集和 LASTVT 集。

表 5-3 文法 G[E]的所有非终结符的 FIRSTVT 集和 LASTVT 集

	FIRSTVT	LASTVT
E	+,*,↑,(,i	+,*,↑,),i
T	*,↑,(,i	*,↑,),i
F	↑,(,i	↑,),i
P	(,i	),i

5.2.3 算符优先关系表

为了便于终结符之间优先级的比较,可以预先将所有可能的终结符的优先关系计算出来,构成优先关系表,待具体分析时,直接查询优先关系表即可。下面我们将介绍算符优先关系表的构造规则。

利用文法 G 中的每个非终结符 P 的 FIRSTVT 集和 LASTVT 集,我们就能方便地构造文法 G 的算符优先关系表,其构造规则如下:

① 对于形如 P→⋯ab⋯或 P→⋯aQb⋯的产生式,有 $a \doteq b$。

② 对于形如 P→⋯aR⋯的产生式,若 b∈FIRSTVT(R),则 $a \lessdot b$。

③ 对于形如 P→⋯Rb⋯的产生式,若 a∈LASTVT(R),则 $a \gtrdot b$。

④ 对于语句括号#,有 $\# \doteq \#$,若 a∈FIRSTVT(S)且 b∈LASTVT(S),则有 $\# \lessdot a$ 且 $b \gtrdot \#$。

由以上构造规则,构造算符优先关系表的形式化算法描述如下:

```
void OPRT( )    //构造文法 G 的算符优先关系表
{
  for (每条产生式 P→X₁X₂⋯Xₙ)
    for (i=1;i<=n-1;i++)
    {
      if(Xᵢ∈V_T && Xᵢ₊₁∈V_T)置 Xᵢ ⋅ Xᵢ₊₁
      if(i<=n-2 && Xᵢ∈V_T && Xᵢ₊₂∈V_T && Xᵢ₊₁∈V_N)置 ⋅ Xᵢ₊₂
      if(Xᵢ∈V_T && Xᵢ₊₁∈V_N)
        for(每个 a∈FIRSTVT(Xᵢ₊₁))
          置 Xᵢ< a
      if(Xᵢ∈V_N && Xᵢ₊₁∈V_T)
        for(每个 a∈LASTVT(Xᵢ))
          置 a >Xᵢ₊₁
    }
}
```

注意:在以上算法描述中,为了能够计算 # 与其他终结符之间的关系,一般在文法的产生式中添加一个新的产生式 $S' \to \# S \#$,其中 $S' \in V_N$ 且 $S' \notin G$。

按照以上方法构造出来的算符优先关系表中的每一项,若至多只有一种关系,则文法 G 是算符优先文法。

【**例 5.5**】 构造如下文法 G[E]的算符优先关系表:

$$E \to E+T \mid T$$
$$T \to T * F \mid F$$
$$F \to P \uparrow F \mid P$$
$$P \to (E) \mid i$$

解 由表 5-3 和算符优先关系表的构造算法,可构造出文法 G[E]的算符优先关系表,如表 5-4 所示。

表 5-4 文法 G[E]的算符优先关系表

	+	*	↑	i	(	)	#
+	·>	<·	<·	<·	<·	·>	·>
*	·>	·>	<·	<·	<·	·>	·>
↑	·>	·>	<·	<·	<·	·>	·>
i	·>	·>	·>			·>	·>
(	<·	<·	<·	<·	<·	≐	
)	·>	·>	·>			·>	·>
#	<·	<·	<·	<·	<·		≐

5.2.4* 优先函数

对于一个实际的程序语言,字母表中的符号数量可能有上百个,仅优先矩阵所占用的单位存储空间就可能在 10^3 数量级以上,这对实际语言的实现是很不利的。因此必须寻求节省优先矩阵存储单元的方法。在很多情况下,能够使用满足下述条件的两个函数 f 和 g 表示矩阵中的信息。我们把每个终结符 θ 与两个自然数 $f(\theta)$ 和 $g(\theta)$ 相对应,使得:

① 若 $\theta_1 <\!\!\cdot\ \theta_2$,则 $f(\theta_1) < g(\theta_2)$。

② 若 $\theta_1\ \dot{=}\ \theta_2$,则 $f(\theta_1) = g(\theta_2)$。

③ 若 $\theta_1\ \cdot\!\!> \theta_2$,则 $f(\theta_1) > g(\theta_2)$。

函数 f 称为入栈优先函数,g 称为比较优先函数。优先函数有两方面的优点:其一是便于做比较运算;其二是节省存储空间,可以把所需的存储空间从 n×n 个单位减少到 2n 个单位。优先函数的缺点是:原先不存在优先关系的两个终结符,由于与自然数相对应,变成可比较的了。因而,可能会掩盖输入串中的某些错误。但是我们可以通过检查栈顶符号 θ 和输入符号 a 的具体内容来发现那些不可比较的情形。

注意:对应一个优先关系表的优先函数 f 和 g 不是唯一的,只要存在一对,就存在无穷对。也有许多优先关系表不存在对应的优先函数,如表 5-5 就不存在对应的优先函数 f 和 g。因为如果存在这样的优先函数 f 和 g,那么就有 f(a)=g(a),f(a)>g(b),f(b)=g(a),f(b)=g(b),从而导致这样的矛盾:f(a)>g(b)=f(b)=g(a)=f(a)。

表 5-5 不存在优先函数的关系表

	a	b
a	≐	·>
b	≐	≐

如果优先函数存在,则可以利用有向图来构造优先函数,这种方法称为 Bell(贝尔)方法。其具体步骤如下:

① 令每个终结符 a(包括#)对应两个符号 f_a 和 g_a,画一张以所有符号 f_a 和 g_a 为结点的方向图:如果 a ·> ≐ b,那么就从 f_a 画一箭弧至 g_b;如果 a<· ≐ b,就画一条从 g_b 到 f_a 的

箭弧。

② 对每个结点都赋予一个数,此数等于从该结点出发所能到达结点(包括出发结点自身在内)的个数。赋给 f_a 的数作为 $f(a)$,赋给 g_b 的数作为 $g(b)$。

③ 检查所构造出来的函数 $f(a)$ 和 $g(b)$,看它们同原来的关系表是否有矛盾。如果没有矛盾,则 $f(a)$ 和 $g(b)$ 就是所要构造的优先函数;如果有矛盾,那么就不存在优先函数。

现在必须证明,若 $a \doteq b$,则 $f(a)=g(b)$;若 $a \lessdot b$,则 $f(a)<g(b)$;若 $a \gtrdot b$,则 $f(a)>g(b)$。

第一个关系可从函数的构造过程中直接获得。因为若 $a \doteq b$,则既有从 f_a 到 g_b 的弧,又有从 g_b 到 f_a 的弧。所以 f_a 和 g_b 所能到达的结点是完全相同的。

至于 $a \gtrdot b$ 和 $a \lessdot b$ 的情形,只需证明其一即可。如果 $a \gtrdot b$,则有从 f_a 到 g_b 的弧,也就是说,从 g_b 能到达的任何结点从 f_a 也能到达。因此 $f(a) \geqslant g(b)$。我们所需证明的是,在这种情况下,$f(a)=g(b)$ 不成立。我们将指出,如果 $f(a)=g(b)$,则根本不存在优先函数。若 $f(a)=g(b)$,那么必有如图 5-6 所示的回路。

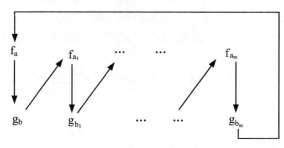

图 5-6 $f(a)=g(b)$ 时的回路

因此有

$$a \gtrdot b, a_1 \lessdot \doteq b, a_1 \gtrdot \doteq b_1, \cdots, a_m \gtrdot \doteq b_m, a \lessdot \doteq b_m$$

该序列表明:对于任何优先函数 $f(a)$ 和 $g(b)$,必定有

$$f(a)>g(b) \geqslant f(a_1) \geqslant g(b_1) \geqslant \cdots \geqslant f(a_m) \geqslant g(b_m) \geqslant f(a)$$

从而导致 $f(a)>f(a)$,产生矛盾。因此不存在优先函数 $f(a)$ 和 $g(b)$。

【例 5.6】 表 5-4 去掉 i 和 # 两个符号所对应的方向图如图 5-7 所示。由该图所得的函数 f 和 g 如表 5-6 所示。

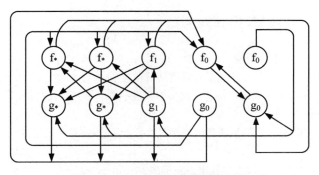

图 5-7 用 Bell 法构造的优先函数

表 5-6　Bell 优先函数

	+	*	↑	(	)
f	4	6	6	2	9
g	3	5	8	8	2

如前所述,优先函数有许多优点,因此凡可能,应尽量使用优先函数。必须指出,对一般的表达式文法而言,优先函数通常是存在的。

特别注意:与算符优先关系表对应的优先函数不一定存在,若存在,其优先函数有无穷多个。

5.2.5　算符优先分析算法及其特点

算符优先分析法是一种自下而上的分析法,在其移进-归约过程中,以最左素短语来刻画可归约串,即在分析过程中一旦发现栈顶端出现当前句型的最左素短语,就立即采取归约动作。那么算符优先分析器在分析过程中是如何识别最左素短语的呢? 这主要基于以下定理:

定理 5.1　一个算符优先文法 G 的任何句型 $\# N_1 a_1 N_2 a_2 \cdots N_m a_m N_{m+1} \#$ 的最左素短语是满足如下条件的最左子串 $N_j a_j \cdots N_i a_i N_{i+1}$:

① $a_{j-1} \lessdot a_j$。

② $a_j \doteq a_{j+1}$,$a_{i-1} \doteq a_i$。

③ $a_i \gtrdot a_{i+1}$。

本书并不证明这个定理(留给有兴趣的读者做练习)。下面,我们主要根据这个定理来讨论算符优先分析算法。

1. 算符优先分析算法

算法中,使用一个符号栈 S 来寄存终结符和非终结符,并用 k 代表符号栈 S 的使用深度,S[k]表示当前栈顶元素,a 表示读入的输入符号,S[j]表示栈顶端的终结符。算符优先分析算法如下:

```
k=1;
S[k]='#'；  //k代表栈S的使用深度
do{
  Read(a)；  //把下一个输入符号读入a中
  if (S[k]∈V_T) j=k；  //j表示栈顶终结符位置
  else j=k-1；/*任何两终结符之间最多只有一个非终结符,故若 S[k]∈V_N,则
    S[k-1]∈V_T */
  while (S[j] ⋗ a)  //栈顶端已出现最左素短语,栈顶符号为其尾部
  {
    do  //自栈顶向栈底方向找出最左子串 S[i]⋖ S[i+1]⋯S[j] ⋗a
    {
      Q=S[j]；
```

```
        if (S[j-1]∈V_T) j=j-1;   //j从最左素短语末逐步移向首部
        else j=j-2;
      }while (S[j] ⋗ Q);   //S[j]⋖ Q 时表明找到了最左素短语的首部
              把 S[j+1]…S[k]归约为某个 N;   //S[j+1]…S[k]为最左素短语
      k=j+1;
      S[k]=N;   //将归约后的非终结符 N 置于原 S[j+1]位置
    }
    if ((S[j]⋖ a)||(S[j] ⋗ a))   //若栈顶 S[j] ⋗a 或 S[j] ⋗a,则将 a 压栈
    {
      k=k+1;
      S[k]=a;
    }
    else error( );   //调用出错诊察程序
  }while (a! ='#');
```

在上述算法的工作过程中,若出现 j 减 1 后的值小于或等于 0,则意味着输入串有错。在正确的情况下,算法工作完毕时,符号栈 S 应呈现#N#。

注意:在上述算法中,当发现并找到最左素短语时,我们并未指出将其归约为哪一个非终结符号 N。N 是指一个产生式的左部符号,且此产生式的右部和 S[j+1]…S[k]构成如下一一对应关系:自左至右,终结符对终结符,非终结符对非终结符,而且对应的终结符相同。由于非终结符对归约没有影响,因此非终结符根本不必进符号栈 S。

【例 5.7】 有文法 G[E]:

$$E \rightarrow E+T \mid T$$
$$T \rightarrow T*F \mid F$$
$$F \rightarrow P \uparrow F \mid P$$
$$P \rightarrow (E) \mid i$$

试构造句子 i*i+i 的算符优先分析过程。

解　① 构造文法 G[E]所有非终结符的 FIRSTVT 集和 LASTVT 集,如表 5-3 所示。

② 构造文法 G[E]的算符优先关系表,如表 5-4 所示。

③ 根据算符优先分析算法,得句子 i*i+i 的算符优先分析过程,如表 5-7 所示。

表 5-7　句子 i*i+i 的算符优先分析过程

步骤	符号栈	输入串	动作
1	#	i*i+i#	初始
2	#i	*i+i#	#⋖i,移进
3	#N	*i+i#	i⋗*,#⋖i,i 为最左素短语,将其归约为 N
4	#N*	i+i#	#⋖*,移进
5	#N*i	+i#	*⋖i,移进
6	#N*N	+i#	i⋗+,*⋖i,i 为最左素短语,将其归约为 N
7	#N	+i#	*⋗+,#⋖*,N*N 为最左素短语,将其归约为 N
8	#N+	i#	#⋖+,移进

续表

步骤	符号栈	输入串	动　作
9	＃N+i	＃	+<·i,移进
10	＃N+N	＃	i·>＃,+<·i,i 为最左素短语,将其归约为 N
11	＃N	＃	+ ·>＃,＃ <· +,N+N 为最左素短语,将其归约为 N
12	＃N	＃	接受,分析成功,结束

2. 算符优先分析算法的特点

从表 5-7 的算符优先分析过程不难看出,算符优先分析一般并不等价于规范归约。由于算符优先分析并未对文法非终结符定义优先关系,所以就无法发现由单个非终结符组成的可归约串。也就是说,在算符优先归约过程中,我们无法用那些右部仅含一个非终结符的产生式(称为单非产生式,如 P→Q)进行归约。例如,例 5.7 的文法 G[E]的句子 i * i+i 的规范归约语法树和算符优先分析语法树如图 5-8 所示。

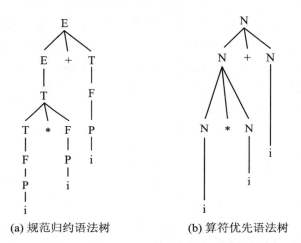

(a) 规范归约语法树　　　　(b) 算符优先语法树

图 5-8　句子 i * i+i 的规范归约语法树和算符优先语法树

从图 5-8 可以得出算符优先分析算法有如下特点:

① 算符优先分析一般并不等价于规范归约。

② 并未对文法的非终结符定义优先关系,无法使用单非产生式进行归约。

③ 算符优先分析比规范归约要快得多,因为它跳过了所有单非产生式所对应的归约步骤。

④ 可能导致把本来不是句子的输入串误认为是句子。

⑤ 归约策略是在文法中寻找这样的产生式:它的右部形如 $P_j a_j P_{j+1} a_{j+1} \cdots P_i a_i P_{i+1}$,其中每个终结符号与最左素短语对应位置上的终结符号完全相同,而每一个非终结符号 P_k 应与相应位置上的非终结符号 N_k 相对应,不必完全相同。

特别注意:算符优先分析法并不是一种规范归约分析法,一般来说,由于其跳过了单非产生式所对应的归纳步骤,因此其分析速度快于规范归约分析法。

5.2.6 算符优先分析中的出错处理

使用算符优先分析法时,可在以下两种情况下发现语法错误:栈顶终结符号与下一输入符号之间不存在任何优先关系;找到某一最左素短语,但不存在任何产生式的右部与此最左素短语相匹配。

下面,分别针对这两种情况进行分析。

1. 栈顶终结符号与下一输入符号之间不存在任何优先关系

假设 a 和 b 是栈顶上的两个符号(b 在 a 之上),c 和 d 为当前输入符号串的前面两个符号,且 b 和 c 之间不存在任何关系。对此,我们可以采用一般的方法进行处理,即改变、插入或删除符号。如果采用改变或插入符号的方法,必须注意不要造成无穷的重复过程:不断地在输入端插入符号,但始终不能将栈内的符号序列归约或将输入符号移入栈顶。例如,若 a⋖≐c,则将 b 从栈顶移去;若 b⋖≐d,则将 c 删除。另外一种可能是找出某个 e,使得 b⋖≐e⋖≐c,并把 e 插入输入端 c 的前面。一般而言,若不能找到单个符号,则也可插入一串符号,使得 b⋖≐e_1⋖≐e_2⋖≐$\cdots$⋖≐e_n⋖≐c,选取的方法视具体情况而定。在优先矩阵中的每一空项中,可填入指示器,指向处理该项错误的子程序。不同的空项可填同一指示器,也就是可运用同样的错误处理方法。

2. 不存在任何产生式的右部与栈顶的最左素短语相匹配

当发现此类错误时,就应该打印错误信息。子程序要确定该最左素短语与哪个产生式的右部最为相似。例如,假定栈顶端的最左素短语是 abc,可是没有一个产生式的右部包含子串 abc。此时,可考虑删除 a,b,c 中的一个。例如,若有一个产生式的右部为 aAcB,则可给出错误信息:"非法 b";若另有一个产生式,其右部为 abdc,则可给出错误信息:"缺少 d"。

注意:在使用算符优先分析法时,非终结符的处理是隐匿的,但是应该在栈中为这些非终结符留有相应的位置。因此当我们论及最左素短语与某一产生式右部相匹配时,则意味着其相应的终结符是相同的,而非终结符所占位置也是相同的。即使如此,出现在栈中一定位置上的非终结符也不一定是一个正确的非终结符。对一般的表达式使用算符优先处理不会有很大的问题。

一般而言,当在栈中找到序列 $b_1b_2\cdots b_k$,且其相邻符号间具有≐关系,即 b_1≐b_2≐$\cdots$≐b_k 时,如果优先关系表告诉我们具有≐关系的符号序列只有有限个,则可逐个对它们进行比较。对于每一个在栈中找到的归约序列 $b_1b_2\cdots b_k$,可确定一个最小距离合法产生式的右部 Y。要使符号序列 $b_1b_2\cdots b_k$ 能归约,要求必须存在某一符号 a(可能为#),使得 a⋖b_1(我们称符号 b_1 为初始);同样,要求必须存在某一符号 c(可能为#),使得 b_k⋗c(我们称符号 b_k 为结尾)。如果我们构造一个有向图,其结点代表终结符,从结点 a 至结点 b 有一条边当且仅当 a≐b,则所有可能满足 b_1≐b_2≐$\cdots$≐b_k 的符号序列,从有向图中易于确定,这个序列就是图中由这些结点符号所形成的通路(也可能只有一个结点通路)。若在图中构成一个环路,则意味着有无穷个序列可归约。

例如，表 5-8 中的优先矩阵，其关系图如图 5-9 所示。

表 5-8　算符优先关系表

	+	*	(	)	i	#
+	⋗	⋖	⋖	⋗	⋖	⋗
*	⋗	⋗	⋖	⋗	⋖	⋗
(	⋖	⋖	⋖	≐	⋖	
)	⋗	⋗		⋗		⋗
i	⋗	⋗		⋗		⋗
#	⋖	⋖	⋖		⋖	

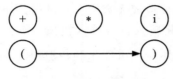

图 5-9　关于 ≐ 的关系图

图 5-9 中只有一条边，因为只有（≐）。初始符号集为 {+，*，i，(}，结尾符号集为 {+，*，i，)}，且只有有限个通路，它们分别为 +，*，i，(，)。每一通路对应某一产生式右部的终结符。因此校正子程序只需检查介于其间的非终结符。例如，可执行下述工作：

①　如 + 或 * 被归约，则检查其两端是否出现非终结符。否则，打印错误信息："缺表达式"。

②　如 i 被归约，则检查其两端是否有非终结符。如果有，则给出信息："表达式间无运算符联结"。

③　如（ ）被归约，则检查括号间是否有一非终结符。如果没有，则给出信息："括号间无表达式"。

若有无穷个符号序列可以归约，则可使用一个一般的子程序去处理，以确定哪一个产生式右部与该归约序列的距离满足一定的界限（例如，限定为 1 或 2）。若存在这样的产生式，则假定以这个产生式为依据，并给出比较具体的错误信息。否则，可给出类似"该语句有错"这样的一般信息。

【例 5.8】　表 5-9 所示的优先矩阵是在表 5-8 的空项内填上各种不同的错误处理子程序后的结果。表达式文法如下：

$$E \rightarrow E+T \mid T$$
$$T \rightarrow T*F \mid F$$
$$F \rightarrow (E) \mid i$$

表 5-9　含出错处理子程序的算符优先关系表

	+	*	(	)	i	#
+	⋗	⋖	⋖	⋗	⋖	⋗
*	⋗	⋗	⋖	⋗	⋖	⋗
(	⋖	⋖	⋖	≐	⋖	e1
)	⋗	⋗	e2	⋗	e2	⋗
i	⋗	⋗	e2	⋗	e2	⋗
#	⋖	⋖	⋖	e3	⋖	e4

其中每个错误处理子程序执行如下的工作：

① e1：调用的条件是表达式以左括号结尾。执行的动作是将(从栈顶移去，并给出错误信息："非法左括号"。

② e2：调用的条件是i或)后跟i或(。执行的动作是在输入端插入＋，并给出错误信息："缺少运算符"。

③ e3：调用的条件是表达式以)开始。执行的动作是从输入端删除)，并给出错误信息："非法右括号"。

④ e4：若栈顶有非终结符 N，则表达式分析完毕。若为空，则在输入端插入i，并给出错误信息："缺少表达式"。

假如有错误的输入串 i＋)，则其算符优先分析过程如表 5-10 所示。

表 5-10 输入串 i＋)的算符优先分析过程

步骤	符号栈	输入串	动　作
1	＃	i＋)＃	初始
2	＃i	＋)＃	＃＜i，移进 i
3	＃N	＋)＃	i＞＋，＃＜i，i 为最左素短语，将其归约为 E
4	＃N＋	)＃	＃＜＋，移进＋
5	＃N	)＃	＋·＞)，＃＜＋，错误：缺少表达式，执行归约动作
6	＃N	＃	调用 e3，删除)，错误：非法右括号
7	＃N	＃	分析完毕

5.3 LR 分 析 法

LR 分析法是一种自下而上进行规范归约的语法分析方法，由 D. E. Knuth 于 1965 年提出。可用 LR 分析法分析的文法类最广，大多数用无二义性、上下文无关文法描述的语言都可以用 LR 分析法进行有效分析，包括 LL(1)文法和算符优先文法。LR 命名中的 L 是指从左到右扫描输入串，R 表示构造一个最右推导的逆过程。LR 分析法的分析效率比较高，查错能力强，能及时地指出输入串的错误和准确地指出出错位置。但这种分析法有一个主要的缺点——分析表非常庞大且较复杂，若手工构造分析程序，工作量会相当大。目前，构造真正的实用编译器时，一般采用专用工具(如 YACC)来自动构造出语法分析程序。所谓的 LR(k)(k＝0,1)分析法表示在分析时每一步需向前查看 k 个符号，即要查看当前输入串的前 k 个符号，以便唯一地确定分析动作。

5.3.1 LR 分析器的工作原理

我们知道，自下而上分析法的核心问题是如何确定可归约串。算符优先分析法是通过算符之间的优先关系找到最左素短语的途径来确定出可归约串的，一般来说，它不是严格的规范归约法。LR 分析法是一种严格的规范归约法,即在分析时通过寻求句柄的方式来确定可归约串。那么在 LR 分析中又如何发现或寻找栈顶端的句柄呢?

1. LR 分析法的基本思想

LR 分析法的基本思想可以用 12 个字来概括:记住历史、展望未来、定夺现在。具体来说就是:在规范归约过程中,首先记住已移进和归约的整个符号串,即记住历史;其次根据所用产生式推测未来可能碰到的输入符号,即对未来进行展望。当一串貌似句柄的符号串呈现于分析栈栈顶时,根据"历史"和"展望"以及"现实"的输入符号三方面的材料,来确定栈顶的符号串是否构成相对某一产生式的句柄。

LR 分析法的这种基本思想是很有哲理的,因而可以想象,这种分析法也必定是非常通用的。正因如此,实现起来也就非常困难。归约过程的历史材料的积累虽不困难(实际上,这些材料都保存在分析栈中),但是展望材料的汇集却是一件很不容易的事情。这种困难不是理论上的,而是实际实现上的。因为根据历史推测未来,即使是推测未来的一个符号,也常常存在着非常多的可能性。因此当把历史和展望材料综合在一起时,复杂性就大大增加了。如果简化对展望材料的要求,我们就可能获得实际可行的分析算法。以下所讨论的 LR 分析方法都是带有一定限制的。

> **特别注意**:LR 分析法是一种规范归约分析法,其基本思想可概括为:记住历史、展望未来、定夺现在。

2. LR 分析器的逻辑模型及其组成

LR 分析器的逻辑模型如图 5-10 所示。一个 LR 分析器一般由一个先进后出的分析栈、一张 LR 分析表和一个 LR 总控程序构成。

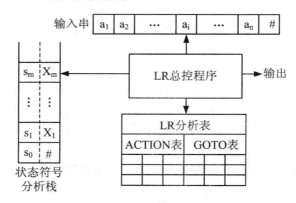

图 5-10　LR 分析器的逻辑模型

(1) 分析栈

一个 LR 分析器实质上是一个带先进后出存储器(栈)的确定有限状态自动机。我们将把历史和展望材料综合抽象成某些状态,而分析栈则用来存放这些状态。栈里的每个状态概括了从分析开始直到某一归约阶段的全部历史和展望材料。任何时候,栈顶的状态都代表了整个历史和已推测出的展望。LR 分析器的每一步工作都是由栈顶状态和现行输入符号唯一决定的。为了明确归约手续,我们把已归约出的文法符号串也放在栈中(实际上这些符号串不必进栈)。这样,分析栈的结构就如图 5-10 所示,栈的每一项内容包括状态 s 和文法符号 X 两部分。$(s_0,\#)$ 为分析开始前预先放入栈里的初始状态和句子括号;栈顶状态为 s_m,符号串 $X_1 X_2 \cdots X_m$ 是目前已移进栈的归约出的文法符号串。

(2) 分析表

LR 分析表是 LR 分析器的核心部分。分析表由两个子表构成,即动作表(ACTION 表)和状态转换表(GOTO 表),也称为动作函数 ACTION 和转换函数 GOTO,LR 分析即由这两种表来驱动。两种表的结构如表 5-11 所示。

表 5-11　LR 分析表的结构

状态	ACTION				GOTO		
	a_1	$\cdots$	a_n	$\#$	X_1	$\cdots$	X_k
s_0	ACTION$[s_0,a_1]$	$\cdots$	ACTION$[s_0,a_n]$	ACTION$[s_0,\#]$	GOTO$[s_0,X_1]$	$\cdots$	GOTO$[s_0,X_k]$
s_1	ACTION$[s_1,a_1]$	$\cdots$	ACTION$[s_1,a_n]$	ACTION$[s_1,\#]$	GOTO$[s_1,X_1]$	$\cdots$	GOTO$[s_1,X_k]$
$\cdots$	$\cdots$	$\cdots$	$\cdots$	$\cdots$	$\cdots$	$\cdots$	$\cdots$
s_m	ACTION$[s_m,a_1]$	$\cdots$	ACTION$[s_m,a_n]$	ACTION$[s_m,\#]$	GOTO$[s_m,X_1]$	$\cdots$	GOTO$[s_m,X_k]$

① GOTO 表。状态转换表的元素 GOTO$[s_i,X_j]$ 是一个状态,表示当前栈顶状态 s_i 面临文法符号 $X_j(X_j \in (V_T \cup V_N))$ 时转入的下一个状态。例如,若有 GOTO$[s_i,X_j]=s_k$,则表明当前栈顶状态为 s_i,面临文法符号 X_j 时转入的下一状态为 s_k。

② ACTION 表。动作表的元素 ACTION$[s_i,a_j]$ 表示当前栈顶状态 s_i 面临输入符号 a_j ($a_j \in V_T$)时应采取的动作:移进、归约、接受和报错。

a. 移进。将状态 $s_k(s_k=$ GOTO$[s_i,a_j])$ 和现行输入符号 a_j 移进分析栈,下一输入符号 a_{j+1} 变成现行输入符号。移进动作表示当前栈顶端符号串尚未形成句柄,正期待继续移进符号以形成句柄。

b. 归约。指用某一个产生式 $A \rightarrow \beta$ 进行归约。若 β 的长度为 $L(|\beta|=L)$,则归约的动作是去掉栈顶的 L 个项,即若当前栈顶状态为 s_m,则将状态 s_{m-L} 变成栈顶状态,然后将状态 $s'(s'=$ GOTO$[s_{m-L},A])$ 和文法符号 $A(A \in V_N)$ 移进分析栈。归约动作不改变现行输入符号,执行归约动作意味着呈现于栈顶的符号串 $X_{m-L+1} \cdots X_m(\beta=X_{m-L+1} \cdots X_m)$ 是一个相对于 A 的句柄。

c. 接受。宣布分析成功,停止分析器的工作。

d. 报错。发现源程序含有错误,调用出错处理程序进行处理。

③ 相关约定。为方便描述,做以下约定:

a. 我们用数码表示状态,如 $0,1,2,\cdots$ 分别表示状态 0,状态 1,状态 2,$\cdots$。ACTION$[s,a]=sj$,其中第一个 s 表示状态,$a \in V_T$,sj 中的 s 表示执行移进动作,sj 中的 j 表示当前状态 s 面临输入符号 a 时转入的下一个状态为 j,即 GOTO$[s,a]=j$,sj 的含义表示把下一状态 j 和现行输入符号 a 移进分析栈。

b. GOTO$[s,A]=rj$,其中 s 表示状态,$A \in V_N$,rj 中的 r 表示执行归约动作,rj 中 j 表示某个产生式的编号,rj 的含义表示按第 j 个产生式进行归约。注意,若 $a \in V_T$,则 GOTO$[s,a]$ 的值已列在 ACTION$[s,a]$ 的 sj 之中(状态 j)。因此 GOTO 表仅对所有非终结符 A 列出 GOTO$[s,A]$ 的值。

c. ACTION$[s,\#]=$acc,表示接受。

d. 分析表中的空白格表示出错。

【例5.9】 表5-12给出了一个如下算术表达式文法 G[E]的 LR 分析表：

$$E \rightarrow E+T$$
$$E \rightarrow T$$
$$T \rightarrow T * F$$
$$T \rightarrow F$$
$$F \rightarrow (E)$$
$$F \rightarrow i$$

表5-12　算术表达式文法的 LR 分析表

状态	ACTION						GOTO		
	i	+	*	(	)	#	E	T	F
0	s5			s4			1	2	3
1		s6				acc			
2		r2	s7		r2	r2			
3		r4	r4		r4	r4			
4	s5			s4			8	2	3
5		r6	r6		r6	r6			
6	s5			s4				9	3
7	s5			s4					10
8		s6			s11				
9		r1	s7		r1	r1			
10		r3	r3		r3	r3			
11		r5	r5		r5	r5			

(3) 总控程序

LR 分析器的总控程序本身的工作十分简单，它的任何一步只需根据分析栈的栈顶状态 s 和现行输入符号 a 去执行 ACTION[s,a]所规定的动作即可。

3. LR 分析器的工作过程

一个 LR 分析器的工作过程可看成是由栈里的状态序列、已移进和归约的符号串以及当前输入串所构成的三元式的变化过程。该三元式表示为

（状态栈,符号栈,输入串）

① 分析开始时,将初始状态 s_0 和句子左括号#分别压入状态栈和符号栈,输入串的末尾加上句子的右括号#。此时的三元式为

$$(s_0, \# , a_1 a_2 \cdots a_n \#)$$

② 分析成功时,三元式应为

$$(s_0 s_1 , \# S, \#)$$

其中 S 是文法的开始符号,s_1 为"接受"对应的唯一状态。

③ 分析过程中每一步的结果三元式可表示为

$$(s_0 s_1 \cdots s_m, \# X_1 X_2 \cdots X_m, a_i a_{i+1} \cdots a_n \#)$$

LR 分析器的下一步动作是由栈顶状态 s_m 和现行输入符号 a_i 唯一决定的,即执行 ACTION$[s_m, a_i]$所规定的动作。经执行每种可能的动作之后,三元式的变化情形是:

① 若 ACTION$[s_m, a_i]$＝sj,则将下一状态 j 和现行输入符号 a_i 移进分析栈,三元式变成

$$(s_0 s_1 \cdots s_m j, \# X_1 X_2 \cdots X_m a_i, a_{i+1} \cdots a_n \#)$$

② 若 ACTION$[s_m, a_i]$＝rj,则按第 j 个产生式进行归约。假设第 j 个产生式为 A→β,并设$|β|$＝L,即 β＝$X_{m-L+1} \cdots X_m$,且 GOTO$[s_{m-L}, A]$＝s,则三元式变为

$$(s_0 s_1 \cdots s_{m-L} s, \# X_1 X_2 \cdots X_{m-L} A, a_i a_{i+1} \cdots a_n \#)$$

③ 若 ACTION$[s_m, a_i]$＝acc,则三元式不再变化,变化过程终止,宣布分析成功。

④ 若 ACTION$[s_m, a_i]$＝error 或空白,则三元式的变化过程终止,报告错误。

一个 LR 分析器的工作过程就是一步一步地变换三元式,直至执行"接受"或"报错"为止。

4. LR 分析流程及分析算法

据以上工作过程,我们可画出如图 5-11 所示的 LR 分析流程。

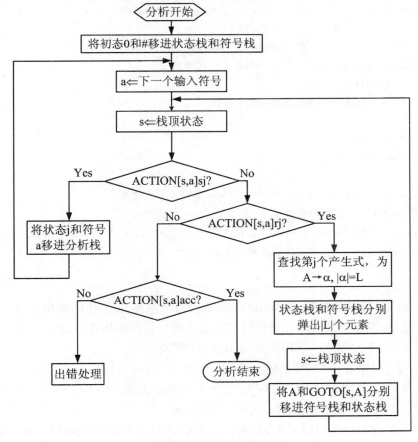

图 5-11　LR 分析流程

LR 分析器的控制程序算法描述如下：

```
void LR_Analyze( )   //LR 分析算法
{
    //初始化,将初态 0 和 # 分别移进状态栈和符号栈
    k=1;
    StateStack[k]=0;
    SymbolStack[k]=#;
    a=GetNextSymbol( );   //将下一个输入符号读进 a 中
    while（true）
    {
        s=StateStack[k];   //s 为当前状态栈栈顶状态
        if（ACTION[s,a]=="sj"）  //sj 意味着执行移进动作
        {
            //将状态 j 和符号 a 分别移进状态栈和符号栈
            k=k+1;
            StateStack[k]=j;
            SymbolStack[k]=a;
            a=GetNextSymbol( );   //将下一个输入符号读进 a 中；
        }
        else if（ACTION[s,a]=="rj"）//rj 意味着执行归约动作
        {   //第 j 个产生式为 A→α,其中|α|=L
            k=k-L;   //状态栈和符号栈分别弹出 L 个符号
            s=StateStack[k];   //s 为当前状态栈栈顶状态
            s′=GOTO[s,A];
            //将 s′ 和 A 分别移进状态栈和符号栈
            k=k+1;
            StateStack[k]=s′;
            SymbolStack[k]=A;
        }
        else if（ACTION[s,a]=="acc"）  //acc 意味着分析成功
            return;   //结束分析过程
        else   //ACTION[s,a]为空白或出错标志
            ERROR( );   //调用出错处理程序进行处理
    }
}
```

其中 SymbolStack 数组为符号栈,StateStack 数组为状态栈,k 为栈的使用深度,a 存放当前读入的输入符号,GetNextSymbol 过程将当前输入符号指针所指符号读入变量 a 中,并将输入指针指向下一个输入符号。ERROR 为出错处理程序。

【例 5.10】 根据表 5-12,写出输入串 i * i+i 的 LR 分析过程。

解 由表 5-12 及例 5.9 中文法 G[E]的产生规则得出输入串 i * i+i 的 LR 分析过程如表 5-13 所示。句子 i * i+i 的语法树如图 5-8(a)所示。

从表 5-13 的分析过程可以看出,每次归约恰好是图 5-8(a)语法树的句柄,这种归约过程实际上就是修剪语法树的过程,直到归约到树根(即文法开始符号 E)为止。因此 LR 分析

法解决了在语法分析过程中寻找每一次归约句柄的问题。

表 5-13　输入串 i＊i＋i 的 LR 分析过程

步骤	状态栈	符号栈	输入串	动作说明
1	0	＃	i＊i＋i＃	初始
2	0 5	＃i	＊i＋i＃	ACTION[0,i]＝s5,移进 5 和 i
3	0 3	＃F	＊i＋i＃	ACTION[5,＊]＝r6,按 F→i 归约,GOTO[0,F]＝3
4	0 2	＃T	＊i＋i＃	ACTION[3,＊]＝r4,按 T→F 归约,GOTO[0,T]＝2
5	0 2 7	＃T＊	i＋i＃	ACTION[3,＊]＝s7,移进 7 和 ＊
6	0 2 7 5	＃T＊i	＋i＃	ACTION[7,i]＝s5,移进 5 和 i
7	0 2 7 10	＃T＊F	＋i＃	ACTION[5,＋]＝r6,按 F→i 归约,GOTO[7,F]＝10
8	0 2	＃T	＋i＃	ACTION[10,＋]＝r3,按 T→T＊F 归约,GOTO[0,T]＝2
9	0 1	＃E	＋i＃	ACTION[2,＋]＝r2,按 E→T 归约,GOTO[0,E]＝1
10	0 1 6	＃E＋	i＃	ACTION[1,＋]＝s6,移进 6 和 ＋
11	0 1 6 5	＃E＋i	＃	ACTION[6,i]＝s5,移进 5 和 i
12	0 1 6 3	＃E＋F	＃	ACTION[5,＃]＝r6,按 F→i 归约,GOTO[6,F]＝3
13	0 1 6 9	＃E＋T	＃	ACTION[3,＃]＝r4,按 T→F 归约,GOTO[6,T]＝9
14	0 1	＃E	＃	ACTION[9,＃]＝r1,按 E→E＋T 归约,GOTO[0,E]＝1
15	0 1	＃E	＃	ACTION[1,＃]＝acc,分析成功,过程结束

5. LR 文法

下面,我们主要关心的问题是如何由文法构造 LR 分析表。对于一个文法,如果能够构造一张 LR 分析表,使得它的每个入口均是唯一确定的,则称这个文法为 LR 文法。

在有些情况下,LR 分析器需要展望和实际检查未来的 k 个输入符号才能决定应采取什么样的移进-归约决策。一般而言,一个文法如果能用一个每步最多向前检查 k 个输入符号的 LR 分析器进行分析,则这个文法就称为 LR(k)文法。但对多数的程序语言来说,k＝0 或 1 就足够了。因此我们只考虑 k≤1 的情形。

对于一个文法,如果它的任何移进-归约分析器都存在尽管栈的内容和下一个输入符号都已了解,但仍无法确定是移进还是归约(称为移进-归约冲突),或者无法从几种可能的归约中确定其一(称为归约-归约冲突)的情况,则该文法是非 LR(1)文法。也就是说,非 LR(1)文法的 LR 分析表存在多重定义入口的表项。

一般来说,一个 LR 文法具有以下特点:

① LR 文法肯定是无二义性的,一个二义文法绝不会是 LR 文法。但是 LR 分析技术可以进行适当修改以适用于分析一定的二义文法。

② 存在不是 LR 的上下文无关文法。

③ 对于一个 LR 文法,当分析器对输入串进行自左至右扫描时,一旦句柄呈现于栈顶,就能及时对其实行归约。

④ LR 分析法比预测分析法更加一般化。

我们在后面将介绍四种分析表的构造方法,它们是:

① LR(0)表构造法:这种方法的局限性极大,但它是建立其他较一般的 LR 分析法的基础。

② SLR(1)表(简单 LR 表)构造法:这种方法比较容易实现又极有使用价值。

③ LR(1)表(规范 LR 表)构造法:这种表能力最强,适用于大多数上下文无关文法,但分析表体积庞大。

④ LALR(1)表(向前 LR 表)构造法:该表能力介于 SLR(1)表和 LR(1)表之间。

注意:LR 分析器分析时,不论采用上述哪一种分析表,其分析算法都是一样的,即其总控程序都是一样的。习惯上,我们说使用 LR(0)表的分析器为 LR(0)分析器,使用 SLR(1)表的分析器为 SLR(1)分析器,使用 LR(1)表的分析器为 LR(1)分析器,使用 LALR(1)表的分析器为 LALR(1)分析器。

> **特别注意**:LR 分析器结构由分析栈(状态栈和符号栈)、分析表(ACTION 表和 GOTO 表)、总控程序构成。其中分析表有四种类型:LR(0)表、SLR(1)表、LR(1)表、LALR(1)表,不同的分析表对应不同的 LR 分析器,但不论使用哪种分析表,其总控程序都是一样的。

5.3.2 LR(0)分析器

我们希望仅由一种只概括历史材料而不包含推测性展望材料的简单状态就能识别呈现在栈顶的某些句柄。根据前述 LR(k)的定义可知,LR(0)分析仅根据当前分析栈栈顶状态(该状态记录着已分析历史情况)而不需从当前输入字符串再向前查看输入符号,就能决定当前的分析动作。也就是说,LR(0)分析的实现基于历史资料即可决定当前分析栈是否已构成句柄,从而确定分析动作。

1. LR(0)分析器的实现原理

各类 LR 分析的实现思想是相同的,为了最终给出构造各类 LR(k)分析表的算法,从理论上阐明 LR 分析的实现思想,我们以 LR(0)分析为线索,首先引入一些重要的概念、术语和定义。

(1) 前缀、活前缀与可归前缀

字的前缀是指该字的任意首部。例如,字 abc 的前缀有 ε,a,ab 或 abc。所谓活前缀是指规范句型的一个前缀,且这种前缀不含句柄之后的任何符号。之所以将它称为活前缀,是因为在其右边增添一些符号之后,就可以使它成为一个规范句型。

从形式上来说,若 $S \overset{*}{\Rightarrow} \alpha A\omega \Rightarrow \alpha\beta\omega$ 是文法 G 的一个规范推导,并且符号串 γ 是 $\alpha\beta$ 的前缀,则称 γ 是 G 的一个活前缀,即 γ 是规范句型 $\alpha\beta\omega$ 的一个前缀,但它的右端不超过该句型句柄的末端。在 LR 分析中,实际上是把 $\alpha\beta$ 的前缀放在符号栈中,一旦在栈中出现 $\alpha\beta$,即形成句柄 β,就用产生式 $A \rightarrow \beta$ 归约。

在一个规范句型的活前缀中,绝不会含有句柄右边的任何符号。因此活前缀与句柄间的关系不外乎有三种情况:

① 活前缀中已含有句柄的全部符号,这是一个特殊活前缀,通常称为可归前缀。

② 活前缀中只含有句柄的一部分符号。

③ 活前缀中不包含句柄的任何符号。

第①种情况表明,此时某一产生式 A→β 的右部符号串 β 已出现在栈顶,分析动作应是用该产生式进行归约。第②种情况意味着形如 A→β₁β₂ 的产生式的左子串 β₁ 已出现在栈顶,正期待着从余留输入串中看到由 β₂ 推出的符号串。而第③种情况则意味着,期望从余留输入串中看到某一产生式 A→α 中的 α 符号串。这几种情况可以用 LR(0) 项目来表示。

一个 LR 分析器的工作过程,是一个逐步产生文法 G 的规范句型的活前缀的过程。也就是在分析过程中,必须使分析栈中的符号始终是活前缀,然后通过继续对余留符号串扫描,逐步在分析栈中构成最长活前缀,此时分析栈顶部形成句柄,可立即归约。由此可见,分析过程中句柄的确定是通过寻找规范句型的活前缀来实现的,所以可以从寻找活前缀入手,来确定句柄和分析动作。对于一个文法 G,我们可以先构造一个有限自动机来识别 G 的所有活前缀,然后再讨论如何把这种自动机转变成 LR 分析表。

特别注意:所谓的活前缀是指规范句型中的一个不含句柄之后的任何符号的前缀。一个规范句型的最长活前缀即为可归前缀,其含有句柄的全部符号。

(2) LR(0)项目

对于一个文法 G,我们首先要构造一个 NFA,它能识别 G 的所有活前缀。这个 NFA 的每个状态就是一个下面定义的项目:

在文法 G 的每个产生式的右部的适当位置添加一个圆点,所得结果称为 G 的一个 LR(0)项目。LR(0) 项目的形式化定义为:若 P→αβ 是文法 G 的一个规则,其中 α,β∈(V_T∪V_N)*,则称 P→α·β 是文法 G 的一个 LR(0) 项目,简称项目。把若干个项目所构成的集合称为项目集。

例如,产生式 A→XYZ 对应四个项目:A→·XYZ,A→X·YZ,A→XY·Z 和 A→XYZ·。

注意:产生式 P→ε 只对应一个项目 P→·。

从直观意义上讲,一个 LR(0)项目指明了在分析过程中的某个产生式有多大部分被识别,LR(0)项目中的圆点可看成是分析栈栈顶与输入串的分界线,圆点左边为已进入分析栈的部分,右边是当前输入或将继续扫描的符号串。

不同的 LR(0) 项目反映了分析栈的不同情况。我们根据 LR(0)项目的不同作用,将其分为四类:

① 归约项目,形如

$$A→α·$$

这类项目表示句柄 α 恰好包含在栈顶中,即当前栈中的符号正好为可归前缀,应按 A→α 进行归约。

② 接受项目,形如

$$S'→α·$$

其中 S' 是文法唯一的开始符号。这类项目实际是特殊的归约项目,应按 S'→α 进行归约,可直接归约到文法开始符号,表示分析成功。

③ 移进项目,形如

$$A→α·aβ　(a∈V_T)$$

这类项目表示当前栈中的符号串为不完全包含句柄的活前缀,为构成可归前缀,需将 a 移进分析栈。

④ 待约项目,形如

$$A \rightarrow \alpha \cdot B\beta \quad (B \in V_N)$$

这类项目表示当前栈中的符号串为不完全包含句柄的活前缀,为构成可归前缀,应先把当前输入字符串中的相应内容先归约到 B。

特别注意:在文法 G 的每个产生式的右部适当位置添加一个圆点,所得结果称为 G 的一个 LR(0)项目。项目分为四类:归约项目、接受项目、移进项目和待约项目。

【例 5.11】 构造以下文法 G[S′]的所有 LR(0)项目,并指出每个项目的类型:

$$S' \rightarrow A$$
$$A \rightarrow aA \mid b$$

解 根据 LR(0)项目的含义,可得文法 G[S′]的所有项目有:

$$S' \rightarrow \cdot A \qquad ①$$
$$S \rightarrow A \cdot \qquad ②$$
$$A \rightarrow \cdot aA \qquad ③$$
$$A \rightarrow a \cdot A \qquad ④$$
$$A \rightarrow aA \cdot \qquad ⑤$$
$$A \rightarrow \cdot b \qquad ⑥$$
$$A \rightarrow b \cdot \qquad ⑦$$

其中②,⑤,⑦为归约项目;②为接受项目;③,⑥为移进项目;①,④为待约项目。

(3) 构造识别文法 G 的所有可归前缀的有限自动机

在给出 LR(0)项目的定义和分类之后,以下从 LR(0)项目出发,来构造能识别文法所有可归前缀的有限自动机。其步骤是:首先构造能识别文法所有可归前缀的 NFA,再将其确定化和最小化,最终得到所需的 DFA。

由文法 G 的 LR(0)项目构造识别文法 G 的所有可归前缀的 NFA 的方法为:

① 规定含有文法开始符号的产生式(是唯一的,设为 S′→S)的第一个 LR(0)项目(即 S′→·S,可称为基本项目)为 NFA 的唯一状态。

② 令每一个 LR(0)项目分别对应 NFA 的一个状态且其归约项目对应的状态为终态。

③ 若状态 i 和状态 j 出自文法 G 的同一产生式且两个状态的 LR(0)项目中的圆点只相差一个位置,即若

状态 i 为

$$X \rightarrow X_1 X_2 \cdots X_{i-1} \cdot X_i X_{i+1} \cdots X_n$$

状态 j 为

$$X \rightarrow X_1 X_2 \cdots X_{i-1} X_i \cdot X_{i+1} \cdots X_n$$

则从状态 i 引一条标记为 X_i 的弧到状态 j,且若有 $X_i \in V_N$,则从状态 i 引 ε 弧到所有 $X_i \rightarrow \cdot \alpha$ 的状态。

再运用第 3 章所介绍的 NFA 的确定化和 DFA 的最小化方法,将通过以上方法所得的识别文法所有可归前缀的 NFA 确定化并最小化,就可得到识别可归前缀的 DFA。下面我们将介绍另一种更直接的方法,即从文法的所有项目出发,直接构造识别文法 G 的所有可归前缀的最小化的 DFA。

2. LR(0)项目集规范族的构造

构成识别一个文法 G 可归前缀的 DFA 项目集(状态)的全体称为文法 G 的 LR(0)项目集规范族。这个规范族提供了建立一类 LR(0)项目和 SLR 分析器的基础。

在求出文法的全部 LR(0)项目之后,可用它来构造识别全部可归前缀的 DFA。这种 DFA 的每一个状态用若干个 LR(0)项目所组成的集合(项目集)来表示。一个 DFA 的全体状态集就构成了 LR(0)项目集规范族。构造 LR(0)项目集规范族的另一种方法是:从文法的基本项目出发,借鉴在第 3 章中所引进的 ε-CLOSURE(闭包)运算的方法,通过对项目集施加闭包运算和求 GO 函数,来构造 LR(0)项目集规范族。

(1) 拓广文法

为了使"接受"状态易于识别,我们总是先将文法 G 进行拓广。假定文法 G 以 S 为开始符号,我们构造一个 G′,它包含了整个 G,并引进一个不出现在 G 中的非终结符 S′,同时加进一个新产生式 S′→S,这个 S′ 是 G′ 的开始符号,则称 G′ 是 G 的拓广文法。这样,便会有一个仅含项目 S′→S· 的状态,这就是唯一的"接受"状态。

(2) 定义和构造 I 的闭包

假定 I 是文法 G′ 的任一项目集,定义和构造 I 的闭包 CLOSURE(I)的方法是:

① I 中的任何项目都属于 CLOSURE(I)。

② 若 A→α·Bβ(B∈V_N)属于 CLOSURE(I),那么对于任何关于 B 的产生式 B→γ,项目 B→·γ 都属于 CLOSURE(I)。

③ 重复执行上述两个步骤,直至 CLOSURE(I)不再增大为止。

例如,对于文法 G[S′]:

$$S′→A, A→aA|b$$

若 I={S′→·A},则

$$CLOSURE(I)=\{S′→·A, A→·aA, A→·b\}$$

注意:在构造 CLOSURE(I)时,对于任何非终结符 B,若某个圆点在左边的项目 B→·γ 进入 CLOSURE(I),则 B 的所有其他圆点在左边的项目 B→·β 也进入同一个 CLOSURE 集。因此在某种情况下,并不需要真正列出 CLOSURE 集里的所有项目 B→·γ,而只需列出非终结符 B 就可以了。

(3) GO 函数(状态转换函数)

假设 I 是一个项目集,X 是文法 G 的一个文法符号,则定义状态转换函数 GO(I, X)如下:

$$GO(I, X)=CLOSURE(J)$$

其中 J={任何形如 A→αX·β 的项目|A→α·Xβ 属于 I}

例如,对于文法 G[S′]:

$$S′→A, A→aA|b$$

设

$$I=\{S′→·A, A→·aA, A→·b\}$$

则

$$GO(I, a)=CLOSURE(\{A→a·A\})=\{A→a·A, A→·aA, A→·b\}$$

实际上,GO 函数(设为 GO(I, X))反映了在 LR 分析中,若 I 中有圆点位于 X 左边的项目 A→α·Xβ,分析器当从输入符号串中识别出文法符号 X 后要进入的后续状态。

(4) LR(0)项目集规范族的构造

通过函数 CLOSURE 和 GO 很容易构造一个文法 G[S]的拓广文法 G′[S′]的 LR(0)项目集规范族 C,步骤如下:

① 初始化:令 C=CLOSURE({S′→·S})。

② 对 C 中每一个项目集 I 和文法 G′[S′]中任意一文法符号 X 应用状态转换函数 GO(I,X),得到新的项目集 J,若 J 非空且不在 C 中,则将其加入 C 中。

③ 重复步骤②直到 C 不再增大为止。

为了能够有效地使用以上步骤计算 LR(0)项目集规范族 C,我们借助一个项目栈来存储构造过程中加入的每一个新的项目集。计算的每一步都要先将栈顶项弹出,并置于 I 中;然后,对于文法中每个文法符号 X,如果 GO(I,X)非空且不属于 C 中,则将 GO(I,X)加入 C 中,并将其压入栈中,重复以上过程,直到栈空为止。其形式化算法描述如下:

```
void ItemSets(G′)   //计算文法 G′的项目集规范族 C
{
    I=CLOSURE({S′→·S});
    C={I};   //初始规范族 C
    Push(I);   //将项目集 I 压入栈中
    while(! Empty(ItemStack))   //只要栈不空就执行以下步骤
    {
        Pop(I);   //将当前栈顶项目集弹出并置于 I 中
        for(G 中每个文法符号 X)
        {
            J=GO(I,X);   //计算 GO 函数
            if(J 非空且 J 不属于 C 中)
            {
                将 J 加入到 C 中;
                Push(J);   //将项目集 J 压入栈中
            }
        }
    }
}
```

上述算法从文法的基本项目 S′→·S 开始,求闭包 I_0,然后通过 GO 函数求所有的后继项目集且将各项目集连成一个 DFA,最终求得所有项目集并存于 C 中,C 即为文法 G′的 LR(0)项目集规范族。

3. LR(0)分析表的构造

对于一个文法,当识别其所有可归前缀的 DFA 构造出来以后,可据此直接构造 LR(0)分析表及相应的 LR(0)分析器,而这个 LR 分析器实质是一个带栈的 DFA。下面,我们主要讨论从 LR(0)项目集规范族和 GO 函数的途径来构造 LR(0)分析表的方法。

注意:用前述方法所构造的 LR(0)项目集规范族中的每一个 LR(0)项目集,实际上表征了在分析过程中可能出现的一种分析状态;根据前面对 LR(0)项目的分类,项目集中每一个项目又与另一个特定的分析动作相关。因此每一项目集中的各项目应是相容的。可从项目

相容的角度出发,对 LR(0)文法加以定义。

对于文法 G 的识别可归前缀的 DFA 中的每一个项目集,有以下结论:

① 若同时存在移进项目和归约项目,即有形如 A→α·aβ 和 B→γ· 的项目,则称文法 G 含有移进-归约冲突。此时,当面临输入符号 a 时,分析程序的控制器都不能确定是把 a 移进符号栈还是把 γ 归约成 B。

② 若同时存在一个以上的归约项目,即有形如 A→ω· 和 B→γ· 的项目,则称文法 G 含有归约-归约冲突。此时,不论面临什么样的输入符号,分析程序的控制器都不能确定是把 ω 归约成 A,还是把 γ 归约成 B。

若一个文法 G 的拓广文法 G′ 的识别可归前缀的 DFA 的每一个项目集不存在任何冲突,即不存在移进-归约冲突和归约-归约冲突,则称 G 是一个 LR(0)文法。

对于 LR(0)文法,我们可直接由它的项目集规范族 C 和可归前缀识别自动机的状态转换函数 GO 构造出 LR 分析表。下面是构造 LR(0)分析表的算法:

假定 $C=\{I_0, I_1, \cdots, I_n\}$,由于我们已经习惯用数字表示状态,因此令每个项目集 I_k 的下标 k 为分析器的状态。特别地,令那个包含项目 S′→·S(表示整个句子还未输入)的集合 I_k 的下标 k 为分析器的初态。分析表的 ACTION 子表和 GOTO 子表可按如下方法构造:

① 若项目 A→α·aβ($a\in V_T$)属于 I_k 且 $GO(I_k,a)=I_j$,则置 ACTION[k,a]=s_j,表示将(j,a)移进分析栈。

② 若项目 A→α· 属于 I_k 且文法 G′ 中产生式 A→α 的编号为 j,则对于任何终结符 a(包括输入串结束符#),置 ACTION[k,a]=r_j,表示按文法 G′ 的第 j 个产生式(A→α)进行归约。

③ 若项目 S′→S· 属于 I_k,则置 ACTION[k,#]=acc,表示"接受"。

④ 若 $GO(I_k,A)=I_j$($A\in V_N$),则置 GOTO[k,A]=j。

⑤ 对分析表中凡不能用规则①至④填入信息的空白格均置上"出错标志"。

由于假定 LR(0)文法规范族的每个项目集不含任何冲突项目,因此按上述方法构造的分析表的每个入口都是唯一的(即不含多重定义)。我们称这样的分析表为 LR(0)表。使用 LR(0)表的分析器叫作 LR(0)分析器。

【例 5.12】 设文法 G[S]为

$$S \to aA \mid bB$$
$$A \to cA \mid d$$
$$B \to dB \mid e$$

试构造该文法的 LR(0)分析表。

解 ① 拓广文法(将 G[S]拓广为 G[S′]),并对各产生式进行编号:

$$S' \to S \quad ①$$
$$S \to aA \quad ②$$
$$S \to bB \quad ③$$
$$A \to cA \quad ④$$
$$A \to d \quad ⑤$$
$$B \to dB \quad ⑥$$
$$B \to e \quad ⑦$$

② 构造 LR(0)项目集规范族 C 和 GO 函数,如图 5-12 所示。

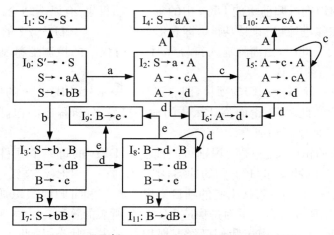

图 5-12 G[S′]的 LR(0)项目集规范族和 GO 函数

③ 构造 LR(0)分析表,如表 5-14 所示。

表 5-14 文法 G[S]的 LR(0)分析表

状态	ACTION						GOTO		
	a	b	c	d	e	#	S	A	B
0	s2	s3					1		
1						acc			
2			s5	s6				4	
3			s8	s9					7
4	r2	r2	r2	r2	r2	r2			
5			s5	s6				10	
6	r5	r5	r5	r5	r5	r5			
7	r3	r3	r3	r3	r3	r3			
8			s8	s9					11
9	r7	r7	r7	r7	r7	r7			
10	r4	r4	r4	r4	r4	r4			
11	r6	r6	r6	r6	r6	r6			

如表 5-14 所示,表中每一项的入口是唯一的,因此文法 G[S] 是 LR(0)文法。注意,分析表中的空白为出错标志。

在上面的构造步骤②中,当构造出文法 G[S′]的 LR(0)项目集规范族 C 和 GO 函数后,将 C 中的每一个项目集作为 DFA 的状态,GO 函数作为状态转换函数,并将包含基本项目(S′→ · S)的项目集作为初态,那些含有归约项目的项目集作为终态,就可以得到文法 G[S]的识别所有可归前缀的最小化的 DFA,如图 5-13 所示。

图 5-13 中的每一个状态都能识别规范句型的活前缀,而终态能够识别规范句型的可归

前缀。例如,对于输入串 acd,句柄为 d,在图 5-13 中,从 0 态出发经 a 弧到 2 态,再经 c 弧到 5 态,再经 d 弧到达 6 态。状态 6 是终态,表明此时出现可归前缀,即含有句柄;状态 6 所对应的项目为归约项目,指明此时应将 d 归约为 A。由此可见,对输入串 acd 的分析,第一步归约途经状态 0,2,5 到达状态 6,在这条路径上,到达任意一状态时,在它到达时所经过的弧上标记所连接的串都构成 acd 的活前缀。

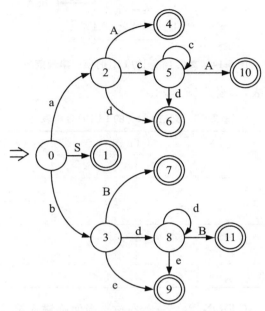

图 5-13　文法 G[S]的识别可归前缀的 DFA

5.3.3　SLR(1)分析器

　　LR(0)文法是一类非常简单的文法,它要求文法的识别可归前缀的 DFA 的每一个项目集都不含冲突性的项目,这样才能构造出不含冲突动作的 LR(0)分析表。因此 LR(0)文法的适用性受到很大的限制,对通常的程序设计语言来说,一般都不能用 LR(0)文法来描述。当某个项目集中存在冲突项时,就需要通过向前查看部分材料(一般只需向前查看一个符号)来解决冲突,不同的解决方法就产生了不同的分析法,主要有 SLR(1)和 LR(1)分析法。本小节主要介绍 SLR(1)分析法,下一小节介绍 LR(1)分析法。

　　SLR(1)分析法是一种带有简单展望的分析法,其中 S 表示简单的,1 表示分析的每一步向前看一个输入符号。下面,举例说明 SLR(1)分析法。

　　【例 5.13】　试构造如下文法 G[A]的 LR(0)分析表:
$$A \rightarrow aA \mid a$$

　　解　① 拓广文法:
$$S' \rightarrow A \quad ①$$
$$A \rightarrow aA \quad ②$$
$$A \rightarrow a \quad ③$$

　　② 构造 LR(0)项目集规范族:LR(0)项目集规范族(含 GO 函数,即识别可归前缀的

DFA)如图 5-14 所示。

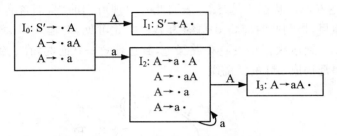

图 5-14 文法 G[S′]的 LR(0)项目集规范族

③ 构造 LR(0)分析表,如表 5-15 所示。

表 5-15 文法 G[S′]的 LR(0)分析表

状态	ACTION		GOTO
	a	#	A
0	s2		1
1		acc	
2	s2 r3	r3	3
3	r2	r2	

从表 5-15 可以看出,ACTION[2,a]={s2,r3},当面临输入符号 a 时,前者指明应将其移进分析栈;后者指明应按第③个产生式(A→a)进行归约。因此文法 G[A]不是一个 LR(0)文法。究其原因,主要是在项目集 I_2 中既含有移进项目 A→·aA 和 A→·a,又含有归约项目 A→a·,于是就存在着移进-归约冲突的动作。

对动作冲突有两种解决途径:修改文法或者对分析方法加以改进。显然,修改文法以适应 LR(0)分析法并不可取,更好的措施是改善分析方法,以适应更广泛、实用的文法。

在这种情况下,解决冲突的一种简单方法就是考虑若按第③个产生式将 a 归约为 A 的话,那么要考虑在文法的所有句型中当前输入符号是否允许紧跟在非终结符 A 的后面,即考虑当前输入符号是否属于 A 的 FOLLOW 集。实际上,在例 5.13 中,FOLLOW(A)={#},所以当面临输入符号为 # 时,按产生式 A→a 进行归约才有希望得到成功的分析。那么上述问题的冲突就迎刃而解了,即栈顶状态为状态 2 时,若当前面临的输入符号为 a,就采取移进动作,当面临的输入符号为 # 时,则采取归约动作。

那么是否在任何情况下,使用以上方法冲突都能得到解决呢?其实不然,也就是说这种解决方法也是带有一定限制的。假如在上述文法中,有 FOLLOW(A)={a,#},那么在项目集 I_2 中,当面临输入符号为 a 时,项目 A→·aA 和 A→·a 指明应进行移进动作;而此时,有 a∈FOLLOW(A),即项目 A→a·又要求进行归约动作。所以在这种情况下,仅靠以上方法是不能解决问题的,这需要更强的技术才能解决。以下,我们只考虑一种简单的情形。

一般而言,假定 LR(0)项目集规范族的一个项目集 I 中含有 m 个移进项目:

$$A_1 \rightarrow \alpha \cdot a_1 \beta_1$$
$$A_2 \rightarrow \alpha \cdot a_2 \beta_2$$

$$\cdots$$
$$A_m \rightarrow \alpha \cdot a_m \beta_m$$

同时含有 n 个归约项目：

$$B_1 \rightarrow \alpha \cdot$$
$$B_2 \rightarrow \alpha \cdot$$
$$\cdots$$
$$B_n \rightarrow \alpha \cdot$$

如果集合 $\{a_1, a_2, \cdots, a_m\}$，$FOLLOW(B_1)$，$FOLLOW(B_2)$，$\cdots$，$FOLLOW(B_n)$ 两两不相交（包括不得有两个 FOLLOW 集合有 # ），则隐含在 I 中的动作冲突可通过检查现行输入符号 a 属于上述 n+1 个集合中的哪个集合而获得解决，即：

① 若 $a = a_i (i=1,2,\cdots,m)$，则置 ACTION[I,a] = "移进"。

② 若 $a \in FOLLOW(B_j) (j=1,2,\cdots,n)$，则置 ACTION[I,a] = "用产生式 $B_j \rightarrow \alpha$ 归约"。

③ 其余情况，则置 ACTION[I,a] = "出错标志"。

这种用来解决分析动作冲突的方法称为 SLR(1) 规则。此规则是由 F. DeRemer 于 1971 年提出的。

有了 SLR(1) 规则后，对于任给的一个文法 G，我们可以用如下的方法构造它的 SLR(1) 分析表：首先将文法 G 拓广为文法 G'，再对 G' 构造 LR(0) 项目集规范族 C 和识别可归前缀的 DFA 的转换函数 GO；然后，按下面的算法使用 C 和 GO 构造 G' 的 SLR(1) 分析表：

假定 $C = \{I_0, I_1, \cdots, I_m\}$，令每个项目集 I_k 的下标 k 为分析器的一个状态，则 G' 的 SLR 分析表含有状态 $0, 1, \cdots, n$。令含有项目 $S' \rightarrow \cdot S$ 的 I_k 的下标 k 为初态。分析表的 ACTION 子表和 GOTO 子表可按如下方法构造：

① 若项目 $A \rightarrow \alpha \cdot a\beta (a \in V_T)$ 属于 I_k 且 $GO(I_k, a) = I_j$，则置 ACTION[k,a] = sj，表示将 (j,a) 移进分析栈。

② 若项目 $A \rightarrow \alpha \cdot$ 属于 I_k 且文法 G' 中的产生式 $A \rightarrow \alpha$ 的编号为 j，对于任何终结符 a（包括输入串结束符 # ），若 $a \in FOLLOW(A)$，则置 ACTION[k,a] = rj，表示按文法 G' 的第 j 个产生式 $(A \rightarrow \alpha)$ 进行归约。

③ 若项目 $S' \rightarrow S \cdot$ 属于 I_k，则置 ACTION[k, #] = acc，表示"接受"。

④ 若 $GO(I_k, A) = I_j (A \in V_N)$，则置 GOTO[k,A] = j。

⑤ 对分析表中凡不能用规则①至④填入信息的空白格均置上"出错标志"。

按上述算法构造的 LR 分析表，如果每个入口不含多重定义，则称它为文法 G 的 SLR(1) 分析表，具有 SLR(1) 分析表的文法 G 称为 SLR(1) 文法。数字 1 的含义是在分析过程中最多只要向前看一个符号（实际上仅是在归约时需要向前看一个符号），使用 SLR(1) 分析表的分析器叫作 SLR(1) 分析器。

若按上述算法构造的分析表存在多重定义的入口（即含有动作冲突），则说明文法 G 不是 SLR(1) 文法，在这种情况下，不能用上述算法构造分析器。

【例 5.14】 试构造如下文法 G[E] 的 SLR(1) 分析表，并说明 G[E] 是否为 SLR(1) 文法：

$$E \rightarrow E+T \mid T$$
$$T \rightarrow T * F \mid F$$
$$F \rightarrow (E) \mid i$$

编
译
原
理

解 ① 拓广文法,得 G[E′]:

$$E' \rightarrow E$$
$$E \rightarrow E + T$$
$$E \rightarrow T$$
$$T \rightarrow T * F$$
$$T \rightarrow F$$
$$F \rightarrow (E)$$
$$F \rightarrow i$$

② 构造 LR(0)项目集规范族和 GO 函数,如图 5-15 所示。

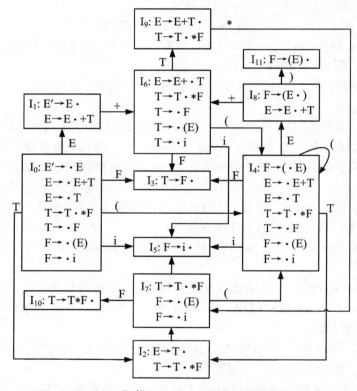

图 5-15 文法 G[E′]的 LR(0)项目集规范族和 GO 函数

③ 计算 G[E′]的每个非终结符的 FOLLOW 集,如表 5-16 所示。

表 5-16 G[E′]非终结符的 FOLLOW 集

非终结符	FOLLOW 集
E′	#
E	#,+,)
T	#,+,),*
F	#,+,),*

④ 构造 SLR(1)分析表，如表 5-17 所示。

表 5-17　G[E]的 SLR(1)分析表

状态	ACTION						GOTO		
	i	＋	＊	（	）	＃	E	T	F
0	s5			s4			1	2	3
1		s6				acc			
2		r3	s7		r3	r3			
3		r5	r5		r5	r5			
4	s5			s4			8	2	3
5		r7	r7		r7	r7			
6	s5			s4				9	3
7	s5			s4					10
8		s6			s11				
9		r2	s7		r2	r2			
10		r4	r4		r4	r4			
11		r6	r6		r6	r6			

从表 5-17 可以看出，文法 G[E]的 SLR(1)分析表的每一项入口都不含多重定义，所以它是一个 SLR(1)文法。

注意：项目集 I_1，I_2 和 I_9 中都含有移进-归约冲突。因为 I_1 中的 E′→E・是"接受"项目，因此 I_1 中的冲突确切地说应是移进-接受冲突。所以文法 G[E]不是一个 LR(0)文法。不难看出，所有这些冲突都可以用 SLR(1)规则予以解决。例如，考虑 I_2：

$$E \rightarrow T \cdot$$
$$T \rightarrow T \cdot * F$$

由于 FOLLOW(E)＝{＃，＋，)}且{＊}∩FOLLOW(E)＝∅，所以当状态 I_2 面临输入符号＋，)或＃时，应使用产生式 E→T 进行归约；当面临＊时，应实行移进动作；当面临其他符号时，则应报错。

【例 5.15】 构造下面的文法 G[S]的 SLR(1)分析表，并判断其是否为 SLR(1)文法：

$$S \rightarrow L = R \mid R$$
$$L \rightarrow * R \mid i$$
$$R \rightarrow L$$

解　① 拓广文法，得 G[S′]：

$$S' \rightarrow S$$
$$S \rightarrow L = R$$
$$S \rightarrow R$$
$$L \rightarrow * R$$
$$L \rightarrow i$$
$$R \rightarrow L$$

② 构造 LR(0)项目集规范族和 GO 函数,如图 5-16 所示。

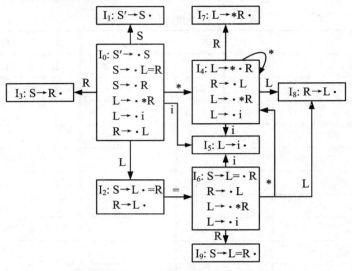

图 5-16　LR(0)项目集规范族和 GO 函数

③ 计算 G[S′]所有非终结符的 FOLLOW 集,如表 5-18 所示。

表 5-18　G[S′]所有非终结符的 FOLLOW 集

非终结符	FOLLOW 集
S′	#
S	#
L	=,#
R	#,=

④ 构造 SLR(1)分析表,如表 5-19 所示。

表 5-19　SLR(1)分析表

状态	ACTION				GOTO		
	i	=	*	#	S	L	R
0	s5		s4		1	2	3
1				acc			
2		s6 r6		r6			
3				r3			
4	s5		s4			8	7
5		r5		r5			
6	s5		s4			8	9
7		r4		r4			
8		r6		r6			
9				r2			

从表 5-19 可以看出,由于 ACTION[2,＝]＝{s6,r6},即存在多重定义入口,所以文法 G[S]不是 SLR(1)文法。

考虑项目集 I_2:

$$S \rightarrow L \cdot = R$$
$$R \rightarrow L \cdot$$

其存在移进-归约冲突项目。由于 FOLLOW(R)＝{#,＝},FOLLOW(R)∩{＝}≠∅,所以用 SLR(1)规则不能解决这类移进-归约冲突。用下面两小节将介绍的功能更强的 LR 分析表,可以解决此类冲突。应当指出,即使功能再强的 LR 分析表,仍然存在无二义性的文法不能消除其冲突的情况。但对现实的程序设计语言来说,我们可以回避使用这种文法。

5.3.4　LR(1)分析器

在 SLR(1)冲突解决方法中,若项目集 I_k 中含有归约项目 A→α·,那么当状态 k 呈现于栈顶时,只要当前所面临的输入符号 a 满足条件 a∈FOLLOW(A),就可确定采取"用产生式 A→α 进行归约"的动作。然而,在有些情况下,当状态 k 呈现于栈顶时,栈里的符号串所构成的活前缀未必允许将 α 归约为 A,因为可能没有一个规范句型含有前缀 βAa。因此在这种情况下,用 A→α 进行归约未必有效。

例如,在例 5.14 的表达式文法中,若用表 5-17 来分析输入串 i)＋i #,则将 i 移进分析栈后的三元式格局为

$$(05, \# i,)+i \#)$$

此时,栈顶状态为 5,项目集 I_5 是一条归约项目 F→i·,当前面临的输入符号为),因为)∈FOLLOW(F),所以按 SLR(1)方法,应用产生式 F→i 进行归约(表 5-17 中 ACTION[5,)]＝r7)。但是很明显此处)的出现是一个错误,也就是说,此时进行归约动作未必是有效的,它只不过是把错误的报告时间延迟了而已,因为文法中不存在以 F)为前缀的规范句型。也就是说,SLR(1)规则导致了很多多余的归约步骤。

现在,我们再来考虑例 5.15 中文法的项目集 I_2 中存在的移进-归约冲突。由前所述,利用 SLR(1)方法不能解决这种冲突。对 SLR(1)方法进行分析可以发现,它对类似上述文法失效的原因在于,当所给的文法出现冲突的分析动作时,SLR(1)方法仅仅孤立地考查当前输入字符是否属于与归约项目 A→α·关联的集合 FOLLOW(A),若属于则按产生式 A→α 进行归约,而没有考查字符串 α 所处的规范句型的环境,存在一定的片面性。这是指,当 α 一旦出现在分析栈的顶部(设分析栈当前字符串为 # γα),且当前输入字符 a∈FOLLOW(A)时,SLR(1)方法就冒然地将 α 归约为 A,使分析栈中字符串变为# γA,但若文法中并不存在 γAa 为前缀的规范句型,则这种归约是无效的。如对于上面文法中的规范句型 L＝ * R,当分析成

$$(02, \# L, = * R \#)$$

的格局时,若仅根据当前输入符号＝满足条件＝∈FOLLOW(R),就把当前栈顶字符 L 归约为 R,则要求分析格局变成

$$(03, \# R, = * R \#)$$

但在该文法中,根本不存在以 R＝为前缀的规范句型,因此在执行下一动作时,分析器将报告出错。由此可见,在分析过程中,当试图用某一产生式 A→α 归约栈顶字符串时,不仅应向

前展望一个输入符号 a(a 称为向前搜索符),还应把栈中的历史与 a 相关联,即只有当 γAa 确实为文法的某一规范句型的前缀时,才能使用 A→α 进行归约。因此我们需要让每个状态含有更多的展望信息,这些信息将有助于克服动作冲突和排除那种用 A→α 进行的无效归约,在必要时对状态进行分裂,使得 LR 分析器的每个状态能够确切地指出当 α 后跟哪些终结符时才允许把 α 归约为 A。

为此,我们需要重新定义项目,使得每个项目都附带有 k 个终结符。现在,每个项目的一般形式为

$$[A→α \cdot β, a_1 a_2 \cdots a_k]$$

此处,A→α·β 是一个 LR(0)项目,$a_i \in V_T (i=1,2,\cdots,k)$。这样的项目称为一个 LR(k)项目,项目中的 $a_1 a_2 \cdots a_k$ 称为该项目的向前搜索符串(或展望串)。向前搜索符串仅对归约项目$[A→α \cdot, a_1 a_2 \cdots a_k]$有意义。对任何移进或待约项目$[A→α \cdot β, a_1 a_2 \cdots a_k]$(β≠ε),搜索符串 $a_1 a_2 \cdots a_k$ 不起作用。归约项目$[A→α \cdot, a_1 a_2 \cdots a_k]$意味着当它所属的状态呈现在栈顶且后续的 k 个输入符号为 $a_1 a_2 \cdots a_k$ 时,才可以把栈顶的 α 归约为 A。这里,我们只对 k≤1 的情形感兴趣,因为对多数程序语言的语法来说,向前搜索一个符号就基本可以确定是移进或是归约了。

特别注意:LR(1)项目由 LR(0)项目和向前搜索符构成。向前搜索符只对归约项目有效。

与 LR(0)文法的情况相类似,识别文法全部可归前缀的 DFA 的每一个状态也是用一个 LR(1)项目集来表示,故构造有效的 LR(1)项目集规范族的方法本质上和构造 LR(0)项目集规范族的方法一样,也需要两个函数,即 CLOSURE 和 GO。

1. CLOSURE(I)的计算

假定 I 是一个 LR(1)项目集,它的闭包 CLOSURE(I)可按如下方法构造:

① I 中的任何项目都属于 CLOSURE(I)。

② 若项目$[A→α \cdot Bβ, a]$属于 CLOSURE(I),B→γ 是一个产生式,那么对于 FIRST(βa)中的每个终结符 b,如果项目$[B→ \cdot γ, b]$原来不在 CLOSURE(I)中,则把它加进去。

③ 重复执行步骤②,直至 CLOSURE(I)不再增大为止。

注意:b 可能是从 β 推出的第一个终结符,若 $β \overset{*}{⇒} ε$,则 b=a。

2. GO 函数的计算

令 I 是一个 LR(1)项目集,X 是一个文法符号,则函数 GO(I,X)的定义为

$$GO(I,X)=CLOSURE(J)$$

其中

$$J=\{任何形如[A→αX \cdot β, a]的项目 | [A→α \cdot Xβ, a] \in I\}$$

3. LR(1)项目集规范族 C 的构造

通过函数 CLOSURE 和 GO 很容易构造一个文法 G[S]的拓广文法 G′[S′]的 LR(1)项目集规范族 C,步骤如下:

① 初始化:令 C=CLOSURE($\{[S′→ \cdot S, \#]\}$)。

② 对 C 中每一个项目集 I 和文法 G′[S′]中任意文法符号 X 应用状态转换函数 GO(I,X),得到新的项目集 J,若 J 非空且不在 C 中,则将其加入 C 中。

③ 重复步骤②,直到 C 不再增大为止。

类似于计算 LR(0)项目集规范族,我们仍然借助一个项目栈来存储构造过程中加入的每一个新的项目集,计算的每一步是先将栈顶项弹出,并置于 I 中,然后对于文法中每个文法符号 X,如果 GO(I,X)非空且不属于 C 中,则将 GO(I,X)加入 C 中,并将其压入栈中。重复以上过程,直到栈空为止。其形式化算法描述如下:

```
void ItemSets(G′)    //计算文法 G′的项目集规范族 C
{
    I=CLOSURE({[S′→·S,#]});
    C={I};    //初始规范族 C
    Push(I);    //将项目集 I 压入栈中
    while(!Empty(ItemStack))    //只要栈不空就执行以下步骤
    {
        Pop(I);    //将当前栈顶项目集弹出并置于 I 中
        for(G 中每个文法符号 X)
        {
            J=GO(I,X);    //计算 GO 函数
            if(J 非空且 J 不属于 C)
            {
                将 J 加入到 C 中;
                Push(J);    //将项目集 J 压入栈中
            }
        }
    }
}
```

4. LR(1)分析表的构造

假定 $C=\{I_0,I_1,\cdots,I_n\}$,令每个项目集 I_k 的下标 k 作为分析器的状态。令包含项目 $[S′→·S,\#]$ 的集合 I_k 的下标 k 为分析器的初态。分析表的 ACTION 子表和 GOTO 子表可按如下方法构造:

① 若项目 $[A→\alpha·a\beta,b](a\in V_T)$ 属于 I_k 且 $GO(I_k,a)=I_j$,则置 ACTION[k,a]=sj,表示将(j,a)移进分析栈。

② 若项目 $[A→\alpha·,a]$ 属于 I_k 且文法 G′ 中产生式 A→α 的编号为 j,则置 ACTION[k,a]=rj,表示按文法 G′ 的第 j 个产生式(A→α)进行归约。

③ 若项目 $[S′→S·,\#]$ 属于 I_k,则置 ACTION[k,#]=acc,表示"接受"。

④ 若 $GO(I_k,A)=I_j(A\in V_N)$,则置 GOTO[k,A]=j。

⑤ 对分析表中凡不能用规则①至④填入信息的空白格均置上"出错标志"。

按上述算法构造的分析表,若不存在多重定义的入口的情形,则称它是文法 G 的一张规范的 LR(1)分析表。使用这种分析表的分析器叫作规范的 LR 分析器。具有规范 LR(1)分析表的文法称为 LR(1)文法。

应当指出，每个 SLR(1)文法都是 LR(1)文法。对一个 SLR(1)文法来说，规范的 LR
分析器比 SLR 分析器含有更多的状态。

【例 5.16】 构造如下文法 G[S]的 LR(1)分析表：

$$S \rightarrow BB$$
$$B \rightarrow aB \mid b$$

解 ① 拓广文法，得 G[S′]

$$S' \rightarrow S$$
$$S \rightarrow BB$$
$$B \rightarrow aB$$
$$B \rightarrow b$$

② 构造 LR(1)项目集规范族 C 和 GO 函数，如图 5-17 所示。

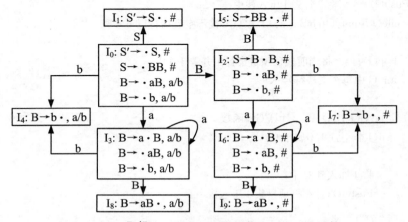

图 5-17 G[S′]的 LR(1)项目集规范族 C 和 GO 函数

③ 构造 LR(1)分析表，如表 5-20 所示。

表 5-20 LR(1)分析表

状态	ACTION			GOTO	
	a	b	#	S	B
0	s3	s4		1	2
1			acc		
2	s6	s7			5
3	s3	s4			8
4	r4	r4			
5			r2		
6	s6	s7			9
7			r4		
8	r3	r3			
9			r3		

注意：在图 5-17 中，形如[A→α·β,a/b]的项目表示[A→α·β,a]和[A→α·β,b]两个项目的缩写。

上述文法 G[S′]的 LR(0)项目集规范族 C 和 GO 函数如图 5-18 所示。可以看出，LR(1)分析器的状态个数要比 LR(0)分析器和 SLR 分析器的状态个数多。

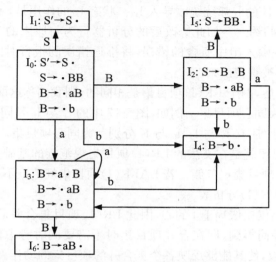

图 5-18　文法 G[S′]的 LR(0)项目集规范族 C 和 GO 函数

5.3.5　LALR(1)分析器

我们知道，每个 LR(1)项目由两部分组成，第一部分是一个 LR(0)项目，称为 LR(1)项目的核；第二部分则是一个向前搜索符号集。对移进项目而言，搜索符号对分析表的构造无影响；但对归约项目而言，则仅在当前输入符号属于该搜索符号集时，才能用相应的产生式进行归约。LR(1)分析表的这种机理较圆满地解决了 SLR(1)分析表难以解决的某些移进-归约或归约-归约冲突，从而使得 LR(1)分析表的分析能力较 SLR(1)分析表有了明显的提高。然而 LR(1)分析表的主要缺点在于，对于同一个文法而言，LR(1)分析表的规模远远超过了相应的 SLR(1)分析表或 LR(0)分析表。例如，为 C 语言构造 LR(0)分析表，一般大约设置几百个状态即可，而构造 LR(1)分析表则需设置上千个状态，即后者将导致时间和内存空间开销的急剧上升。因此就有必要寻求一种规模与 SLR(1)分析表相当，但其分析能力又不与 LR(1)相差太大的 LR 分析方法，DeRemer 提出的 LALR(1)（look ahead LR(1)，即向前看 LR(1)）分析法就是这类折中的分析方法。对于同一个文法，LALR(1)分析表和 SLR(1)分析表永远具有相同数目的状态，但却能应对一些 SLR(1)所不能应对的情形。

考虑图 5-17 中的 I₃ 与 I₆，I₄ 与 I₇，I₈ 与 I₉，这些项目集中的项目，除了搜索符不同之外，其核是两两相同的。下面来讨论这些项目集的作用。例如，考虑 I₄ 与 I₇，这两个集合分别仅含项目[B→b·,a/b]和[B→b·,#]，从例 5.16 中的文法可以很容易地得出其描述语言为 a * ba * b。假定规范 LR 分析器所面临的输入串为 aa⋯abaa⋯b♯，分析器把第一组 a 和第一个 b 移进分析栈后将进入状态 4。如果后续的输入符号为 a 或 b，则此时分析器将使用产生式 B→b 把栈顶的 b 归约为 B。状态 4 的作用在于，若输入串的第一个 b 之后不是 a 且不是 b 而是 #,则它能及时报告错误。当分析器读进输入串的第二个 b 之后进入状态 7,当状态 7 看到句末符 # 时将用产生式 B→b 归约栈顶的 b。若状态 7 看不到 #,将立即报告错误。

现在,我们把状态 4 和状态 7 合二为一,变成 I_{47}。它仅含有项目[B→b·,a/b/#]。把从 I_0,I_3 和 I_6 导入 I_4 或 I_7 的 b 弧统统改导入 I_{47}。状态 I_{47} 的作用是,不论面临的输入符号为 a,b 还是 #,都用 B→b 归约。经如此修改后的分析器行为与原来的分析器行为相类似,只是状态 I_{47} 无法及时发现输入串中所含的错误,将推迟错误的报告时间。事实上,在输入下一个符号之前错误仍将被查找出来。

如果除去搜索符之后,两个 LR(1)项目集是相同的,则我们称这两个项目集具有相同的心,即称这两个项目集为同心项目集。例如,图 5-17 中的 I_4 与 I_7 是同心项目集,它们具有相同的心 B→b·。类似地,还有 I_3 与 I_6,I_8 与 I_9 分别互为同心项目集。

LALR(1)分析的思想就是在文法的 LR(1)项目集规范族的基础上,将同心的项目集合并,从而得到 LALR(1)项目集规范族。若 LALR(1)项目集规范族不存在冲突,则可按这个项目集规范族构造 LALR(1)分析表。

由于 GO(I,X)的心仅仅依赖于 I 的心,因此 LR(1)项目集合并后的转换函数 GO 可通过 GO(I,X)自身的合并而得到,即在合并项目集时不需要同时考虑修改转换函数的问题。但要修改 ACTION 函数,使其能够反映各个被合并的项目集的动作。

假定有一个 LR(1)文法,它的 LR(1)项目集不存在动作冲突,但经合并同心项目集后,就可能产生动作冲突。然而,这种动作冲突绝不会是移进-归约冲突,因为如果存在这种冲突,则意味着:在某个合并后的项目集中,对于某个向前搜索符号 a,有一个项目[A→α·,a]要求采取归约动作,同时又有另一个项目[B→β·aγ,b]要求移进 a。也就是说,在合并前,必有某个 c,使得项目[A→α·,a]和项目[B→β·aγ,b]同处于某一项目集(合并前的项目集)中,但是这一点只能说明原来的 LR(1)项目集已存在移进-归约冲突,与假设不符。因此合并后的同心集并不会产生新的移进-归约冲突(因为是同心合并,所以只改变搜索符,而并不改变移进或归约动作,故不可能产生移进-归约冲突)。

但是同心集的合并有可能产生新的归约-归约冲突。下面,通过一个例子来说明这种情况。

【例 5.17】 构造如下文法 G[S]的 LR(1)项目集规范族,然后合并其同心项目集,并分析是否存在冲突项目:

$$S→aAd \mid bBd \mid aBe \mid bAe$$
$$A→c$$
$$B→c$$

解 ① 拓广文法,得 G[S′]:

$$S' → S$$
$$S → aAd$$
$$S → bBd$$
$$S → aBe$$
$$S → bAe$$
$$A → c$$
$$B → c$$

② 构造 LR(1)项目集规范族,如图 5-19 所示。

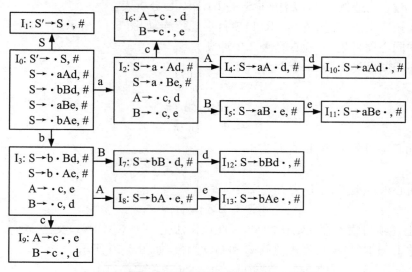

图 5-19　LR(1)项目集规范族 C 和 GO 函数

③ 合并同心集。从图 5-19 中可以看出,每一个项目集都不存在移进-归约冲突和归约-归约冲突。因此文法 G[S]是一个 LR(1)文法。由于 I_6 与 I_9 是同心项目集,将其合并为 I_{69}:

$$A \rightarrow c \cdot, d/e$$
$$B \rightarrow c \cdot, d/e$$

显然,项目集 I_{69} 中含有归约-归约冲突,这是因为当面临 d 或 e 时,我们不知道该用 A→c 还是用 B→c 进行归约。

> **特别注意**:合并同心集不可能带来移进-归约冲突,但有可能带来归约-归约冲突。

下面,给出构造 LALR(1)分析表的算法。其基本思想是:首先构造 LR(1)项目集规范族,如果它不存在冲突,就把同心集合并在一起;若合并之后的项目集规范族不存在归约-归约冲突,就按这个项目集规范族构造分析表。构造分析表的算法的主要步骤如下:

① 将文法 G 拓广为 G′,并构造文法 G′的 LR(1)项目集规范族 $C=\{I_0,I_1,\cdots,I_n\}$。

② 把所有的同心集合并在一起,记合并后的新族为 $C'=\{J_0,J_1,\cdots,J_m\}$,将含有项目 $[S' \rightarrow \cdot S, \#]$ 的 J_k 作为分析表的初态。

③ 从 C′构造 ACTION 表:

a. 若 $[A \rightarrow \alpha \cdot a\beta, b] \in J_k$ 且 $GO(J_k, a) = J_i (a \in V_T)$,则置 $ACTION[k, a] = s_i$,表示将 (i, a) 移进分析栈。

b. 若 $[A \rightarrow \alpha \cdot, a] \in J_k$ 且文法 G′中的产生式 A→α 的编号为 j,则置 $ACTION[k, a] = r_j$,表示按文法 G′的第 j 个产生式(A→α)进行归约。

c. 若 $[S' \rightarrow S \cdot, \#] \in J_k$,则置 $ACTION[k, \#] = acc$,表示"接受"。

④ GOTO 表的构造。假定 J_k 是 $I_{i1}, I_{i2}, \cdots, I_{it}$ 合并后的新集。由于所有这些 I_i 同心,因此 $GO(I_{i1}, X), GO(I_{i2}, X), \cdots, GO(I_{it}, X)$ 也同心。记 J_i 为所有这些 GO 函数合并后的项目集,那么就有 $GO(J_k, X) = J_i$。于是,若 $GO(J_k, A) = J_i$,则置 $GOTO[k, A] = j$。

⑤ 对分析表中凡不能用规则③和④填入信息的空白格均填上"出错标志"。

按上述步骤构造的分析表若不存在冲突,则称它为文法 G 的 LALR(1)分析表。存在这种分析表的文法称为 LALR(1)文法。使用这种分析表的 LR 分析器称为 LALR(1)分析器。

【例 5.18】 构造例 5.16 文法 G[S]的 LALR(1)分析表。

解 ① 拓广文法,并构造其 LR(1)项目集规范族,如图 5-17 所示。

② 合并同心项目集,并检查是否产生冲突。

a. 将同心项目集 I_3 与 I_6 合并为 I_{36}:

$$B \rightarrow a \cdot B, a/b/ \#$$
$$B \rightarrow \cdot aB, a/b/ \#$$
$$B \rightarrow \cdot b, a/b/ \#$$

b. 将同心项目集 I_4 与 I_7 合并为 I_{47}:

$$B \rightarrow b \cdot, a/b/\#$$

c. 将同心项目集 I_8 与 I_9 合并为 I_{89}:

$$B \rightarrow aB \cdot, a/b/\#$$

显然,上述项目集不存在动作冲突,因此该文法是一个 LALR(1)文法。

③ 构造 LALR(1)项目集规范族 C 和 GO 函数,如图 5-20 所示。

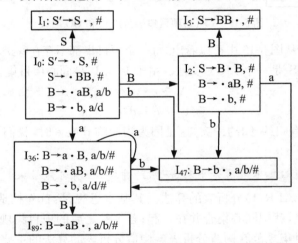

图 5-20 LALR(1)项目集规范族 C 和 GO 函数

④ 构造 LALR(1)分析表,如表 5-21 所示。

表 5-21 LALR(1)分析表

状态	ACTION			GOTO	
	a	b	#	S	B
0	s36	s47		1	2
1			acc		
2	s36	s47			5
36	s36	s47			89
47	r4	r4	r4		
5			r2		
89	r3	r3	r3		

当输入串为 a＊ba＊b 时,不论是表 5-20 的 LR(1)分析器还是表 5-21 的 LALR(1)分析器,都给出了同样的移进-归约序列。其差别只是状态名称不同而已。对于正确的输入串,LR(1)和 LALR(1)始终如影相随。但是当输入串有错误时,LR(1)能够及时发现错误,而 LALR(1)则可能还要继续执行一些多余的归约动作,但 LALR(1)绝不会比 LR(1)移进更多的符号,即就准确地指出输入串的出错位置这一点而言,LALR(1)和 LR(1)是等效的。例如,若输入串为 aab＃,则表 5-20 的 LR(1)分析器在将 a,a,b 逐个移进分析栈后的格局为

$$(0334,\#\ aab,\#)$$

此时,栈顶状态 4 面临输入符号＃,由于表 5-20 中 ACTION[4,＃]为出错标志,所以 LR(1)分析器将及时报告错误。然而,对于相同的符号串 aab＃,若用表 5-21 的 LALR(1)分析器分析,则将 a,a,b 逐个移进分析栈的格局为

$$(0363647,\#\ aab,\#)$$

这时,栈顶状态 47 面临输入符号＃,由于表 5-21 中 ACTION[47,＃]＝r4,即用产生式 B→b 进行归约,格局变为

$$(0363689,\#\ aaB,\#)$$

因为 ACTION[89,＃]＝r3,所以按产生式 B→aB 进行归约,格局将变为

$$(03689,\#\ aB,\#)$$

继续用 B→aB 进行归约,格局变为

$$(02,\#\ B,\#)$$

此时,栈顶状态 2 面临输入符号＃,但是 ACTION[2,＃]为出错标志,即 LALR(1)分析器此时将报错。从以上分析过程可以看出,LALR(1)分析器在 LR(1)分析器已发现错误之后,还继续执行了一些多余的归约,但绝不会执行新的移进。

至此,我们已经介绍了四类 LR 分析表。总体来说,这四类分析表的主要区别在于第②步(LALR(1)分析表的第③步),即对于项目集中含归约项目 A→α・ 的情况,在面临哪些符号时才允许使用产生式 A→α 进行归约,不同的分析算法有不同的规则。LR(0)分析表最简单,面临任何输入符号都采取归约动作;SLR(1)(简单的 LR(1))分析表规定只有当面临的输入符号 a 满足 a∈FOLLOW(A)时才允许按 A→α 进行归约;LR(1)分析表(规范的 LR 分析表)方法规定,只要当面临的输入符号 a 属于其项目([A→α・,a])的搜索符集时,才允许按 A→α 进行归约;LALR(1)(向前看 LR(1))分析表和 LR(1)分析表相类似,只是将 LR(1)中的同心项目集合并了。

四类 LR 分析表对应着四种 LR 文法和相应的 LR 分析器。那么对于任意给定的一个非二义性的文法 G,如何判断它属于哪一类文法呢?下面,通过一个流程图给出扼要的汇总,如图 5-21 所示。

【例 5.19】 考虑如下文法 G[S]是否是 LR(0),SLR(1),LR(1)和 LALR(1)文法,如果是,构造相应的分析表:

$$S→AS|b$$
$$A→SA|a$$

解 ① 拓广文法,得 G[S′]:

$$S' → S$$
$$S → AS$$
$$S → b$$

$$A \rightarrow SA$$
$$A \rightarrow a$$

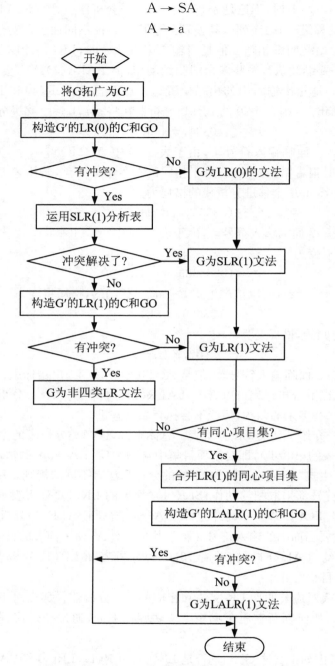

图 5-21　判断文法 G 属于哪一类 LR 文法的流程

② 构造 LR(0)项目集规范族 C 和 GO 函数，如图 5-22 所示。

③ 判断 G[S]是否为 LR(0)文法。从图 5-22 可以看出，项目集 I_1，I_5 和 I_7 存在移进-归约冲突。例如，在 I_5 中，当面临输入符号 a 时，归约项目 A→SA·指示按产生式 A→SA 进行归约，而移进项目 A→·a 指示应将 a 移进分析栈。所以文法 G[S]不是 LR(0)文法。

④ 判断 G[S]是否为 SLR(1)文法。考虑项目集 I_5，其中归约项目 A→SA·和移进项目 A→·a 及 S→·b 产生冲突。由于 FOLLOW(A)＝{a,b}且 FOLLOW(A)∩{a,b}≠∅,所

编
译
原
理

以运用 SLR(1)规则无法解决 I_5 中的移进-归约冲突,即文法 G[S]不是 SLR(1)文法。

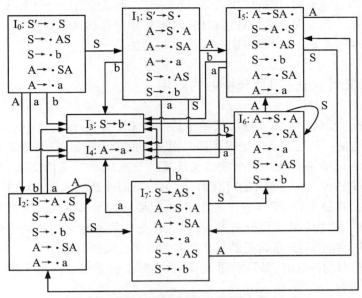

图 5-22　LR(0)项目集规范族 C 和 GO 函数

⑤ 构造 LR(1)项目集规范族 C 和 GO 函数,如图 5-23 所示。

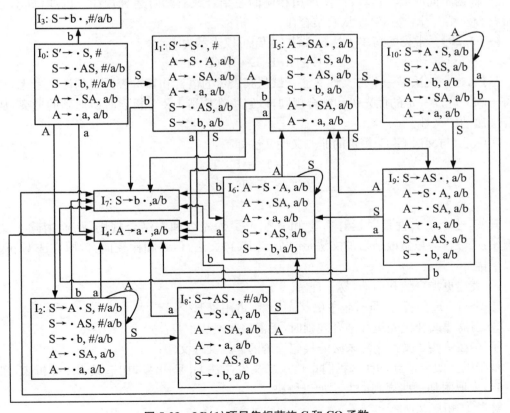

图 5-23　LR(1)项目集规范族 C 和 GO 函数

⑥ 判断 G[S]是否为 LR(1)文法。考虑图 5-23 中的项目集 I_5，项目[A→SA·,a/b]指明当面临输入符号 a 或 b 时，应按产生式 A→SA 归约，但是项目[S→·b,a/b]和[A→·a,a/b]分别表明面临 b 和 a 时应采取移进动作，因此 I_5 中存在移进-归约冲突，即文法 G[S]不是 LR(1)文法。当然，文法 G[S]也不是 LALR(1)文法。

5.3.6　二义性文法在 LR 分析中的应用

前面我们说过，任何一个二义性文法绝不是一个 LR 文法，因而也不是 SLR(1)文法或 LALR(1)文法，这是一条定理。但是很多二义性文法由于表达简单、清晰和自然，在说明和实现程序设计语言时非常有用。如果把二义性文法改造成非二义性文法，就可以应用 LR 分析技术。但是文法改造一方面增加了工作量，另一方面改造后的文法可能会面目全非，不容易理解和实现。实际上，对于有些二义性文法，只要增加足够的无二义性规则，即消除动作冲突的规则，就可以构造出 LR 分析器，而这些冲突一般不能由前述的方法（如向前查看更多的符号）解决。下面是三条常见的且非常有效的无二义性规则：

① 遇到移进-归约冲突时，采取移进动作，这实际上就是最长匹配原则，即给较长的产生式以较高的优先权。

② 遇到归约-归约冲突时，优先使用排在前面的产生式进行归约，即文法中，排在前面的产生式具有较高的优先权。

③ 根据不同的数学运算符号，采用相应的左结合或右结合运算规律。例如，算术运算通常符合左结合律，幂运算服从右结合律。

【例 5.20】　常见的简单表达式文法 G[E]可以表示为

$$E \rightarrow E + E | E * E | (E) | i$$

显然，这个文法是一个二义性文法。试从其表示的语言和算术表达式的语义考虑，对运算符＋和 * 施加一定的优先级和结合规则，以解决在构造 LR 分析表时所遇到的冲突，从而避开文法的二义性。

实际上，与文法 G[E]等价的非二义性文法如下：

$$E \rightarrow E + T | T$$
$$T \rightarrow T * F | F$$
$$F \rightarrow (E) | i$$

其实，这个文法就是对运算符＋和 * 赋予了优先级和左结合规则，从而消除了文法 G[E]的二义性。虽然改造后的文法是一个 SLR(1)文法，但是相比较而言，原文法 G[E]具有以下优势：

① 表述更加自然和简洁，易于理解。

② 进行 LR 分析时，具有较少的状态个数，占用资源少。

③ 当需要改变优先级和结合规则时，无需修改文法本身。

④ 存在一些二义性文法未必能找到等价的非二义性文法。

基于以上四个特点，下面，我们直接从二义性文法 G[E]出发，构造其 LR 分析表，遇到冲突时，采取附加一些规则的办法加以解决。

解　① 拓广文法：

$$E' \rightarrow E$$

$$E \rightarrow E + E$$
$$E \rightarrow E * E$$
$$E \rightarrow (E)$$
$$E \rightarrow i$$

② 构造 LR(0)项目集规范族 C 和 GO 函数,如图 5-24 所示。

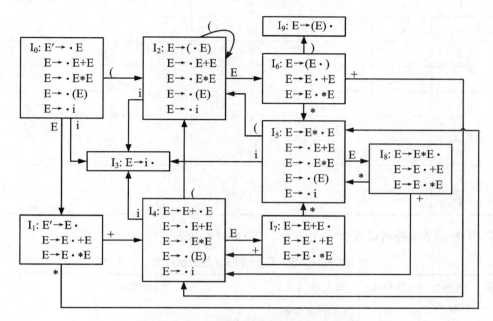

图 5-24　LR(0)项目集规范族 C 和 GO 函数

③ 构造 SLR(1)分析表。观察图 5-24 可知,状态 I_1 存在移进-接受冲突,但这种冲突可以运用 SLR(1)规则予以解决。因为 FOLLOW(E′)={#},所以只有在面临的输入符号为 # 时,才执行接受动作,当面临+或 * 时,执行移进动作。然而,状态 I_7 和 I_8 中的移进-归约冲突使用 SLR(1)规则并不能得到解决。例如,状态 I_7 中存在归约项目 E→E+E· 和移进项目 E→E· +E,E→E· * E 冲突,从文法 G[E]中很容易得出 FOLLOW(E)={#,+,*,)},但 FOLLOW(E)∩{+,*}≠∅,因此无论是面对+还是面对 *,分析器都无法决定是执行归约动作还是执行移进动作。状态 I_8 中也有类似的问题。事实上,这两个状态存在的冲突使用 LR(1)规则也不能得到解决,因为文法 G[E]是一个二义性文法(读者可以自行构造 LR(1)项目集规范族来分析)。

为此,我们需根据文法所表示的语言的语义来限定运算符+和 * 的优先级及结合规则来唯一确定分析动作。通常规定 * 的优先级高于+,并且它们都服从左结合规则。这样,当状态 I_7 呈现于栈顶时:若面临输入符号+,因为+运算符服从左结合规则,所以应首先将栈顶端的 E+E 归约到 E,即此时采取归约动作;若面临 *,则由于 * 运算符的优先级高于+运算符,这时应该等到 * 及其左右运算对象归约到 E 后,才进行+及其左右对象的归约,所以这时应该将 * 移进分析栈。类似地,运用这些规则同样能够解决状态 I_8 中的冲突。

按照以上解决方法,得到文法 G[E]的 LR 分析表,如表 5-22 所示。

表 5-22 二义性的表达式文法 G[E]的 LR 分析表

状态	ACTION						GOTO
	i	+	*	(	)	#	E
0	s3			s2			1
1		s4	s5			acc	
2	s3			s2			6
3		r5	r5		r5	r5	
4	s3			s2			7
5	s3			s2			8
6		s4	s5		s9		
7		r2	s5		r2	r2	
8		r3	r3		r3	r3	
9		r4	r4		r4	r4	

利用表 5-22 来分析输入串 i＊i＋i＃ ,其分析过程如表 5-23 所示。

表 5-23 输入串 i＊i＋i＃ 的分析过程

步骤	状态栈	符号栈	输入串	动作说明
1	0	＃	i＊i＋i＃	初始
2	0 3	＃i	＊i＋i＃	ACTION[0,i]＝s3,移进 3 和 i
3	0 1	＃E	＊i＋i＃	ACTION[3,＊]＝r5,按 E→i 归约,GOTO[0,E]＝1
4	0 1 5	＃E＊	i＋i＃	ACTION[1,＊]＝s5,移进 5 和 ＊
5	0 1 5 3	＃E＊i	＋i＃	ACTION[5,i]＝s3,移进 3 和 i
6	0 1 5 8	＃E＊E	＋i＃	ACTION[3,＋]＝r5,按 E→i 归约,GOTO[5,E]＝8
7	0 1	＃E	＋i＃	ACTION[8,＋]＝r3,按 E→E＊E 归约,GOTO[0,E]＝1
8	0 1 4	＃E＋	i＃	ACTION[1,＋]＝s4,移进 4 和 ＋
9	0 1 4 3	＃E＋i	＃	ACTION[4,i]＝s3,移进 3 和 i
10	0 1 4 7	＃E＋E	＃	ACTION[3,＃]＝r5,按 E→i 归约,GOTO[4,E]＝7
11	0 1	＃E	＃	ACTION[7,＃]＝r2,按 E→E＋E 归约,GOTO[0,E]＝1
12	0 1	＃E	＃	ACTION[1,＃]＝acc,分析成功,过程结束

对比 5.3.1 小节的表 5-13 的分析过程(使用的分析表为表 5-12,即非二义性表达式文法的 SLR(1)分析表),可以发现,二义性表达式文法在规定了优先关系和结合性后,用 LR 文法分析的速度要比用非二义性 LR 文法分析的速度快,主要是因为前者跳过了一些单非产生式,如 E→T。

对于其余的二义性文法,运用类似的方法予以处理,就可能构造出无冲突的 LR 分析表。

本节讨论了使用 LR 分析法的基本思想,并借助一些其他条件,来分析二义性文法定义的语言。这就是针对二义性文法产生的原因,进行一些人为的限定并确定相应规则。在构造分析表时,依据这些因素来填写表中的某些元素,可避免文法的二义性,得到可以正确进行语法分析的 LR 分析表。

特别注意:任何 LR 文法都绝不是二义性的。

5.3.7 LR 分析中的出错处理

在 LR 分析过程中,LR 分析器在查询 ACTION 表时,遇到空白项或出错标志就意味着发现了错误。这时,输入符号不能移入栈顶,栈顶元素也不能归约。LR 分析器进行错误诊断的特点是一旦源程序中出现错误可以立即报告,而且错误定位准确。特别是规范 LR 分析,在归约过程中,分析栈中保存了已归约了的输入串的充分的信息,一旦栈顶的文法符号可能构成一个句柄,栈顶状态和未来的输入符号将唯一确定是否应该归约以及如何归约,因此它不会进行无效的归约。对 SLR(1)分析和 LALR(1)分析来说,当输入串有错误时,可能比规范的 LR 分析多进行几步不必要的归约,但是绝不会多移进错误的输入符号。因此各种 LR 分析器在错误定位方面是等效的。

在 LR 分析中,对错误的处理往往采用应急模式的错误诊断和进行局部化错误校正两种方法,其相应的出错处理子程序的设计也比较简单。具体来说,对错误的处理方法一般分为两类方法:一类是在输入串的出错点采用插入、删除或修改的方法,如若源程序中有错误的表达式 a*/b,处理方法是在 * 后面插入一个运算对象;另一类是在分析到某一含有错误的短语时,该短语不能与语法上任意一个非终结符能推出的符号串匹配,这时采取将后续的输入符号移进栈内,实际上就是跳过部分输入串,直至找到能推出该短语的非终结符号的跟随符号为止,其实质是将含有错误的短语局部化。一般来说,若含有错误的符号串 α 是由非终结符 A 推出的且 α 的一部分错误已经得到处理,则分析器将跳过 α 的未处理的剩余符号串,直到找到一个 a(a∈V_T 且 a∈FOLLOW(A))。然后将栈顶的内容依次移去,直到找到一个状态 s,状态 s 与 A 有一个新的状态 GOTO[s,A]=s′,将 s′压入栈。为此分析器认为 A 已经获得匹配并将其局部化,分析可以继续进行。

在 ACTION 表的每一空项内,可以填入一个指示器,指向特定的出错处理子程序。第一类错误的处理一般采用插入、删除或修改的方法。但要注意,不能从栈内移去任何代表已成功被分析了的程序中的某一成分的状态。

【例 5.21】 构造表达式文法 G[E]

$$E{\rightarrow}E+E|E*E|(E)|i$$

的带有错误处理的 LR 分析表。

解 表 5-24 显示了该文法的一个带有错误处理的 LR 分析表,它在表 5-22 的基础上增加了错误诊断或恢复。

把某些错误条目改成归约,这样就会推迟错误的发现,多执行一步或几步归约,但仍在移进下一个符号前发现错误。增加的错误处理过程位于表中无法用 LR 规则填写的空表单元,用 e 表示错误处理过程,含义如下:

① e1:调用的条件是分析器处于状态 0,2,4 或 5,输入符号是＋, * 或输入串结束标志

。因为此时期望的正确输入符号是运算符的起始符号，如 i 或左括号。执行的动作是把假想的 i 压入栈顶，上面盖上状态 3（状态 0,2,4 或 5 面临 i 时所转移的状态），给出错误诊断信息"缺少运算对象"。

② e2：调用的条件是分析器处于状态 0,1,2,4 或 5，面临的输入符号为右括号。执行的动作是删除右括号，给出错误诊断信息"不匹配的右括号"。

③ e3：调用的条件是分析器处于状态 1 或 6，输入符号是 i 或左括号（期望运算符）。执行的动作是把＋压入栈顶，上面盖上状态 4，给出错误诊断信息"缺少运算符"。

④ e4：调用的条件是分析器处于状态 6，面临的输入符号是＃（期望运算符或右括号）。执行的动作是把右括号压入栈顶，上面盖上状态 9，给出错误诊断信息"缺少右括号"。

表 5-24 二义性表达式文法 G[E] 的具有错误处理的 LR 分析表

状态	ACTION						GOTO
	i	＋	*	（	）	＃	E
0	s3	e1	e1	s2	e2	e1	1
1	e3	s4	s5	e3	e2	acc	
2	s3	e1	e1	s2	e2	e1	6
3	r5	r5	r5	r5	r5	r5	
4	s3	e1	e1	s2	e2	e1	7
5	s3	e1	e1	s2	e2	e1	8
6	e3	s4	s5	e3	s9	e4	
7	r2	r2	s5	r2	r2	r2	
8	r3	r3	r3	r3	r3	r3	
9	r4	r4	r4	r4	r4	r4	

假设有一个错误的输入串 i＋)＃，其采用表 5-24 的 LR 分析过程如表 5-25 所示。

表 5-25 输入串 i＋)＃ 的 LR 分析过程

步骤	状态栈	符号栈	输入串	动作	备注
1	0	＃	i＋)＃	初始	
2	0 3	＃i	＋)＃	移进 i	
3	0 1	＃E	＋)＃	按 E→i 归约	
4	0 1 4	＃E＋	)＃	移进＋	
5	0 1 4	＃E＋	＃	调用 e2 子程序处理	)被 e2 删除
6	0 1 4 3	＃E＋i	＃	调用 e1 子程序处理	e1 插入 i,移进 3 和 i
7	0 1 4 7	＃E＋E	＃	按 E→i 归约	
8	0 1	＃E	＃	按 E→E＋E 归约	
9	0 1	＃E	＃	分析完毕,过程结束	

在 LR 分析法中，算法的能力也表现在对错误发现的早晚方面。例如，LR(1) 分析器发

现错误的时间比 SLR(1)或 LALR(1)分析器发现错误的时间要早,而 SLR(1)分析器发现错误的时间比 LR(0)分析器发现错误的时间要早。

5.4 语法分析器的自动产生工具——YACC

LR 分析器的功能虽然很强,能够分析一大类上下文无关文法,但是手工构造分析程序(分析表)较为复杂,其工作量相当大。所幸的是,现在已有多种自动产生这种分析程序的产生器,如 YACC,OCCS,LLama,LLGen 等。由贝尔实验室设计的 YACC(yet another compiler-compiler)是目前应用最广的语法分析器生成工具。OCCS(other compiler-compiler system)是由 A. I. Holub 开发的与 YACC 类似的工具,它为用户提供了一个功能较为完善的窗口调试环境。LLama 是由美国加州大学伯克利分校的 A. Hollub 研制的一种 LL(1)分析器的自动生成工具。后者与前两者使用方法类似,区别在于前两者生成的是自下而上的语法分析器,而后者生成的 LL(1)分析器是自上而下的。LLGen 是由 J. Mauney 研制出的 LL(1)分析器的自动生成工具。

下面,主要对应用较广的 YACC 做简要介绍。它是由 S. C. Johnson 等人在贝尔实验室研制开发的,早期作为 UNIX 操作系统中的一个实用程序。从字面上理解,YACC 是一个编译程序的编译程序,但严格说它只是一个语法分析程序的自动产生器。

YACC 的作用是:输入用户提供的语言的语法描述规格说明(称为 YACC 源程序),基于 LALR 语法分析的原理,自动构造一个该语言的语法分析器(图 5-25),同时,它还能根据源程序中给出的语义子程序建立规定的翻译。

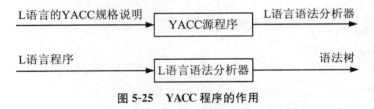

图 5-25 YACC 程序的作用

YACC 规格说明由说明部分、翻译规则和辅助过程三部分组成,其形式如下:

说明部分

%%

翻译规则

%%

辅助过程

下面以构造台式计算器的翻译程序为例,介绍关于 YACC 规格说明。

【例 5.22】 用一个台式计算器读一个算术表达式,并进行求值,然后打印其结果。设其算术表达式的文法如下:

$$E \rightarrow E+T \mid T$$
$$T \rightarrow T * F \mid F$$
$$F \rightarrow (E) \mid digit$$

147

其中 digit 表示 0~9 的数字。根据以上文法写出 YACC 规格说明。

解 YACC 规格说明如下：

```
%{
# include<ctype.h>
%}
token DIGIT
%%
line    :expr'\n'{printf("%d\n",$1);}
        ;
expr    :expr'+'term{$$=$1+$3;}
        |term
        ;
term:   term'*'factor{$$=$1*$3;}
        |factor
        ;
factor  :'('expr')'{$$=$2;}
        |DIGIT
        ;
%%
yylex()
{
   int c;
   c=getchar();
   if(isdigit(c))
   {
      yylval=c-'0';
      return DIGIT;
   }
   return c;
}
```

在 YACC 规格说明里,说明部分包括可供选择的两部分,用 %{ 和 %} 括起来的部分是 C 语言程序的正规说明,可以说明翻译规则和辅助过程里使用的变量和函数的类型。例中只有一个语句

$$\# \text{ include}<\text{ctype.h}>$$

将导致 C 预处理器把包含 isdigit 函数说明的头文件<ctype.h>引进来。语句

$$\%\text{token DIGIT}$$

指出 DIGIT 是 token 类型的词汇,供后面两部分引用。

在第一个%%之后是翻译规则,每条规则由文法的产生式和相关的语义动作组成,形如

$$A \rightarrow \alpha_1 \mid \alpha_2 \mid \cdots \mid \alpha_n$$

的产生式,在 YACC 规格说明里写成

$$
\begin{array}{lll}
A: & \alpha_1 & \{语义动作 1\} \\
\mid & \alpha_2 & \{语义动作 2\}
\end{array}
$$

......

$\qquad$|　　αₙ　　　〔语义动作 n〕

$\qquad$;

在 YACC 产生式里,将用单引号引起来的单个字符'c'看成是终结符号 c,将没被引起来并且也没被说明成 token 类型的字母、数字串看成是非终结符号。产生式的左部非终结符之后是一个冒号,右部候选式之间可以用竖线分隔。产生式的末尾,即其所有右部和语义动作之后,用分号表示结束。将第一个产生式的左部非终结符看成是文法的开始符号。

YACC 的语义动作是 C 语言的语句序列。在语义动作里,符号 $ $ 表示和左部非终结符相关的属性值,$1 表示和产生式右部第一个文法符号(终结符或非终结符)相关的属性值,$3 表示和产生式右部第三个文法符号相关的属性值。由于语义动作都放在产生式可选右部的末尾,所以在归约时执行相关的语义动作。这样,可以在每个 $i 的值都求出之后再求 $ $ 的值。在上述规格说明里,产生式 E→E+T|T 及相关的语义动作表示为

$\qquad$expr　　:expr'+'term　{$ $ = $1+ $3;}

$\qquad$|term

$\qquad$;

表示产生式右部非终结符 expr 的属性值加上非终结符 term 的属性值,结果作为左部非终结符 expr 的属性值,从而规定出按照这一产生式进行求值的语义动作。我们省略了第二个产生式候选求值的语义动作。本来这一行的末尾应该设置为

$\qquad${$ $ = $1;}

但考虑这种原封不动地进行复制的语义动作没有意义,所以省略。在 YACC 源程序中,我们加入了一个新的产生式:

$\qquad$line　　:expr'\n'　{printf("%d\n", $1);}

表示关于台式计算器的输入是一个算术表达式,其后用一个换行符表示输入结束。与该产生式相关的语义动作

$\qquad${printf("%d\n", $1);}

打印关于非终结符 expr 的属性值,即表达式的结果值。

第二个 %% 之后是辅助过程,它由一些 C 语言函数组成,其中必须包含名为 yylex 的词法分析器。其他例程,如 error 错误处理例程,可根据需要加入。每次调用函数 yylex( )时,得到一个单词符号,该单词符号包括两部分:一部分是单词种别,单词种别必须在 YACC 源程序第一部分中说明;另一部分是单词自身值,通过 YACC 定义的全程变量 yylval 传递给语法分析器。

5.5　本　章　小　结

自下而上语法分析是从输入串开始,逐步进行归约,直至归约到文法的开始符号。也就是说,自下而上分析从语法树的末端开始,逐步向上,直到根结点。自下而上分析通常采用移进-归约法作为基本实现技术,其实现的核心问题是如何寻找可归约串。根据对可归约串的刻画方式的不同,有不同的分析方法,主要有算符优先分析法和 LR 分析法。

算符优先分析法通过定义算符终结符之间的优先关系,并借助于这种优先关系寻找最左素短语,以其来刻画可归约串,即一旦发现最左素短语就进行归约。算符优先分析法不是一种规范归约法。由于它没有定义文法非终结符之间的优先关系,所以在分析过程中,它将跳过所有的单非产生式,这也就是说,算符优先分析法要比规范归约法分析速度快。但这也是它的缺陷所在,容易导致将非法输入串误判为合法句子的错误。

LR 分析法是一种规范归约的实现方法,用句柄来刻画可归约串。分析表的构造是 LR 分析法的关键,我们介绍了四种不同分析表的构造方法。第一种,也是最简单的一种,是 LR(0)表构造法,这种方法的局限性较大,但它是建立其他较一般的 LR 分析法的基础;第二种是 SLR(1)分析表构造法,虽然,有一些文法构造不出 SLR(1)表,但是这是一种比较容易实现又很有实用价值的方法;第三种是规范 LR(1)表构造法,这种方法能力最强,能够适用于一大类文法,但实现代价过高,或者说,分析表的体积非常大;第四种是 LALR(1)表构造法,这种方法的能力介于 SLR(1)表和规范 LR(1)表之间,稍加努力,就可以高效地实现,LALR(1)表是语法分析器自动构造工具 YACC 的基础。我们还讨论了如何使用二义性文法简化语言描述和产生高效的 LR 分析器。

习 题 5

1. 解释下列名词:

(1) 短语。

(2) 直接短语。

(3) 句柄。

(4) 素短语。

(5) 最左素短语。

(6) 规范归约。

(7) 算符文法。

(8) 算符优先文法。

(9) LR(0)项目。

(10) 活前缀。

(11) 可归前缀。

(12) LR(1)项目。

2. 根据要求回答下列问题:

(1) 阐述自下而上语法分析法的基本思想。这种分析法的核心问题是什么?

(2) 一般来说,有哪两种自下而上语法分析法?

(3) 算符优先分析法是如何寻找可归约串的?

(4) 说明算符优先分析法的特点。

(5) 简述算符优先关系表和优先函数之间的关系。

(6) 简述 LR 分析法的基本思想。

(7) LR 分析器由哪几个部分组成? 各组成部分有什么作用?

(8) 解释 LR 分析器的工作过程。

(9) LR 分析器是如何寻找可归约串的?

（10）有哪几类 LR 分析器？它们的分析能力如何？

（11）构造 LR 分析表时，为什么要进行文法拓广？

（12）说明四种 LR 分析表的异同点。

（13）LR 分析中会遇到哪两种冲突？解释它们的含义。

3. 给定下列文法 G[A]：

$$A \rightarrow f(L)$$
$$L \rightarrow BD$$
$$D \rightarrow BD$$
$$B \rightarrow A \mid i$$

请给出句型 f(Af(iD)D) 的所有短语、直接短语、句柄、素短语和最左素短语。

4. 设文法 G[E] 为

$$E \rightarrow E+T \mid E-T \mid T$$
$$T \rightarrow T * F \mid T/F \mid F$$
$$F \rightarrow F \uparrow P \mid P$$
$$P \rightarrow (E) \mid i$$

求以下句型的短语、直接短语、句柄、素短语和最左素短语。

(1) E−T/F+i。

(2) E+F/T−P↑i。

(3) T * (T−i)+P。

(4) (i+i)/i−i。

5. 已知布尔表达式文法 G[B]：

$$B \rightarrow BoT \mid T$$
$$T \rightarrow TaF \mid F$$
$$F \rightarrow nF \mid (B) \mid t \mid f$$

（1）文法 G[B] 是算符文法吗？

（2）若是，计算文法所有非终结符的 FIRSTVT 集和 LASTVT 集。

（3）构造算符优先关系表，并说明该文法是否为算符优先文法。

（4）给出输入串 tontaf 的算符优先分析过程。

6. 已知文法 G[S]：

$$S \rightarrow a \mid \hat{} \mid (T)$$
$$T \rightarrow T,S \mid S$$

（1）给出句子 (a,(a,a)) 的规范推导和规范归约序列。

（2）给出句子 (a,(a,a)) 的规范归约分析过程。

7. 设有文法 G[R]：

$$R \rightarrow b \mid (T)$$
$$T \rightarrow T,R \mid R$$

（1）构造该文法的算符优先关系表。

（2）构造该文法的优先函数。

8. 构造下列文法的 LR(0) 分析表，并说明它们是否为 LR(0) 文法。

(1) S→aSSb|aSSS|c。

  (2) S→Aa|bB

    A→cA|d

    B→cB|d。

  (3) S→cA|ccB

    B→ccB|b

    A→cA|a。

9. 说明下列文法是否为 SLR(1)文法,若是,构造 SLR(1)分析表;若不是,请说明理由。

  (1) S→aSb|bSa|ab。

  (2) S→Sab|bR

    R→S|a。

  (3) S→SAB|BA

    B→b

    A→aA|B。

  (4) S→AaAb|BbBa

    A→ε

    B→ε。

10. 设有文法 G[S]:

$$S→bASB|bA$$
$$A→dSa|e$$
$$B→cAa|c$$

  (1) 构造该文法的 SLR(1)分析表。

  (2) 给出输入串 bdbeabecea 的 SLR 分析过程。

11. 构造下列文法的 LR(1)分析表。

  (1) S→AA|ε

    A→aA|b。

  (2) E→E+T|T

    T→T*F|F

    F→(E)|i。

12. 说明下列文法是 SLR(1)文法还是 LALR(1)文法? 并构造相应的分析表。

  (1) E→E+T|T

    T→TF|T

    F→(E)|F*|a|b。

  (2) S→Aa|bAc|dc|bda

    A→d。

13. 证明以下文法是 LR(1)文法,但不是 LALR(1)文法:

$$S→aAd|bBd|aBe|bAe$$
$$A→g$$
$$B→g$$

14. 判断以下文法是四类 LR 文法中的哪一类?

$$S→aA$$

$$A \rightarrow cAd \mid \varepsilon$$

15. 设有以下文法：

$$E \rightarrow wEdE \mid i=E \mid E+E \mid i$$

（1）判定该文法具有二义性。

（2）构造该文法无冲突的 LALR(1) 分析表。

16. 给定文法：

$$S \rightarrow dSoS \mid dS \mid S;S \mid a$$

（1）构造识别该文法可归前缀的 DFA。

（2）该文法是 LR(0) 文法吗？是 SLR(1) 文法吗？说明理由。

（3）若对一些终结符的优先级以及算符的结合规则规定如下：

① o 优先性大于 d。

② ; 服从左结合。

③ ; 优先性大于 d。

④ ; 优先性大于 o。

请构造该文法的无冲突的 LR 分析表。

17. 根据程序设计语言的一般要求，为定义条件语句的二义性文法 G[S] 构造 SLR(1) 分析表，要求写出步骤和必要的说明。其中 G[S] 文法如下：

$$S \rightarrow iSeS \mid iS \mid a$$

【实验 3】 语法分析器设计之二——算符优先分析器设计

1. 实验目的和要求

（1）理解自下而上分析算法的构造思想。

（2）理解算符文法和算符优先文法的概念。

（3）掌握 FIRSTVT 集、LASTVT 集和算符优先关系表的构造方法。

（4）理解素短语和最左素短语的概念，并掌握其寻求方法。

（5）理解算符优先分析算法，能够使用某种高级语言实现一个算符优先分析程序。

2. 实验内容

编写一个算符优先分析程序，使它能实现以下功能：

（1）输入文法，判断其是否为算符文法。

（2）构造并输出该文法的每个非终结符的 FIRSTVT 集和 LASTVT 集。

（3）构造并输出算符优先分析表，判断其是否为算符优先文法，若不是提示无法进行分析。

（4）任意输入一个输入串，可得到分析成功或错误的提示，输出其分析过程或打印语法树。

【实验4】 语法分析器设计之三——LR 分析器设计

1. 实验目的和要求

(1) 理解移进-归约分析法的基本思想和关键问题。

(2) 理解 LR 分析器的工作原理。

(3) 理解句柄、LR(0)项目、LR(1)项目、活前缀、可归前缀等术语的概念。

(4) 掌握以下四种分析表的构造方法:LR(0)表、SLR(1)表、LR(1)表和 LALR(1)表。

(5) 理解 LR 分析器的算法,能够使用某种高级语言实现一个 LR 分析程序。

2. 实验内容

编写一个 LR 分析程序,其中分析表可选择 LR(0)表、SLR(1)表、LR(1)表和 LALR(1)表中的任何一种,使它能实现以下功能:

(1) 输入文法,判断其是否为相应 LR 文法。

(2) 构造并输出该文法的项目集规范族 C。

(3) 构造并输出相应的 LR 分析表。

(4) 任意输入一个输入串,可得到分析成功或错误的提示,输出其分析过程或打印语法树。

第6章 语法制导翻译和语义分析

【学习目标】 理解属性、属性文法、S-属性文法、L-属性文法等相关概念；理解基于属性文法的语法制导翻译技术的基本思想；熟悉常见的中间代码；掌握不同语法结构的语法制导翻译技术。

在编译过程中，一个高级程序设计语言经词法分析，得到一个个具有独立意义的单词符号序列，再经语法分析，得到各类语法单位。接下来将进行语义分析与处理。

语义分析与处理的主要任务：

第一，审查每个语法结构的静态语义，即验证语法结构合法的源程序是否真正有意义。有时把这项工作称为静态语义分析或静态语义审查。

第二，若静态语义正确，则执行语义翻译，即用另一种语言形式（比源语言更接近于目标语言的一种中间代码或目标代码）来描述这种语义。

本章引入属性文法作为高级程序设计语言语义的描述工具，采用语法制导翻译技术完成对语法成分的翻译工作。主要介绍属性文法、语法制导翻译技术的基本思想、常见的中间代码形式（如逆波兰式、三元式和树形表示、四元式等）以及各种不同语法结构（如算术表达式、赋值语句、布尔表达式、条件语句、循环语句）的语法制导翻译方法。

6.1 属性文法与语法制导翻译

6.1.1 属性及属性文法

属性文法是 Knuth 于 1968 年最早提出的，后来被用于编译程序的设计。它是实际应用中比较流行的、接近形式化的一种语义描述方法，也就是说，它是用来描述高级程序设计语言语义的一种常用工具。一个属性文法包含一个上下文无关文法和一系列语义规则，这些语义规则附在文法的每个产生式上，在语法分析过程中，完成附加在所使用的产生式上的语义规则描述的动作，从而实现语义处理。

1. 属性

属性一般用来描述客观存在的人和事物的特性。例如，学生的学号、姓名、性别、年龄等；商品的型号、颜色、重量、价格等。这些都是人和事物固有的特征。对编译程序使用的语法树中的结点，同样可以使用"类型""值"或"存储位置"等属性来描述它。

2. 属性文法

形式上定义为一个三元组 $A=(G,V,F)$。其中 G 表示一个上下文无关文法；V 表示属性的有穷集；F 表示属性的断言或谓词的有穷集。在属性文法中：

① 每个属性与文法中的某个符号 X(终结符或非终结符)相关联，用"X. 属性"表示这种关联。例如，X. type 表示与 X 关联的属性 type。

② 每个断言与文法的某产生式相关联。与一个文法产生式相关联的断言也是这个文法在产生式上定义的一组语义规则。

例如，对于一个简单表达式文法：

$$E \to N^1 + N^2 \mid N^1 \text{ or } N^2$$
$$N \to num \mid true \mid false$$

因为 N 在同一个产生式里出现了两次，从语义角度看，它们表示不同的含义，所以使用上角标将它们区分开。

对上面的表达式的类型检查的属性文法可写成表 6-1 的形式。在属性文法中使用 N. type的形式表示与非终结符 N 相关联的属性 type，type 的值要么是 int，要么是 bool。与非终结符 E 的产生式相关联的断言指明，两个 N 的属性必须相同。

表 6-1　类型检查的属性文法

产生式	语义规则
① $E \to N^1 + N^2$	$\{N^1. \text{type} == \text{int and } N^2. \text{type} == \text{int}\}$
② $E \to N^1 \text{ or } N^2$	$\{N^1. \text{type} == \text{bool and } N^2. \text{type} == \text{bool}\}$
③ $N \to num$	$\{N. \text{type} = \text{int}\}$
④ $N \to true$	$\{N. \text{type} = \text{bool}\}$
⑤ $N \to false$	$\{N. \text{type} = \text{bool}\}$

特别注意：一个属性文法包含一个上下文无关文法和一系列语义规则。

6.1.2　综合属性与继承属性

属性文法中的属性分成两类：综合属性和继承属性。一般情况下，综合属性用于自下而上传递信息，继承属性用于自上而下传递信息。在编译的许多实际应用中，属性和断言可以多种形式出现，也就是说，与每个文法符号相关联的可以是各种属性、断言及语义规则，或者某种程序设计语言的程序段等。下面给出一些例子。

【例 6.1】 描述简单算术表达式求值的属性文法。

解　简单算术表达式求值的属性文法描述如表 6-2 所示。

在表 6-2 的语义规则描述中，每个非终结符都有一个属性 val，表示整数值，如 E. val，T. val，F. val 分别表示 E，T，F 的整数值。按照语义规则，对于每个产生式来说，它的左部 E，T，F 的属性值的计算是由它右部非终结符的属性值决定的，这种属性称为综合属性。单词 digit 仅有综合属性，它的值是由词法分析程序提供的。与产生式 $L \to E$ 相关联的语义规则是一个过程 print(E. val)，其功能是打印由 E 产生的表达式值。L 在语义规则中没有出现,我们可以理解为 L 的属性是空的或是虚的,并称其为虚属性。

表 6-2

产生式	语义规则
① L→E	{print(E. val);}
② E→E^1＋T	{E. val＝E^1. val＋T. val;}
③ E→T	{E. val＝T. val;}
④ T→T^1 ＊ F	{T. val＝T^1. val ＊ F. val;}
⑤ T→F	{T. val＝F. val;}
⑥ F→(E)	{F. val＝E. val;}
⑦ F→digit	{F. val＝digit. lexval;}

【例 6.2】 描述说明语句中变量类型信息的属性文法。

解 说明语句中变量类型信息的属性文法描述如表 6-3 所示。

表 6-3

产生式	语义规则
① D→TL	{L. in＝T. type;}
② T→int	{T. type＝int;}
③ T→float	{T. type＝float;}
④ L→L^1, id	{L^1. in＝L. in;addtype(id. entry, L. in);}
⑤ L→id	{addtype(id. entry, L. in);}

例 6.2 中的文法定义了一种变量说明语句,与之对应的形式为:int id_1, id_2, $\cdots$, id_n 或 float id_1, id_2, $\cdots$, id_n。非终结符 T 有综合属性 type,它的值由产生式右部 int 或 float 决定。与产生式 D→TL 相关联的语义规则 L. in＝T. type 描述将产生式右部非终符 T. type 的属性值传递给 L. in 属性。L. in 属性被确定后,在与 L 产生式相关联的规则里将使用它,即它沿着语法树传递到下边的结点,因此把这种属性称为继承属性。例如,图 6-1 通过语法树示意说明语句串 int a,b 的属性传递情况,图中用"→"表示属性传递过程。

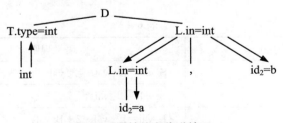

图 6-1 属性信息传递情况

语义规则中过程 addtpye 的功能是把每个标识的类型信息登记到符号表中相关项(id. entry)中。

说明:

① 非终结符既可有综合属性也可有继承属性,但文法开始符号没有继承属性。

157

② 终结符只有综合属性。

特别注意：属性文法中的属性主要包含两种：综合属性和继承属性。其中综合属性用于自下而上地传递信息，而继承属性用于自上而下地传递信息。

6.1.3 S-属性文法与L-属性文法

为提高编译效率，通常可用一遍扫描实现属性文法的语义规则计算。也就是说，在语法分析的同时完成语义规则的计算，无需明显地构造语法树或构造属性之间的依赖图，在单遍扫描中完成翻译。那么如何实现这种翻译器呢？对于一个一般的属性文法，建立翻译器可能比较困难，然而对于属性设置做了一定限制的S-属性文法或L-属性文法，建立翻译器很容易实现，因为它允许一次遍历就计算出所有属性值。

S-属性文法，若对于每个产生式 $A \rightarrow X_1 X_2 \cdots X_n$，每个语义规则中的每个属性都是综合属性，则称这个属性文法为S-属性文法。

L-属性文法，若对于每个产生式 $A \rightarrow X_1 X_2 \cdots X_n$，每个语义规则中的每个属性或者是综合属性，或者是 $X_j (1 \leqslant j \leqslant n)$ 的一个继承属性且这个继承属性仅依赖于：

① 产生式 X_j 在左边符号 $X_1, X_2, \cdots, X_{j-1}$ 的属性。

② A 的继承属性。

则称这个属性文法为L-属性文法。

显然，S-属性文法一定是L-属性文法，因为①，②限制只用于继承属性。

S-属性文法适用于自下而上地计算，L-属性文法既适用于自上而下地计算，又适用于自下而上地计算。

【**例 6.3**】 描述二进制符号串文法 G[S]：
$$S \rightarrow L. L \mid L$$
$$L \rightarrow LB \mid B$$
$$B \rightarrow 0 \mid 1$$

设计 G[S] 对应的属性文法，在单遍扫描中完成翻译，并将其二进制的值保存到综合属性 val 中。例如，当输入 110.101 时，S. val=6.625。

解 设 val，length 为综合属性，其中 val 表示值属性，length 表示长度属性。对应的属性文法如表 6-4 所示。

表 6-4

产生式	语义规则
① $S \rightarrow L^1 . L^2$	$\{ S. val = L^1. val + L^2. val / 2^{L2. length} ; \}$
② $S \rightarrow L$	$\{ S. val = L^1. val; \}$
③ $L \rightarrow L^1 B$	$\{ L. val = L^1. val * 2 + B. val;$ $L. length = L. length + 1; \}$
④ $L \rightarrow B$	$\{ L. val = B. val; L. length = 1; \}$
⑤ $B \rightarrow 0$	$\{ B. val = 0; \}$
⑥ $B \rightarrow 1$	$\{ B. val = 1; \}$

二进制数 110.101 的翻译过程如图 6-2 所示。

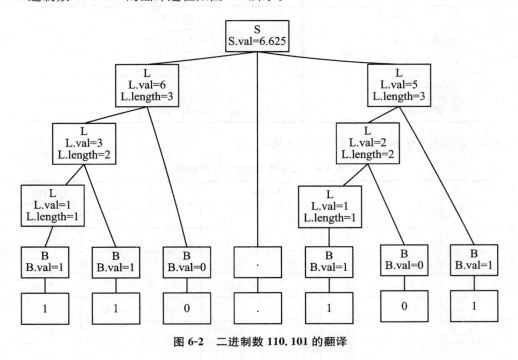

图 6-2　二进制数 110.101 的翻译

6.1.4　基于属性文法的语法制导翻译

语法制导翻译的基本思想是对文法中的每个产生式都附加一个语义动作(或语义子程序),在执行语法分析的过程中,每当使用一条产生式进行推导或归约,就执行相应产生式对应的语义动作(或语义子程序)。这些语义动作不仅指明了该产生式所产生的符号串的意义,而且还根据这种意义规定了对应的加工动作(如查填各类表格、更新变量的值、提示出错信息、生成中间代码等),从而完成预定的翻译工作。

所谓的语法制导翻译法就是在语法分析过程中,伴随着分析的步步推进,根据每个产生式所对应的语义动作(或语义子程序)进行翻译的方法。语法制导翻译法分为自下而上语法制导翻译法和自上而下语法制导翻译法。这里,我们重点介绍基于属性文法的自下而上语法制导翻译法。

下面将以 LR 语法制导翻译法为例,讨论具体实现语法制导翻译的过程。

例如,为一个简单算术表达式文法

$$E \rightarrow E + E \mid E * E \mid (E) \mid \text{digit}$$

设计描述表达式计值的属性文法。

首先,为文法的每一个产生式设计相应的语义规则。分析产生式 $E \rightarrow E + E$,为了区别产生式右部的两个 E,给它们加上角标,即 $E \rightarrow E^1 + E^2$。归约为 E 后,E 中就有了右部 $E^1 + E^2$ 的运算结果,定义一个语义属性 E. val 存放此结果,因此可把语义规则描述为 E. val = E^1. val+E^2. val。同理,分析得到上述文法每一产生式相应的语义规则,如表 6-5 所示。

表 6-5

产生式	语义规则
① $E \to E^1 + E^2$	$\{E.val = E^1.val + E^2.val;\}$
② $E \to E^1 * E^2$	$\{E.val = E^1.val * E^2.val;\}$
③ $E \to (E^1)$	$\{E.val = E^1.val;\}$
④ $E \to digit$	$\{E.val = digit.lexval;\}$

其次,为上述文法构造 LR 分析表,详见表 6-6。

表 6-6　二义性文法的 LR 分析表

状态	ACTION						GOTO
	+	digit	*	(	)	$	E
0		s3		s2			1
1	s4		s5			acc	
2		s3		s2			6
3	r4		r4		r4	r4	
4		s3		s2			7
5		s3		s2			8
6	s4		s5		s9		
7	r1		s5		r1	r1	
8	r2		r2		r2	r2	
9	r3		r3		r3	r3	

再次,将原 LR 语法分析栈扩充,使得每个文法符号都有对应的语义值,扩充后的语义分析栈如图 6-3 所示,它存放分析状态、文法符号、语义值等三类信息。

S_k	X_k	$X_k.val$
$\vdots$	$\vdots$	$\vdots$
S_1	X_1	$X_1.val$
S_0	$	—
分析状态栈	文法符号栈	语义值栈

图 6-3　扩充 LR 分析栈

最后,根据语义分析栈的工作过程设计总控程序,使其在完成语法分析工作的同时也能完成语义分析工作。也就是说,把 LR 分析器的功能扩大,使它不仅能执行语法分析任务,还能在用某个产生式进行归约的同时调用相应的语义子程序,完成属性文法中描述的语义动作,并将每步工作所得的语义值保存在扩充后的 LR 分析栈中。

例如,输入串是 $2+6*8$,其语法树及结点值如图 6-4 所示。按照上述实现方法,得到该表达式的语义分析和计值过程,如表 6-7 所示。

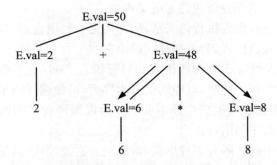

图 6-4 用语法制导翻译法计算表达式 2+6 * 8

表 6-7 表达式 2+6 * 8 的语义分析和计值过程

步骤	状态栈	符号栈	语义栈	输入符号串	归约动作
1	0	—	$	2+6 * 8 $	s3
2	03	—	$ 2	+6 * 8 $	r4
3	01	—2	$ E	+6 * 8 $	s4
4	014	—2—	$ E+	6 * 8 $	s3
5	0143	—2—	$ E+6	* 8 $	r4
6	0147	—2—6	$ E+E	* 8 $	s5
7	01475	—2—6	$ E+E *	8 $	s3
8	014753	—2—6—	$ E+E * 8	$	r4
9	014758	—2—6—8	$ E+E * E	$	r2
10	0147	—2—48	$ E+E	$	r1
11	01	—50	$ E	$	acc(接受)

　　自下而上语法制导翻译法是在自下而上的语法分析过程中逐步实现语义规则的方法，其具体实现途径并不困难。正确理解各种语句的翻译法，关键是要掌握自下而上翻译的特点：

　　① 当栈顶形成句柄执行归约时，执行相应的语义动作。

　　② 语法分析栈与语义分析栈同步操作。

6.2 语义分析和中间代码的产生

6.2.1 语义分析的任务

语义分析的主要任务是：

第一，审查每个语法结构的静态语义，即验证语法结构合法的源程序是否真正有意义。

有时把这项工作称为静态语义分析或静态语义审查。

第二,若静态语义正确,则要执行语义翻译,即用另一种语言形式(比源语言更接近于目标语言的一种中间代码或目标代码)来描述这种语义。

处理中间语言的复杂性介于处理源语言和目标语言之间,更重要的是它便于后期进行与机器无关的代码优化工作。同时,以中间语言为界面,可使编译前端和编译后端的接口更清晰,使编译程序的结构在逻辑上更加简单明确。所以编译程序中语义分析时常常将源程序翻译成独立于计算机的中间语言。

编译程序所使用的中间代码有多种形式,常见的有逆波兰式(后缀式)、三元式和树形表示、四元式和三地址式等。

6.2.2 常见的中间代码形式

1. 逆波兰式

逆波兰式是最简单的一种中间代码形式,它是波兰逻辑学家卢卡西维奇(Lukasiewicz)发明的,在编译程序出现之前,就被用于表示算术表达式。这种表示法除去了原表达式中的括号,并把运算对象写在前面,把运算符写在后面。例如,把 $a+b$ 写成 $ab+$,把 $(a+b)*c$ 写成 $ab+c*$。用这种方法表示的表达式又称后缀式。

逆波兰式的特点是不改变原表达式中运算对象的顺序,使用逆波兰式表示表达式最大的优点是易于计算机处理。它的处理过程是:利用一个栈,从左至右扫描逆波兰式,若当前符号是运算对象则进栈,若当前符号是运算符(假定该运算符号是 k 元运算符),则将栈顶 k 个元素依次取出,同时进行 k 元运算,并使运算结果进栈,表达式处理完毕时,最后的结果留在栈顶。例如,逆波兰式 $ab+c*$ 的处理过程如图 6-5 所示。

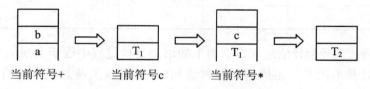

图 6-5 逆波兰式 $ab+c*$ 的处理过程

假设 E 是一般表达式,其逆波兰式遵循表 6-8 所示的原则。

表 6-8 一个表达式的逆波兰式

一般表达式	逆波兰式
E(若为常数、变量)	E
(E)	E 的逆波兰式
E_1 op E_2(op 为二元运算符)	E_1 的逆波兰式 E_2 的逆波兰式 op
op E(op 为一元运算符)	E 的逆波兰式 op

逆波兰式不仅可用于表示计值表达式,还可以扩展,推广到其他语法成分。例如,条件语句 if E then S_1 else S_2 可以表示为 E S_1 S_2 ￥,把 if-then-else 看成三元运算符,用 ￥ 表示。

又如,赋值语句 a＝b＊(c＋d)可以表示为 abcd＋＊＝。

值得注意的是,这些以扩充的后缀表示的计值远比后缀的计值复杂得多,需要正确处理新添加的运算符含义。例如,赋值语句 a＝b＊(c＋d),当计算到"＝"时,执行的是将表达式 b＊(c＋d)的值送到变量 a,所以在执行完赋值后,栈中并不产生结果值,这与算术中的二元运算符是不一样的。

2. 三元式和树形表示

三元式:一个三元式由三个部分和一个序号组成

$$① (op, arg1, arg2)$$

其中 op 是运算符,arg1 是第一运算对象,arg2 是第二运算对象。当 op 为一元运算时,只需选用其中一个运算对象,不妨约定选用 arg1;当 op 为多元运算时,可用若干个相继的三元式表示。三元式出现的先后顺序与表达式的计值顺序一致,三元式的运算结果由序号①表示,指向三元式所处的表格位置。例如,a＝b＋(−c)＊d 的三元式可以表示成

① (@,c, −)   // 设 @ 代表一元运算符,使 c 取反

② (＊,(1), d)

③ (＋,b,(2))

④ (＝,a,(3))

由于三元式的先后顺序决定了值的顺序,因此在产生三元式形式的中间代码后,对其进行代码优化,难免会改变三元式的顺序,这就要求修改三元式表。为了最大限度地减少三元式表的改动,可以另设一张间接码表表示有关三元式表的计值顺序。用这种方法处理的中间代码称为间接三元式。例如,表达式

$$x = a + b ＊ c$$
$$y = d − b ＊ c$$

的间接三元式表如表 6-9 所示。

表 6-9　间接三元式表

三元式表	间接码表
①(＊, b, c)	①
②(＋, a,(1))	②
③(＝, x,(2))	③
④(−, d,(1))	①
⑤(＝, y,(4))	④
	⑤

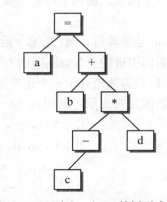

图 6-6　a＝b＋(−c)＊d 的树形式表示

树形表示:树形表示实质上是三元式的另一种表示形式,例如,a＝b＋(−c)＊d 的树形表示如图 6-6 所示。

用树形表示法可以很方便地表示一个表达式或语句。一个表达式的树形表示遵循如表 6-10 所示的原则。我们可以看出,一元运算对应一叉子树,二元运算对应二叉子树,多元运算对应多叉子树,而多叉子树不便于数据存储结构设计,因此常常将一棵多叉子树通过引进新结点使其转化为二叉树。例如,条件语句 if E then S_1 else S_2 中,可以把 if-then-else 看成三元运算符,用¥表示。其树形表示转化过程如图 6-7 所示。

表 6-10　一个表达式的树形表示

一般表达式	树形式表示
E_1,E_2（若为常数、变量）	E_1　E_2
(E)	E
E_1 op E_2（op 为二元运算符）	op / E_1 E_2
op E（op 为一元运算符）	op / E

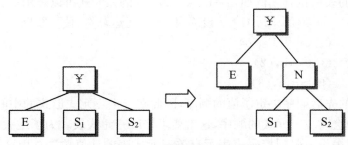

图 6-7　多叉树转化为二叉树

3. 四元式和三地址式

一个四元式由四个部分组成：

　　　　　　　① (op,arg1,arg2,result)

其中 op 是运算符,arg1 是第一运算对象,arg2 是第二运算对象,result 是编译程序为存放运算结果而引进的变量,是指用户自己定义的变量或编译程序引进的临时变量。当 op 为一元运算时,只需选用其中一个运算对象,不妨约定选用 arg1；当 op 为多元运算时,可用若干个相继的四元式表示。例如,a＝b＋(－c)＊d 的四元式可以表示成

　　① (@,c, —, t_1)　// 设 @ 代表一元运算符,使 c 取反

　　② (＊,t_1, d, t_2)

　　③ (＋,b, t_2, t_3)

　　④ (＝,t_3, —, a)

　　四元式和三元式的主要区别在于对中间结果的引用,四元式通过给定的变量名实现,而三元式通过产生中间结果的三元式序号实现。也就是说,四元式之间的联系是通过用户定义的变量或系统生成的临时变量实现的。这样易于调整和变动四元式,也为中间代码的优化工作带来很大方便。因此四元式是一种比较常用的中间代码形式。

　　编译系统中,有时将四元式表示成另一种更直观、更易理解的形式——三地址代码形式。三地址代码形式的定义为

　　　　　　　　　x＝a op b

其中 x,a,b 可为用户定义的变量或系统生成的临时变量,a,b 还可为常数;op 是运算符。特别需要注意的是,三地址代码表示和赋值语句的区别在于三地址代码表示"＝"右边最多只能有一个运算符。例如,把上述四元式序列写成三地址代码序列:

$$① \quad t_1 = - c$$
$$② \quad t_2 = t_1 * d$$
$$③ \quad t_3 = b + t_2$$
$$④ \quad a = t_3$$

又如,把无条件转移语句的四元式表示(j,－,－,L)写成

$$goto \ L$$

把条件转移语句的四元式表示(jrop,B,C,L)写成

$$if \ B \ rop \ C \ goto \ L$$

为了叙述方便,在本章中,有时将这两种形式同时使用。

特别注意:常见的中间代码的形式有:逆波兰式(后缀式)、三元式和树形表示、四元式和三地址式代码等。

6.3 简单算术表达式及赋值语句的翻译

简单算术表达式是一种仅含简单变量的算术表达式,简单变量一般为基本变量、常数等,不含数组元素、结构、引用等复合数据结构类型变量。简单算术表达式的计值顺序与四元式出现顺序相同,所以很容易将其翻译成三元式和四元式等中间代码。这里,我们统一用四元式或三地址代码表示翻译后的中间代码。

为简单起见,将程序设计语言中简单算术表达式和赋值语句用文法 6.1 定义:

$$A \rightarrow i = E$$
$$E \rightarrow i = E + E | E * E | - E | (E) | i \qquad \text{(文法 6.1)}$$

其中非终结符 A 表示赋值语句,E 表示表达式。

显然,文法 6.1 具有二义性,我们可以通过确定算符的结合性和优先级别等方法避免二义性的产生。

要实现简单算术表达式和赋值语句的翻译,重点是要为每一产生式写一段语义子程序,以便在进行归约的同时执行语义子程序。也就是说,要设计与文法每个产生式相对应的语义规则。

通常,实现语法制导翻译一般有以下步骤:

① 分析文法的结构特征。

② 设置语义变量,定义语义过程、语义函数。

③ 修改文法,写出每一产生式对应的语义规则。

④ 扩充 LR 分析栈,构造 LR 分析表。

下面,我们来设计与文法 6.1 相对应的属性文法。

首先,分析文法的结构特征和翻译所要达到的目标语言,这是实现简单算术表达式和赋

值语句到四元式的翻译。

其次,设计语义子程序需要的语义变量、语义过程及语义函数,这些内容的设置主要与语义处理的描述相关。例如,与非终结符 E 相关联的属性是表示变量名在符号表中的入口地址 E. place、变量的值 E. value,还是表示变量的类型 E. type,主要取决于语义处理的描述(是处理成中间代码、目标代码,还是类型检查等)。文法 6.1 设计的语义规则中需要设置的语义变量、语义过程及语义函数分别是:

(1) 语义变量

E. place:表示存放 E 值的变量名在符号表中的入口地址或临时变量名的整数码。

i. name:表示存放 i 值的变量名。

(2) 语义过程

emit($T=arg_1$ op arg_2):功能是产生一个四元式,并及时将其填入符号表中。

lookup(i. name):功能是审查 i. name 是否在符号表中,若在则返回其指针,否则返回 NULL。

(3) 语义函数

newtemp( ):功能是产生一个新的临时变量名,如 T_1,T_2 等。

最后,利用以上定义的语义变量、过程、函数等,写出文法 6.1 相对应的属性文法,即简单算术表达式和赋值语句到四元式的翻译,如表 6-11 所示。

表 6-11　简单算术表达式和赋值语句的翻译

产生式	语义规则

① $A \to i = E$	{p=lookup (i. name);
	 if (p! =NULL) emit (p"="E. place);
	 else error( );
	}

② $E \to E^1 + E^2$	{E. place=newtemp( );
	 emit(E. place"="E^1. place"+"E^2. place);
	}

③ $E \to E^1 * E^2$	{E. place=newtemp( );
	 emit(E. place"="E^1. place * E^2. place);
	}

④ $E \to -E^1$	{E. place=newtemp( );
	 emit(E. place"="""-"E^1. place);
	}

⑤ $E \to (E^1)$	{E. place=E^1. place;}

⑥ $E \to i$	{p=lookup (i. name);
	 if (p! =NULL) E. place=p;
	 else error( );
	}

6.4　布尔表达式的翻译

程序设计语言中的布尔表达式有两个作用：一是计算逻辑值，二是改变控制流语句中的条件表达式，如 if-then, if-then-else, while-do 等语句中的条件表达式。

布尔表达式是由布尔运算符（¬, ∧, ∨ 或 not, and, or）和布尔运算对象组成的。布尔运算对象可为布尔变量、常数或关系表达式。关系表达的形式为 E_1 rop E_2，其中 E_1，E_2 都是算术表达式，rop 是关系符，如 $<$, $<=$, $=$, $>$, $>=$, $\neq$ 等。有的语言，允许用更通用的表达式，即不限制布尔运算、关系运算、算术运算的运算对象的类型，运行时根据表达式的执行需要进行强制转换。为了简单起见，我们只考虑以下文法生成的布尔表达式：

$$E \to E \land E | E \lor E | \neg E | (E) | i \text{ rop } i | true | false \qquad （文法6.2）$$

约定布尔运算符的优先顺序（由高到低）为 ¬, ∧, ∨，且 ∧ 和 ∨ 服从左结合。

6.4.1　布尔表达式的翻译方法

通常，计算布尔表达式的值有两种方法：

一种方法是仿照计算算术表达式的方法，按照布尔表达式的运算顺序，一步一步地计算出各部分的真假值，最后计算出整个表达式的值。假如，用数值 1 表示 true，用 0 表示 false，则布尔表达式 $1 \lor (\neg 0 \land 0) \land 1$ 的计算过程为

$$\begin{aligned}
& 1 \lor (\neg 0 \land 0) \land 1 \\
=~ & 1 \lor (1 \land 0) \land 1 \\
=~ & 1 \lor 0 \land 1 \\
=~ & 1 \lor 0 \\
=~ & 1
\end{aligned}$$

另一种方法是根据布尔运算的特点，采取某种优化措施，即使其只计算部分表达式就能计算出整个表达式的值。例如，计算 A∧B，若计算出 A 的值为 0，那么 B 的值无需计算，因为不管 B 的值是多少，A∧B 的值都为 0。

上述两种方法对不包含布尔函数调用的表达式是没有区别的。但是，若一个布尔表达式中含有布尔函数调用，并且这种函数调用引起了副作用（如需要对全局变量赋值），那么这两种方法未必等价。采用哪种方法取决于程序设计语言的语义，有些语言规定，函数调用不许产生副作用，在这种情况下，可以任选其一。

我们注意到，虽然两种方法都能计算出布尔表达式的值，但是不同的计值方法，所采用的翻译方法也不一样。

例如，将布尔表达式 A＞B∨C＜D 翻译成四元式序列（用三地址代码表示）。

第一种方法：

① $t_1 = A > B$

② $t_2 = C < D$

③ $t_3 = t_1 \lor t_2$

第二种方法：可将像 A>B∨C<D 的布尔表达式看成等价的条件语句 if A>B then 1 else if C<D then 1 else 0,再将它翻译成四元式序列。

① if A > B goto ⑤
② if C < D goto ⑤
③ t = 0
④ goto ⑥
⑤ t = 1
⑥ ……

其中临时变量 t 用来存放布尔表达式 A>B∨C<D 的值,⑥为后续四元式序号。

按第一种方法计算布尔表达式的值,并将布尔表达式翻译成四元式,类似算术表达式计值方法翻译如表 6-12 所示。其中 nextq 表示下一条即将产生的四元式标号(或称地址),初始值一般设置为 1,emit( )过程每被调用一次,nextq 自动累加 1。其他变量、过程和函数同前面章节说明。

表 6-12　采用计值方法的布尔表达式的翻译

产生式	语义规则
① $E \to E^1 \wedge E^2$	{E. place=newtemp( ); emit(E. place$'='$ E^1. place$' \wedge 'E^2$. place);}
② $E \to E^1 \vee E^2$	{E. place=newtemp( ); emit(E. place$'='$ E^1. place$' \vee 'E^2$. place);}
③ $E \to \neg E^1$	{E. place=newtemp( ); emit(E. place$'='' '\neg 'E^1$. place);}
④ $E \to (E^1)$	{E. place=E^1. place;}

⑤ $E \to i^1$ rop i^2	{E. place=newtemp( );
	 emit(if i^1. place rop i^2. place goto nextq+3);
	 emit(E . place$'=''0'$);
	 emit(goto nextq+2);
	 emit(E . place$'=''1'$);}

⑥ $E \to$ true	{E. place=newtemp( ); emit(E. place$'=''1'$);}
⑦ $E \to$ false	{E. place=newtemp( ); emit(E. place$'=''0'$);}

6.4.2　控制语句中布尔表达式的翻译

现在讨论出现在控制语句(如 if-then,if-then-else,while-do 等)中的布尔表达式 E 的翻译。

假定 if-then,if-then-else,while-do 三种语句的语法定义为

$$S \to \text{if E then } S^1 | \text{if E then } S^1 \text{ else } S^2 | \text{while E do } S^1$$

这些控制语句的代码结构分别如图 6-8(a)、(b)、(c)所示。我们可以看出 E 代码有两个出口,分别表示 E 为真或假时控制流的转向。不妨称这两个出口为真出口和假出口。

作为条件转移的 E,仅被翻译成一串条件转移和无条件转移四元式代码。例如,对于 E 为 a rop b 的翻译,可以生成如下代码:

① if a rop b goto E. true // 或(jrop,a,b, E. true)

② goto E. false // 或(j,—,—,E. false)

其中 E. true 和 E. false 分别表示 E 的真、假出口转移目标。

对于 E 为 $E^1 \lor E^2$ 的形式,显然,E,E^1,E^2 的真出口一样,E^1 的假出口是 E^2 代码的第一个四元式标号,E,E^2 的假出口一样。

同理,对于 $E^1 \land E^2$,$\neg E^1$,(E^1) 等情形,分析方法一样。

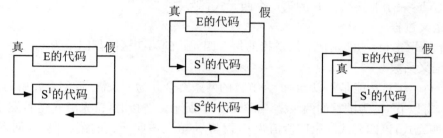

(a) if E thsn S^1代码结构　　(b) if E thsn S^1 else S^2代码结构　　(c) while E do S^1代码结构

图 6-8　控制语句的代码结构示意

【**例 6.4**】　将布尔表达式 A>B∨C<D 翻译成如下四元式序列:

① if A > B goto E. true

② goto ③

③ if C < D goto E. true

④ goto E. false

需要注意的是,生成的四元式并不是最优的,如四元式②是不需要的。这样的问题可在代码优化阶段解决。

在例 6.4 中,我们使用 E. true 和 E. false 分别表示整个表达式 A>B∨C<D 的真、假出口,而并不能在产生四元式的同时就知道 E. true 和 E. false 的值。为了更清楚地理解这一点,我们把该表达式放在条件语句中考虑。如语句 if A>B∨C<D then S^1 else S^2 的四元式序列为

① if A > B goto ⑤　//⑤ 是整个布尔表达式的真出口

② goto ③

③ if C < D goto ⑤

④ goto (p+1)　//(p+1) 是整个布尔表达式的假出口

⑤ (关于 S^1 的四元式)

……

(p)　goto (q)

(p+1)(关于 S^2 的四元式)

……

(q) 后继四元式

上述四元式①,③和④的转移地址并不能在产生这些四元式的同时得知。只有当关于

S^1 代码的第一个四元式出现时,才能回填真出口的值,当关于 S^2 代码的第一个四元式出现时,才能回填假出口的值。为了记录布尔表达式中需要回填的四元式,常采用一种"拉链"的方法,把需要回填真出口的四元式拉成一条链,把需要回填假出口的四元式拉成一条链,分别称作真链和假链。一旦发现具体转移目标就回填。

在语法制导翻译中,为及时回填四元式的第四区段,还需要用到其他语义变量、过程、函数。

（1）语义变量

nextq：表示下一条即将产生的四元式标号（或称地址），初始值一般设置为 1，每生成一个四元式,nextq 自动累加 1。

E. bcode：表示非终结符 E 的第一个四元式标号。

（2）语义过程

backpatch(p,t)：功能是把 p 所链接的每个四元式的第四区段都回填为 t。

（3）语义函数

merge(p_1,p_2)：功能是将以 p_1,p_2 为链首的两条链合并为一条链,返回合并后的链首值。

例如,有以 p_1,p_2 为链首的两条链,如图 6-9(a)所示。链接时,首先沿 p_2 链首顺序找到链尾所在的四元式,该四元式的第四段值为 0，再将 p_1 填入该四元式的第四段,返回得到以 p_2 为链首的一条链,如图 6-9(b)所示。若 p_2=NULL，则 p_2=p_1。

$$r_1(-,-,-,0) \qquad\qquad r_1(-,-,-,0)$$
$$q_1(-,-,-,r_1) \qquad\qquad q_1(-,-,-,r_1)$$
$$p_1(-,-,-,q_1) \qquad\qquad p_1(-,-,-,q_1)$$
$$r_2(-,-,-,\mathbf{0}) \qquad\qquad r_2(-,-,-,p_1)$$
$$q_2(-,-,-,r_2) \qquad\qquad q_2(-,-,-,r_2)$$
$$p_2(-,-,-,q_2) \qquad\qquad p_2(-,-,-,q_2)$$

(a) 以 p_1,p_2 为链首的两条链 　　　　　(b) 以 p_2 为链首的两条链

图 6-9　拉链过程

根据布尔运算的特殊性,用上述函数和过程,采用自下而上的语法制导翻译方法,给出布尔表达式的一种翻译方案,如表 6-13 所示。

表 6-13　采用代码优化措施的布尔表达式的翻译

产生式	语义规则
① $E \rightarrow E^1 \wedge E^2$	{backpatch(E^1. true, E^2. bcode)； E. bcode=E^1. bcode； E. true=E^2. true； E. false=merge(E^1. false, E^2 false)；}
② $E \rightarrow E^1 \vee E^2$	{backpatch(E^1. false,E^2. bcode)； E. bcode=E^1. bcode； E. true=merge(E^1. true, E^2. true)； E. false=E^2. false；}
③ $E \rightarrow \neg E^1$	{E. true=E^1. false； E. bcode=E^1. bcode； E. false=E^1. true；}

产生式	语义规则
④ E→(E¹)	{E. true=E¹. true; E. bcode=E¹. bcode; E. false=E¹. false;}
⑤ E→ i¹ rop i²	{E. true=nextq; E. bcode=nextq; E. false=nextq+1; emit(if i¹. place rop i². place goto 0); emit(goto 0);}
⑥ E→true	{E. true=nextq; E. bcode=nextq; emit(goto 0);}
⑦ E→false	{E. false=nextq; E. bcode=nextq; emit(goto 0);}

在上述语义动作描述中，当整个布尔表达式所对应的四元式全都产生之后，作为整个表达式的真、假出口（转移目标）仍没填上。它们分别由真链和假链记录。

我们仍以布尔表达式 $A>B \lor C<D$ 为例，按照表 6-13 的分析思路，按顺序生成四元式。

① 首先，给 nextq 赋初值 100。当扫描到 $A>B$ 时，用 E→ i¹ rop i² 进行归约，对应语义动作产生两个四元式：

    ⑩⓪ if $A > B$ goto 0

    ⑩① goto 0

这时，E. bcode 的值为 100，E. true 的值为 100，E. false 的值为 101，nextq 的值 102。

② 当扫描到 $C<D$ 时，用 E→ i¹ rop i² 进行归约，对应语义动作产生两个四元式：

    ⑩② if $C < D$ goto 0

    ⑩③ goto 0

这时，E. bcode 的值为 102，E. true 的值为 102，E. false 的值为 103，nextq 的值 104。

③ 继续向上用 E→E¹ $\lor$ E² 进行归约，对应语义动作虽不产生四元式，但要做回填和拉链动作。这里，E¹. bcode 的值为 100，E¹. true 的值为 100，E¹. false 的值为 101；E². bcode 的值为 102，E². true 的值为 102，E². false 的值为 103。

语义子程序先后完成下列动作：

  backpatch(E¹. false, E². bcode) 即 backpatch(E¹. false,102)

  E. bcode = E¹. bcode = 100

  E. true = merge(E¹. true, E². true) = 102

  E. false = E². false = 103

得到以下的四元式序列：

    ⑩⓪ if $A > B$ goto **0**

    ⑩① goto 102

    ⑩② if $C < D$ goto **100**

    ⑩③ goto **0**

此时，真链首 E. true 为 102，假链首 E. false 为 103。

6.5 控制结构的翻译

6.5.1 if 语句的翻译

在程序设计语言中，if 语句的一般形式为

$$\text{if-then，if-then-else}$$

这些语句将遵循文法 6.3 的定义。其中非终结符 E 表示布尔表达式，S 表示语句。

$$G[S]: S \rightarrow \text{if } E \text{ then } S^1$$
$$S \rightarrow \text{if } E \text{ then } S^1 \text{ else } S^2 \qquad (\text{文法 } 6.3)$$

回顾上一节内容，讨论控制语句中的布尔表达式翻译时，E 的真、假出口都是尚待回填的未知数。例如，对于语句 if E then S^1 else S^2，在扫描到 then 产生 S^1 代码的第一个四元式时，才能知道 E 的真出口，并回填以 E. true 为链首的真链；而 E 的假出口只有到达 else 产生 S^2 代码的第一个四元式时才能确定，并回填以 E. false 为链首的假链。

另外，E 为真时，S^1 语句执行完后意味着整个 if E then S^1 else S^2 语句处理结束。因此应在 S^1 代码后产生一条无条件转移指令，跳出整个 if E then S^1 else S^2 语句，具体转移到什么地方，只有待 S^2 语句翻译完之后才知道。对于语句嵌套的情况，如语句 if E then if E^1 then S^1 else S^2 else S^3，无条件转移的目标，要跳过 S^2，S^3 之后才知道。总之，转移目标的确定和语句所处的环境密切相关，要具体问题具体分析。如何解决这个问题？我们可仿照处理布尔表达式的方法，把暂且不能回填信息的四元式用一条链串起来，期待翻译完整个 S 语句之后回填转移目标。这里，不妨用 S. CHAIN 属性表示该链。需要注意的是，真正的回填工作在处理 S 的外层环境的某一适当时候完成。

对于控制语句的翻译，主要采用的是拉链和回填技术。为了能及时回填有关四元式串的转移目标，我们把文法 6.3 改写成 $G'[S]$：

① $S \rightarrow CS^1$
② $C \rightarrow \text{if } E \text{ then}$
③ $S \rightarrow T^p S^2$
④ $T^p \rightarrow CS^1 \text{ else}$

根据 if 语句的特性，采用自下而上的语法制导翻译方法，给出 if 语句的一种翻译方案，如表 6-14 所示。其中 CHAIN 表示与非终结符相关联的语义属性，记录所有待填信息的四元式链。其他变量、过程和函数同前面章节说明。

我们需要注意，在控制语句中，赋值语句（如用 A 表示）归约到语句（如用 S 表示）时，其 S. CHAIN 值为 NULL，即 $S \rightarrow A$ 对应的语义子程序是 {S. CHAIN=NULL;}。语句归约到语句串（如用 L 表示）时，向上把 S. CHAIN 值传递给 L. CHAIN，即 $L \rightarrow L^1$，S|S 两个产生式对应的语义子程序分别是 {backpatch(L^1. CHAIN, nextq); L. CHAIN = S. CHAIN;} 和 {L. CHAIN=S. CHAIN;}。

表 6-14 **if 语句的翻译**

产生式	语义规则
① S→CS^1	{S. CHAIN=merge(C. CHAIN,S^1. CHAIN);}
② C→if E then	{backpatch(E. true,nextq); C. CHAIN=E. false;}
③ S→T^{p}S^2	{S. CHAIN=merge (T^p. CHAIN, S^2. CHAIN);}

④ T^p→CS^1 else	{q=nextq;
	emit(goto 0);
	backpatch(C. CHAIN,nextq);
	T^p. CHAIN=merge(S^1. CHAIN,q);}

【**例 6.5**】 将如下 if 语句翻译成四元式序列:

$$\text{if } x > 5 \text{ then } X = X - 1$$
$$\text{else } Y = Y + 1$$

解 设 nextq 初值为 100,翻译后的四元式序列如下:

⑩⑩ if x > 5 goto 102
⑩① goto 105
⑩② T1 = X - 1
⑩③ X = T1
⑩④ goto **0**
⑩⑤ T2 = Y + 1
⑩⑥ Y = T2

此时,S. CHAIN 为 104,期待回填。

6.5.2 while 语句的翻译

在程序设计语言中,常见的 while 语句的一般形式为

$$\text{while-do,do-while}$$

下面我们以 while-do 型为例,来介绍 while 语句的翻译。while-do 语句遵循文法 6.4 的定义,其中非终结符 E 表示布尔表达式,S 表示语句。

$$G[S]:S \to \text{while E do } S^1 \qquad (\text{文法 } 6.4)$$

从 while-do 语句更清晰的代码结构图(图 6-10)中可以看出,E 为真时,执行完 S^1 语句后,要在 S^1 代码后产生一条无条件转移指令,指向 E 代码的第一个四元式。而 E 的假出口,在翻译过程中无法知道,期待翻译完整个 while-do 语句之后回填。因此需要设置非终结符语义属性 bcode 和 CHAIN 来记录上述信息。

采用与 if 语句同样的方法翻译 while 语句。为了能及时回填有关四元式串的转移目标,我们把文法 6.4 改写成 G′[S]:

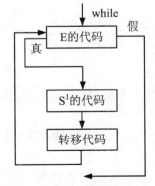

图 6-10 while 语句代码结构

$$① \ S \to W^d S^l$$

$$② \ W^d \to W \ E \ do$$

$$③ \ W \to while$$

下面，给出 while 语句的一种自下而上的语法制导翻译方案，如表 6-15 所示。其中语义变量、过程和函数的说明同前面章节。

表 6-15　while 语句的翻译

产生式	语义规则
① $S \to W^d S^l$	{backpatch(S^l. CHAIN，W^d. bcode)； emit(goto W^d. bcode)； S. CHAIN＝W^d. CHAIN；}
② $W^d \to W \ E \ do$	{backpatch(E. true，nextq)； W^d. CHAIN＝E. false； W^d. bcode＝W. bcode；}
③ $W \to while$	{W. bcode＝nextq；}

【例 6.6】 将如下语句翻译成四元式序列：

$$while \ A > B \lor C < D \ do$$
$$if \ x > 5 \ then \ X = X - 1$$
$$else \ Y = Y + 1$$

解　设 nextq 初值为 100，翻译后的四元式序列如下：

⑩⑩ if $A > B$ goto **104**　//W. bcode ＝ 100

⑩① goto 102

⑩② if $C < D$ goto **104**

⑩③ goto **0**

⑩④ if $x > 5$ goto 106

⑩⑤ goto 109

⑩⑥ T1 ＝ X － 1

⑩⑦ X ＝ T1

⑩⑧ goto **100**

⑩⑨ T2 ＝ Y ＋ 1

⑪⑩ Y ＝ T2

⑪① goto **100**

⑪②

此时，S. CHAIN 为 103，期待回填。

6.5.3　for 语句的翻译

在程序设计语言中，常见的 for 语句一般形式为

$$for \ i = E^1 \ step \ E^2 \ until \ E^3 \ do \ S^l$$

式中，i 是循环控制变量，E^1 是 i 的初值，E^3 是终值，E^2 是步长，S^l 是循环体。for 循环语句的

代码结构如图 6-11 所示。

下面我们来介绍 for 语句的翻译。for 语句遵循文法 6.5 的定义，其中非终结符 E 表示布尔表达式，S 表示语句。

$$G[S]:S \rightarrow \text{for } i = E^1 \text{ step } E^2 \text{ until } E^3 \text{ do } S^1$$

（文法 6.5）

为了简化翻译工作，假设步长为正数，那么图 6-11 可被理解为

$$i = E^1;$$
$$\text{gogo OVER};$$
$$\text{AGAIN}: i = i + E^2;$$
$$\text{OVER}: \text{if } i <= E^3 \text{ then}$$
$$\{S^1;$$
$$\quad \text{goto AGAIN};\}$$

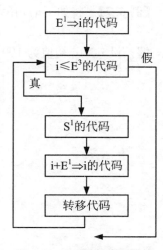

图 6-11　for 语句代码结构

在这段程序中有几处用到循环控制变量 i，因此需要一变量 place 来保存和传递 i 在符号表中的地址，在符号表中查找 i 并返回其地址，可用语义函数 lookup(i. name) 来实现。为了按上述顺序产生四元式，必须将文法 6.5 改写为

① $F^1 \rightarrow \text{For } i = E^1$

② $F^2 \rightarrow F^1 \text{ step } E^2$

③ $F^3 \rightarrow F^2 \text{ until } E^3$

④ $S \rightarrow F^3 \text{ do } S^1$

下面，给出 for 语句的一种自下而上的语法制导翻译方案，如表 6-16 所示。其中语义变量、过程和函数的说明同前面章节。

表 6-16　for 语句的翻译

产生式	语义规则
① $F^1 \rightarrow \text{For } i = E^1$	{emit(lookup(i. name)$' = '$ E^1. place)　// i=E^1 F^1. place=lookup(i. name)　//保存 i 的地址 F^1. CHAIN=nextq;　//保存四元式 goto OVER 标号，等待回填 emit(goto 0);　//产生无条件转移代码，目标不详 F^1. bcode=nextq;　//保存 AGAIN 的地址}
② $F^2 \rightarrow F^1 \text{ step } E^2$	{emit(F^1. place$' = '$$F^1$. place$'+'$$E^2$. place$'$); F^2. place=F^1. place;　//传 i 的地址 F^2. bcode=F^1. bcode;　//传 AGAIN 的地址 backpatch(F^1. CHAIN, nextq);　//回填 goto OVER}
③ $F^3 \rightarrow F^2 \text{ until } E^3$	{emit(if E^2. place i <=E^3. place goto nextq+2;) emit(goto 0);　//转出循环，目标不详 F^3. CHAIN=nextq-1;　//保存刚产生无条件转移代码前的标号 F^3. bcode=F^2. bcode;　//传 AGAIN 的地址}
④ $S \rightarrow F^3 \text{ do } S^1$	{emit(goto F^3. bcode);　//产生无条件转移代码 goto AGAIN backpatch(S^1. CHAIN, F^3. bcode);　//回填 AGAIN S. CHAIN=F^3. CHAIN;　//转离循环的转移目标留待处理外层 S 时 再回填}

【例 6.7】 将如下语句翻译成四元式序列：

$$\text{for } i=100 \text{ step } 2 \text{ until } N \text{ do } X=X+1$$

解 设 nextq 初值为 100，翻译后的四元式序列如下：

> ⑩ $i = 100$
> ⑩ goto **103**
> ⑩ $i = i + 2$
> ⑩ if $i <= N$ goto 105
> ⑩ goto **0**
> ⑩ $T1 = X + 1$
> ⑩ $X = T1$
> ⑩ goto 102
> ⑩

此时，S. CHAIN 为 104，期待回填。

值得注意的是，在有些语言中，for 语句的语法和语义的一些细节与上述不同，在翻译时要予以考虑，在此就不再赘述了。

6.5.4 goto 语句的翻译

在程序设计语言中，转移语句往往是通过标号和 goto 语句实现的。带标号的形式是

$$\text{Label:S;}$$
$$\text{goto Label}$$

当 Label:S 语句被处理之后，标号 Label 就确定下来了，并在符号表中已定义，即在符号表中，在登记 Label 的项的地址栏中登记上语句 S 的第一个四元式的地址。

如果 goto Label 是一个向上转移语句，那么当编译程序碰到这个语句时，Label 必是已定义的。通过查找符号表获得 Label 的地址 p，这时，可直接产生与 goto Label 相应的四元式，如（j，－，－，p）。

如果 goto Label 是一个向下转移语句，也就是说，标号 Label 尚未定义，则 goto Label 只能产生一个不完全四元式，如（j，－，－，－），它的第四区段即要转移的目标，只有待 Label 被定义后，才能回填。在出现多条向下转移语句（goto Label）的情况下，必须把所有以 Label 为转移目标的四元式的地址全部记录下来，拉成一条链，一旦 Label 被定义马上进行回填。那么如何建链呢？我们可利用符号表中变量的属性来解决这一问题，如设置 Label. name，Label. type，Label. def，Label. add 来分别表示变量名、类型、是/否定义、需回填链的首地址。具体操作如图 6-12 所示。若 goto Label 中的标号 Label 尚不在符号表中出现，则把 Label 填入表中，置 Label. def 为未定义，Label. add＝nextq，产生一个四元式（j，－，－，0），此时

名字 name	类型 type	...	定义否 def	地址 add	
...					(p) goto 0 ......
Label	标号		未定义	r	(q) goto p ...... (r) goto q

图 6-12　未定义标号的引用链

链上只有一个四元式。若标号 Label 已在符号表中，且 Label. def 为未定义，执行 merge
(Label. add，nextq)，产生一个四元式(j，—，—，Label. add)。

一般而言，假定用文法定义的标号语句为

$$S \to Label\ S$$
$$Label \to i$$

下面，给出标号与转移语句的语法制导翻译方案，如表 6-17 所示。其中语义变量、过程
和函数同前面章节说明。

表 6-17　标号与转移语句的翻译

产生式	语义规则

① Label→i	{if lookup(i. name)！＝NULL
	 if Label. def＝＝"未定义"
	　{Label. def＝"已定义";
	　 backpatch(i. add, nextq);
	　 Label. add＝nextq;}
	　else eror( );
	 else
	　{entry(i);　 //在符号表中登记变量 i
	　Label. name＝i. name;
	　Label. type＝"标号";
	　Label. def＝"已定义";
	　Label. add＝nextq;
	　backpatch(i. add, nextq);}}

② S→goto Label	{if lookup(Label. name)！＝NULL
	 if Label. def＝＝"未定义"
	　{merge(Label. add,nextq);
	　 emit(goto Label. add);}
	　 else emit(goto Label. add);
	 else
	　{entry(Label);　 //在符号表中登记变量 Label
	　Label. type＝"标号";
	　Label. def＝"未定义";
	　Label. add＝nextq;
	　emit(goto 0);}}

翻译 goto 语句时，还有两点需要注意：第一，具相同名字的标号可以在不同名字作用域
中定义；第二，转移出程序或过程外的 goto 语句，编译程序需要很多额外的编码，比如要恢
复和保留一些运行环境等。

6.6　说明语句的翻译

在程序设计语言中，说明语句的功能是定义各种形式的有名实体，如常数、变量、数组、
结构、过程等。说明语句的种类很多，如变量说明、对象说明、类型说明、过程说明等。但是

不管哪一类型说明语句,编译程序都是把句中的名子和性质登记在符号表中,用以检查名字和说明是否一致。除过程说明和动态数组说明语句必须生成相应代码外,许多说明语句的翻译并不生成相应的目标代码。下面我们只介绍简单说明语句和过程中的说明语句的翻译。

6.6.1 简单说明语句的翻译

程序设计语言中,简单说明语句的语法一般遵循文法 6.6 的定义,即

$$D \to int\langle namelist\rangle | float\langle namelist\rangle$$
$$\langle namelist\rangle \to \langle namelist\rangle, id | id \qquad (文法 6.6)$$

其中 int,float 分别表示整型、实型关键字,用来说明一串名字的性质。对这种语句翻译只要把名字及其性质登记在符号表中就可以了,不必生成目标代码。

经分析发现,采用自下而上的语法制导翻译方法,只有将所有的名字 $id_1, id_2, \cdots, id_n$ 都归约成 namelist 后,才能把它们的性质集中登记到符号表中。这意味着 namelist 必须用一个队列(或栈)来保存所有这些名字。这在处理过程中,不仅浪费时间和空间,还容易出错。因此我们可以将文法 6.6 改写为

① $D \to D^1, id$

② $D \to int\ id$

③ $D \to float\ id$

这样,就能及时登记每个名字 id 的性质,也就是说,每当读进一个标识符 id 时,就可以把它的性质登记在符号表中。

下面,给出简单说明语句的语法制导翻译方法,如表 6-18 所示。其中语义变量 D. att 用于传递名字的性质,过程 entry(id,A) 的功能是把名字 id 和性质 A 登记在符号表中。

表 6-18　简单说明语句的翻译

产生式	语义规则
① $D \to D^1, id$	$\{entry(id, D^1. att); D. att = D^1. att;\}$
② $D \to int\ id$	$\{entry(id, int); D. att = int;\}$
③ $D \to float\ id$	$\{entry(id, float); D. att = float;\}$

6.6.2 过程中的说明语句的翻译

过程的翻译包括说明语句和调用语句两个部分,过程调用语句我们将在 6.8 节介绍,本小节主要讨论过程中的说明语句的局部名字如何处理的问题。

处理过程中的说明语句,实际上就是为过程中的局部名字安排存储空间。这些名字在建立符号表项时,要记录名字和存储的相对地址。在上一小节中,我们使用 entry(id,A) 过程把名字和性质登记到符号表中。为记录相对地址,在符号表中增加一属性描述该地址,用一个变量 offset 来记录它的变化,在处理过程的第一个说明语句之前,置 offset 为 0。每遇到一个新名字,则把名字、性质和 offset 的当前值登记在符号表中,然后 offset 增加一个值,

这个值一般是由该名字类型决定的量,称为数据对象宽度,用属性 width 表示。

假设 float 型对象宽度为 4,int 型对象宽度为 2。过程中的说明语句的语法制导翻译方法如表 6-19 所示。其中语义变量 D. att 用于传递名字的性质,D. width 表示数据对象宽度,过程 entry(id,A,offset) 的功能是把名字 id、性质 A 和相对地址 offset 登记在符号表中。

表 6-19　过程中的说明语句的翻译

产生式	语义规则
① $D \rightarrow D^1$, id	$\{\text{entry}(\text{id}, D^1. \text{att}, \text{offset});$ $D. \text{att} = D^1. \text{att};$ $D. \text{width} = D^1. \text{width};$ $\text{offset} = \text{offset} + D^1. \text{width};\}$
② $D \rightarrow$ int id	$\{\text{entry}(\text{id}, \text{int}, \text{offset});$ $D. \text{att} = \text{int};$ $D. \text{width} = 2;$ $\text{offset} = \text{offset} + D. \text{width};\}$
③ $D \rightarrow$ float id	$\{\text{entry}(\text{id}, \text{float}, \text{offset});$ $D. \text{att} = \text{float};$ $D. \text{width} = 4;$ $\text{offset} = \text{offset} + D. \text{width};\}$

需要注意的是,对于允许过程嵌套的语言(即过程的说明中又引入一过程),每个过程的局部名字除了要保存指定的相对地址外,还必须保存作用域的信息,这时符号表的组织相对要复杂些。

6.7　数组的翻译

6.7.1　数组元素的地址计算

程序设计语言中,数组是用来存储有规律或同类型数据的数据结构,数组中的每个元素在计算机中有同样大小的存储空间。如果在编译时就能确定一个数组所需的存储空间大小,则称该数组为静态数组,否则称为动态数组。

数组的存储方式有很多种,有的以行为序,有的以列为序,还有的采取其他方式。这些方式的选用主要取决于编译程序设计者的意愿和编译效率。

最简单的一种是将整个数组按行(列)顺序存放在存储区内。例如,若 A 是一个 2×3 的二维数组,每个元素占一个单元,那么按行和按列存储的方式分别如图 6-13 和图 6-14 所示。

数组的一般定义为

$$A[l_1 : u_1, l_2 : u_2, \cdots, l_k : u_k] \quad (1 \leqslant k \leqslant n)$$

其中 A 是数组名，l_k 是数组的下限，u_k 是数组的上限，k 是数组的维数。当 k=1 时，数组称为一维数组；当 k=2 时，数组称为二维数组；当 k=n 时，数组称为 n 维数组。

图 6-13　数组按行存放　　　　　　　　图 6-14　数组按列存放

数组元素的地址计算与数组的存储方式密切相关。下面我们以行为序，说明如何计算数组元素的地址。

令 $d_i = u_i - l_i$，$i = 1, 2, \cdots, n$；a 为数组的首地址，即 $A[l_1, l_2, \cdots, l_n]$ 的首地址；每个元素的宽度为 $\omega = 1$。则 $A[i_1, i_2, \cdots, i_n]$ 的地址 D 为

$$D = a + (i_1 - l_1)d_2 d_3 \cdots d_n + (i_2 - l_2)d_3 d_4 \cdots d_n + \cdots + (i_{n-1} - l_{n-1})d_n + (i_n - l_n)$$

经因子分解整理后得

$$D = a - \underbrace{(l_1 d_1 d_3 \cdots d_n + l_2 d_3 d_4 \cdots d_n + \cdots + l_{n-1} d_n + l_n)}_{\Uparrow} + \underbrace{(i_1 d_1 d_3 \cdots d_n + i_2 d_3 d_4 \cdots d_n + \cdots + i_{n-1} d_n + i_n)}_{\Uparrow}$$

与 i_k ($1 \leqslant k \leqslant n$) 无关的不变量，用 C 表示　　　与 i_k ($1 \leqslant k \leqslant n$) 有关的变量，用 V 表示

显然，

$$C = (\cdots(((l_1 d_2 + l_2)d_3 + l_3)d_4 + \cdots + l_n - 1)d_n + l_n)$$
$$V = (\cdots((i_1 d_2 + i_2)d_3 + i_3)d_4 + \cdots + i_{n-1})d_n + i_n)$$

这是两个乘加式，容易编程计算其值。另外不论数组的首地址 a 是否确定，都能确定 C。

【例 6.8】 假设 A 是一个 6×8 的二维数组，各维下标为 1，每个元素的宽度为 1，数组的首地址为 a，那么数组元素 $A[i, j]$ 的地址为

$$D = a - C + V = (a - (1 * 8 + 1)) + (i * 8 + j) = (a - 9) + (8 * i + j)$$

6.7.2　赋值语句中数组元素的翻译

在上一小节我们给出了数组元素的地址计算方法，本小节主要讨论赋值语句中数组元素的翻译问题。在赋值语句中对数组 A 元素引用和赋值，关键是计算数组元素的地址。而静态数组在编译时，不必产生四元式代码，可直接将 a−C 的值保存到数组 A 的相关符号表项里，这样，之后只要计算数组 A 中的元素地址，即仅计算 V 的值，然后直接调用 a−C 的值，避免多次重复计算的开销。但是对于那些在编译时数组的首地址 a 不确定的情况怎么办呢？为了使应用具一般性，我们假定产生一个计算 a−C 的四元式中间代码。待到目标代码产生阶段，再视具体情形做进一步处理。

总之，数组元素的翻译中将产生两组计算数组元素地址的四元式：一组计算 V，并将它

放在某个临时单元 T 中；另一组计算 a－C，并把它放在另一个临时单元 T_1 中，再用 $T_1[T]$ 表示数组元素的地址。

我们约定：与"数组元素引用"和"数组元素赋值"对应的四元式分别为

$$(=[\ ],T_1[T],—,X) \quad // \text{变址取数，相当于 } X=T_1[T]$$
$$([\ ]=,X,—,T_1[T]) \quad // \text{变址存数，相当于 } T_1[T]=X$$

下面讨论赋值语句中数组元素的翻译（假定考虑的数组是静态的）。

假设一个含数组元素的赋值语句遵循文法 6.7 的定义，即

$$A\rightarrow V=E$$
$$V\rightarrow i[\langle elist\rangle]|i$$
$$\langle elist\rangle\rightarrow\langle elist\rangle,E|E$$
$$E\rightarrow E+E|(E)|V \hspace{4cm} \text{（文法 6.7）}$$

其中文法符号的含义如下：A 为赋值语句，V 为变量名，i 为简单变量名或数组名，E 为算术表达式，$\langle elist\rangle$ 为一串用逗号分开的表达式，即数组下标列表。

特别说明，该文法定义的数组元素是嵌套的，文法中表达式 E 只含一个二元算符＋，我们可把它看成是所有算术运算符的代表。

为了按照前面所说的方法计算数组元素的 V 部分，需要把关于变量 V 的文法改写成

$$V\rightarrow\langle elist\rangle]|i$$
$$\langle elist\rangle\rightarrow\langle elist\rangle,E|i[E$$

把数组名 i 和最左边的下标式写在一起的目的是使我们在整个下标串 elist 的翻译过程中通过信息传递，始终能知道数组名 i 的符号表入口地址。

计算数组元素的可变部分 V 的思想是，在逐次对 $\langle elist\rangle$ 进行归约的过程中，产生计算 V 的四元式。为了产生这些四元式，需要设置如下的语义变量和过程：

elist. array：表示数组名在符号表中的入口地址。

elist. dim：表示维数计数器。

elist. place：表示记录 V 值的存储单元在符号表中的地址或一个临时变量的整数码。

Limit(ARRAY,k)：功能是返回数组 ARRAY 的第 k 维长度 d_k。其中 ARRAY 是数组名在符号表中的地址。

非终结符 V，既可以是简单变量名 i，又可以是数组元素变量名 i。若是简单变量名，则需要一个语义属性指向 i 在符号表中的入口地址。若是数组元素变量名，则需要两个语义属性来计算数组元素的地址，一个指向保存地址可变部分 V 的临时变量名的整数码，另一个指向保存地址不变部分 a－C 的临时变量名的整数码。综合考虑，可以设置如下语义变量：

V. offset：主要用于区分 V 是简单变量名还是数组元素变量名，同时还能保存数组元素地址可变部分 V 的临时变量名的整数码。若其值为 NULL，表示 V 是一个简单变量名；否则，表示 V 是数组元素变量名，且 V. offset 是指向保存 V 的临时变量名的整数码。

V. place：若 V 是简单变量名，则表示在符号表中的入口地址；否则，表示数组元素变量名，且 V. place 是指向保存 a－C 的临时变量名的整数码。

下面，给出含数组元素的赋值语句翻译方法，如表 6-20 所示。其中其他语义变量、过程或函数同前面章节说明。

表 6-20　赋值语句中数组元素的翻译

产生式	语义规则
① A→V=E	{if V. offset=NULL emit(V. place$'='$E. place); else emit(V. place$[$V. offset$]'='$E. place);}
② E→E^1+E^2	{E. place=newtemp( ); emit(E. place$'='$E^1. place$'+'$E^2. place);}
③ E→(E^1)	{E. place=E^1. place;}
④ E→V	{if V. offset=NULL V. place=V. place); else 　{E. place=newtemp( ); 　　emit(E. place$'='$V. place[V. offset]);}

⑤ V→⟨elist⟩]	{V. place=newtemp( );
	emit(V. place$'='$elist. array$'-'$C);
	V. offset=elist. place;}
	//C是常数,同上一节内容

⑥ V→i	{V. place=i. place; V. offset=NULL;}

⑦ ⟨elist⟩→⟨elist⟩^{1},E	{T=newtemp( );
	k=elist^1. dim+1;
	d^k=limit(elist^1. array,k);
	emit(T$'='$elist. place$' * '$d^k);
	emit(T$'='$T$'+'$E. place;);
	elist. place=T;
	elist. dim=k;}

(8)⟨elist⟩→ i[E	{elist. place=E. place; elist. dim=1; elist. array=i. place;}

【例 6.9】　假设 A 是一个 $6×8$ 的二维数组,各维下标为 1,每个元素的宽度为 1,数组的首地址为 a,那么赋值语句 X=A[i,j]将产生如下四元式序列:

① $T_1 = i * 8$　//8 是指 d_2

② $T_1 = T_1 + j$　//T_1 为数组元素地址可变量 V

③ $T_2 = a - 9$　//T_2 为数组元素地址不变量 a−C

④ $T_3 = T_2[T_1]$　//T_3 为数组元素地址

⑤ $X = T_3$

赋值语句 A[i+3,j+2]=X+Y 将产生如下四元式序列:

① $T_1 = i + 3$

② $T_2 = j + 3$

③ $T_3 = T_1 * 8$　//8 是指 d_2

④ $T_3 = T_3 + T_2$　//T_3 为数组元素地址可变量 V

⑤ $T_4 = a - 9$　//T_4 为数组元素地址不变量 a−C

⑥ $T_5 = X + Y$

⑦ $T_4[T_3]X = T_5$　// $T_4[T_3]$ 为数组元素地址

6.8　过程调用语句的翻译

程序设计语言中,过程调用实质上是程序控制转移到子程序(过程段)的过程。它要处理两件事:一是在转移之前必须采用某种方法把实参信息传给被调用的子程序;二是要保证子程序工作完后能正确返回。也就是说,翻译时要产生一个调用序列和一个返回序列。下面我们先来探讨参数传递方式的问题。

参数传递是指被调用子程序参数的传入与输出。从逻辑语义上看,参数可以分为输入型、输出型与输入输出型三种;从具体实现上看,参数传递可分为按值传递、按地址传递、按值-结果传递、按引用传递等多种处理方式,但是每种方式都对应一种逻辑语义。不同的参数传递方式在程序执行效率及运行结果上差别很大。现在,我们来了解两种常用的参数传递方式。

6.8.1　按值传递

按值传递实现的是输入型逻辑语义。当子程序被调用时,形参变量分配有存储单元,并将相应的实参变量存储单元的值复制到形参变量单元。特点是子程序在执行过程中,形参变量的值发生变化并不影响实参变量的值。这样处理的优点是:子程序体中对参数的访问可以直接进行,无需重新计算参数值或对参数进行引用,从而可以有效提升程序执行效率。它的缺点是:形参作为局部变量,需要额外分配存储空间,若参数太多,则可能耗费很大空间。

6.8.2　按地址传递

按地址传递实现的是输入输出型逻辑语义。当子程序被调用时,形参记录对应实参的地址,也就是说,形参和实参指向同一个对象的内存空间。一般情况下,把变量、数组、对象等作为实参来调用。但在有的程序设计语言中,实参也可以是表达式、常数,如 A+B,5 等,处理方法是先把它的值计算出来并存放到某个临时单元 T 中,然后再传 T 的地址给形参。总之,所有实参的地址应存放在被调用子程序能够取得到的地方。按地址传递的优点是它的时间、空间利用率都很高,缺点是不适用于被调用子程序无法访问到实参地址的情形。

本节以按地址传递方式为例,介绍过程调用语句的翻译。

传递实参地址的一个简单方法是,把实参的地址逐一放在被调用子程序前面。例如,过程调用语句:

$$CALL\ P(A+B,C)$$

其被翻译为(四元式):

① (+,A,B,T)　　//计算 A+B,并存放到临时变量 T 中
② (PAR,-,-,T)　　//第一个参数地址
③ (PAR,-,-,C)　　//第二个参数地址
④ (CALL,-,-,P)　　//转到子程序指令

根据上述过程调用的目标结构,我们如何设计一个属性文法来翻译这种结构呢?

假设一个描述过程调用语句的文法为

$$① \ S \rightarrow CALL \ i(\langle arglist \rangle)$$
$$② \ \langle arglist \rangle \rightarrow \langle arglist \rangle^1, E$$
$$③ \ \langle arglist \rangle \rightarrow E$$

其中 i 是过程名,$\langle arglist \rangle$ 是参数列表串,E 是表达式。

根据按地址传递参数的特性,我们知道在传到子程序执行之前,所有实参的地址要确定下来,并按顺序传递给形参。不然,子程序中的语句无法执行。为了解决这一问题,不防为非终结符$\langle arglist \rangle$设一项语义属性 QUEUE(队列),用它按顺序记录每个实参的地址。另外,为了记录实参个数,以便进入过程后进行参数一致性检查,可以设置一个变量 PAR 表示这个数目。

下面,给出过程调用语句的语法制导翻译方法,如表 6-21 所示。其他语义变量、过程或函数同前面章节说明。

表 6-21　过程调用语句的翻译

产生式	语义规则
① S→CALL i($\langle arglist \rangle$)	{while (p=出队列 arglist. QUEUE)！=NULL do 　　emit(PAR,－,－,p); 　　emit(CALL,－,－,i. place);}
② $\langle arglist \rangle \rightarrow \langle arglist \rangle^1, E$	{将 E. place 加入队列 arglist^1. QUEUE 尾部; 　arglist. QUEUE=arglist^1. QUEUE;}
③ $\langle arglist \rangle \rightarrow E$	{初始化 arglist. QUEUE; 　将 E. place 加入队列 arglist. QUEUE 尾部;}

6.9　本　章　小　结

本章主要介绍了属性文法的概念、语法制导翻译技术、常见中间代码的描述方法以及不同语法结构的语法制导翻译方法。

属性文法是 Knuth 于 1968 年最早提出的,后来才被用于编译程序的设计。它是实际应用中比较流行的、接近形式化的一种语义描述方法,是用来描述高级程序设计语言语义的一种常用工具。属性文法形式上的定义为一个三元组 A＝(G,V,F)。其中 G 表示一个上下文无关文法;V 表示属性的有穷集;F 表示属性的断言或谓词的有穷集。

编译程序所使用的中间代码有多种形式,本章主要介绍了常见的逆波兰式(后缀式)、三元式和树形表示、四元式和三地址式代码等中间代码,并要求能根据已知条件写出以上各种形式的中间代码。

语法制导翻译方法就是在语法分析过程中,伴随着分析的步步推进,根据每个产生式所对应的语义动作(或语义子程序)进行翻译的方法。语法制导翻译方法分为自下而上语法制导翻译方法和自上而下语法制导翻译方法。

本章重点介绍了基于属性文法的自下而上语法制导翻译方法,列举了简单算术表达式和赋值语句、布尔表达式、控制结构、说明语句、含数组元素的赋值语句、过程调用语句等语法结构的翻译。它们的翻译特点是,当使用某个产生式进行归约时,首先对产生式右部每个符号蕴含的语义属性进行处理,将暂时不能处理的语义属性(包括后继要用到的属性)传递给产生式左部非终结符。语义属性设置的主要依据是翻译所达到的目标语言的结构特征,语义过程和函数主要根据语义属性的处理需要来定义。

习 题 6

1. 解释以下名词:
   (1) 属性文法。
   (2) S-属性文法。
   (3) L-属性文法。
2. 根据要求回答下列问题:
   (1) 属性文法中的属性有哪些? 各有什么作用?
   (2) 简述语法制导翻译的基本思想。
   (3) 常见的中间代码的形式有哪些?
   (4) 数组的存储方式有哪些? 其元素的地址如何计算?
   (5) 常见的参数传递的方式有哪些?
3. 给出下列表达式的逆波兰式(后缀式):
   (1) $a * (-b+c)$。
   (2) $a * (-b) - c/(-d+e)$。
   (3) $a+b * (c+d/e)$。
   (4) $\neg A \vee \neg (C \vee \neg D)$。
   (5) $(A \vee B) \wedge (\neg C \vee D)$。
   (6) $A \vee B \wedge (C \vee \neg D \wedge E)$。
   (7) if $(x+y) * z$ then $s=(a+b) * c$ else $s=(a+b)/c$。
4. 给出表达式 $-(a+b) * (c+d) - (a+b+c)$ 的三元式、间接三元式和四元式序列。
5. 据语法制导翻译思想,表达式 E 的"值"描述如表 6-22 所示。采用 LR 分析法,给出表达式 $(4 * 7 + 2) * 3$ 的语法树并在各结点注明语义值 VAL。

表 6-22 题 5 表

产生式	语义规则
① $L \rightarrow E$	{print(E. val);}
② $E \rightarrow E^1 + T$	{E. val=E¹. val+T. val;}
③ $E \rightarrow T$	{E. val=T. val;}
④ $T \rightarrow T^1 * F$	{T. val=T¹. val * F. val;}
⑤ $T \rightarrow F$	{T. val=F. val;}
⑥ $F \rightarrow (E)$	{F. val=E. val;}
⑦ $F \rightarrow digit$	{F. val=digit. lexval;}

6. 将下列语句翻译为四元式序列：

(1) x＝y＊(a＋b)。

(2) Y＝A∨B∧(C∨E)。

(3) if(a>b)∨(c<d) then x＝a＋c else x＝a－d。

(4) while a<b do

if c<d then x＝y＋z else x＝y－z。

7. 假设文法：

$$E \rightarrow E^1 + T \mid T$$

$$T \rightarrow num.\ num \mid num$$

它产生的表达式是对整型和实型常数运用算符＋形成的。当两个整数相加时，结果为整数，否则为实数。请给出相应的语义描述(语义规则)。

8. 据以下文法生成变量的说明，构造一种翻译方案，给出相应的语义描述：

$$D \rightarrow \langle namelist \rangle int \mid \langle namelist \rangle float$$

$$\langle namelist \rangle \rightarrow i, \langle namelist \rangle \mid i$$

第 7 章 符 号 表

【学习目标】 理解符号表的作用及其在编译程序中的地位；理解符号表的内容与操作方式；掌握符号表的组织结构；掌握符号表的构造与查找方法；了解块结构语言的名字作用域分析方法。

合理地设计和使用表格是编译程序构造的一个重要问题。本章主要介绍符号表的内容与操作、组织结构、构造与查找等相关内容。

7.1 符号表的作用与内容

7.1.1 符号表的作用

在编译过程中，编译程序需要不断收集、记录、查证和使用源程序中的各种名字的属性和特征等相关信息。为方便起见，一般的做法是让编译程序在其工作过程中建立并保存一批表格，如常数表、变量名表、过程表或子过程表及标号表等，习惯上将它们统称为符号表或名字表。符号表的每一项包括两个部分，一部分是名字，另一部分是与名字相关的信息。这些信息将全面反映各个语法符号的属性以及它们在编译过程中的特征，诸如名字的种属（常数、变量、数组、标号等）、名字的类型（整型、实型、逻辑型、字符型等）、特征（当前是定义性出现还是使用性出现等）和该名字分配的存储单元地址及与此名字语义有关的其他信息等。这些信息将被用于语法语义检查、产生中间代码以及最终生成目标代码等不同阶段。通常，编译程序在处理到名字的定义性出现时，要把名字的各种属性填入符号表中；当处理到名字的使用性出现时，要对名字的属性进行查证。

编译过程中，每当扫描器识别出一个名字后，编译程序就查阅符号表，看它是否在其中。如果它是一个新名字就将它填进表里。这时不能完全确定名字的有关信息，这将在编译的后续阶段陆续填入。例如，名字的类型等要在语义分析时才能确定，而名字的地址可能要到目标代码生成时才能确定。由此可见，编译程序的各阶段都涉及构造、查找或更新有关的表格。

符号表中所登记的信息在编译程序的不同阶段都要用到。在语义分析中，符号表所登记的内容将被用于语义检查（如检查一个名字的使用和原先的说明是否一致）和产生中间代码。在目标代码生成阶段，当对符号名进行地址分配时，符号表是地址分配的依据。对于一个多遍扫描的编译程序，不同遍所用的符号表也往往各有不同，因为每遍所关心的信息各有差异。

在编译的各个分析阶段,每当遇到一个名字就要查找符号表。如果发现一个新名字,或者发现已有名字的新信息,则要修改符号表,填入新名字或新信息。因此合理组织符号表,使符号表本身占据的存储空间尽量减少,同时提高编译期间对符号表的访问效率,显得特别重要。

特别注意:在编译程序工作过程中,需要建立一些符号表,用来记录源程序中各种名字的属性和特征等信息。在编译的各个分析阶段,都会涉及符号表的操作。因此合理地组织和设计符号表是编译程序构造的一个重要问题。

7.1.2 符号表的内容与操作

概括地说,一张符号表的每一项(或称入口)包含两大栏(或称区段、字域),即名字栏和信息栏。符号表的形式如表 7-1 所示。

表 7-1 符号表的形式

	名　字	信　息
第 1 项(入口 1)	…	…
第 2 项(入口 2)	…	…
…		
第 n 项(入口 n)		

信息栏包含许多子栏和标志位,用来记录相应名字的种种不同属性。由于查填符号表一般是通过匹配名字来实现的,因此名字栏也称主栏,主栏的内容称为关键字(key word)。

符号表信息栏中的每一项都是关于名字的说明。因为所保存的关于名字的信息取决于名字的用途,所以各表项的格式不一定统一。每一表项可以用一个记录表示。为了使表中的记录格式统一,可以在记录中设置指针,把某些信息放在表的外边,用指针指向存放其他信息的空间。

符号表的信息栏中登记了每个名字的有关性质,如类型(整、实或布尔等)、种属(简单变量、数组、过程等)、大小(长度,即所需的存储单元字节数)以及相对数(指分配给该名字的存储单元的相对地址)。不同的程序语言对名字性质的定义各有不同。现今,多数程序语言中的名字或者用说明语句规定其性质(如 C,Java 语言),或者采用某种隐含约定(如 Visual Basic,FORTRAN 中凡以字符 I,J,…,N 开头的标识将代表整型变量名)。有些程序语言如 APL 没有说明语句也没有隐含约定,因此符号表的性质需到目标程序运行时才能确定下来。但编译时,登记在符号表中的各名字的性质只能来自说明语句(包括隐含约定和标号定义)或其他引用情形。

注意:虽然有些程序设计语言支持不经说明便可以直接使用,但对程序设计人员来说,对每个名字先说明后使用有助于形成良好的程序设计风格。

有些名字是先引用后说明的,如标号或函数名。在这种名字每次被引用时都应把它所期望的性质填在信息栏中,检查各次引用的相容性,以及等待相应的说明到达时核对引用和说明的一致性。

特别注意：一张符号表的每一项包含两大栏：名字栏和信息栏。

对变量名和函数名而言，一般要求信息栏中有下列信息：

（1）变量

① 类型（整、实、双实、布尔、字符、复、标号或指针等）。

② 种属（简单变量、数组或记录结构等）。

③ 长度（所需的存储单元数）。

④ 相对数（存储单元相对地址）。

⑤ 对于数组，则记录其内情向量。

⑥ 对于记录结构，则把它与其分量按某种形式联系起来。

⑦ 形参标志。

⑧ 其说明是否已处理过（即标志位定义与否）。

⑨ 是否对这个变量进行过赋值（包括出现在输入名表中）的标志位。

（2）函数

① 是否为程序的外部函数。

② 类型是什么。

③ 其说明是否处理过。

④ 是否递归。

⑤ 形参是些什么，为了与实参进行比较，必须把它们的种属、类型信息同函数名联系在一起。

一个名字的有关信息常常是分好几次填入信息栏中的。例如，在 FORTRAN 中，说明句

REAL　　DATA

DIMENSION　　DATA(100)

将把 DATA 的信息分两次填进信息栏中。

对于那些只使用单一符号表的简单语言，在符号表中填入新项的工作可由词法分析程序来完成。也就是，当扫描器碰到一个标识符时就对它查填符号表，然后回送它在符号表中的位置并作为单词值。但在某些语言中甚至在同一函数段里允许用同一标识符标识各种不同对象。例如，XYZ 可能既是一个实变量名又是一个标号名，或者又是某个结构型数据的一个分量名。在这种情况下，使用单一符号表或词法分析程序查填符号表都是非常不方便的。因此采用多种符号表并让语法、语义分析程序负责查填工作是比较妥当的。对于词法分析程序来说，只要求它凡碰到标识符就直接送出此标识符自身即可。

在整个编译期间，对符号表的操作大致可归纳为五类：

① 对于给定名字，查询此名是否已在表中。

② 往表中填入一个新的名字。

③ 对于给定名字，访问它的某些信息。

④ 对于给定名字，往表中填写或更新它的某些信息。

⑤ 删除一个或一组无用的项。

不同种类的表格所涉及的操作往往也是不同的。上述五类操作只是一些基本的共同操作。

7.2 符号表的组织与管理

编译开始时,符号表或者是空的,或者预先存放了一些保留字和标准函数名的有关项。在整个编译过程中,符号表的查填频率是非常高的。编译工作的大部分是查填符号表。所以研究表格的组织结构和查填方法是一件非常重要的事情。符号表中信息栏的具体组织和安排取决于所翻译的具体语言与目标机器的字长和指令系统。

7.2.1 符号表的组织结构

符号表最简单的组织方式是让各项各栏所占的存储单元的长度都是固定的。这种项栏长度固定的表格易于组织、填写和查找。对于这种表格,每一栏的内容可直接填写在有关的区段里。例如,有些语言规定标识符的长度不得超过 8 个字符,这样可以用两个机器字符作为主栏(假定每个机器字可容纳 4 个字符),每个名字直接填写在主栏中。若标识符长度不到 8 个字符,则用空白符补足。这种用直接方式填写的表格形式如表 7-2 所示。

表 7-2　直接填写的符号表

名　　字	信　　息
Sentence	...
Data	...

有许多语言对标识符的长度几乎不加限制,或者说,标识符的长度范围甚宽,如最长可容许由 100 个字符组成的名字。在这种情况下,如果每项都用 25 个字作为主栏,则势必会大量浪费存储空间。因此最好用一个独立的字符串数组,把所有标识符都连续存放在其中。在符号表的主栏放一个指示器和一个整数,或在主栏仅放一个指示器,在标识符前放一个整数。指示器指出标识在字符串数组中的位置,整数代表此标识符的长度。这样,符号表的结构就如图 7-1 所示。

对于数组,需要存储的信息有维数、每一维的大小等,如果将它们与其他名字全部集中在一张符号表中,处理起来很不方便。因此常为数组设立专门的信息区,称为数组信息表(或内情向量表)。将数组的有关信息全部存入此表中,在符号表的地址栏中存入该数组在内情向量表中的入口地址(即指针)。如图 7-2 所示,当填写或查询数组有关信息时,通过符号表来访问此内情向量表。对于函数名字以及其他一些信息含量较大的名字,都可开辟类似的专用信息表,用于存放那些不宜全部存放在符号表中的信息,而在符号表中保留与信息表相联系的地址信息。

这是一种用间接方式安排名字栏的方法。类似地,如果各种名字所需的信息空间长短不一,可以把一些共同属性直接登记在符号表的信息栏中,而把某些特殊属性登记在别的地方,并在信息栏中附设一指示器,指向存放特殊属性的地方。

一张可容纳 N 项的符号表在存储器中可用下述方式之一表示(假定每项需用 K 个字):

① 把每一项置于连续的 K 个存储单元中，从而给出一张长度为 K * N 个字的表。

② 把整个符号表分成 M 个子表，如 $T_1, T_2, \cdots, T_M$，每个子表含 N 项。假定子表 T_i 的每一项所需的字数为 K_i，那么 $K = K_1 + K_2 + \cdots + K_M$。对于任何 i，$T_1[i], T_2[i], \cdots, T_M[i]$ 的并置构成符号表第 i 项的全部内容。

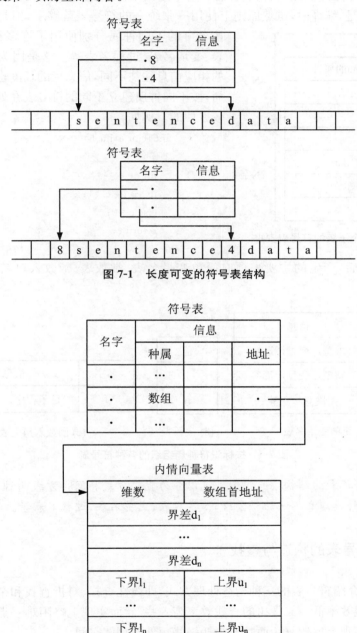

图 7-1　长度可变的符号表结构

图 7-2　访问内情向量表

在编译程序的工作过程中，每一遍所用的符号表可能略有差别。一般说来，主栏和某些基本属性栏大多不会改变，但其他一些信息栏可能在不同阶段有不同的内容。为了合理使用存储空间(特别是重新利用那些已经过时的信息栏所占用的空间)，最好采用上述第②种存储表示方式,以便靠后的子表在不同阶段可以被重新安排。

例如,把主栏和信息栏分成两个子表,如果令主栏占两个字,信息栏占四个字,那么符号表的内存安排就如图 7-3 所示。

如果编译程序是用高级语言实现的话,可以定义结构来实现符号表。

值得指出的是,编译时,虽然原则上使用一张统一的符号表就够了,但是许多编译程序按名字的不同种属分别使用了许多符号表,如常数表、变量名表、过程名表等。这是因为不同种属名字的相应信息往往不同,信息栏的长度也各有差异。因而,按不同种属建立不同的符号表在处理上常常是比较方便的。例如,

```
int f(int a,int b)
{
    int c;
    if(a>b) c=1;
    else c=0;
    return c;
}
```

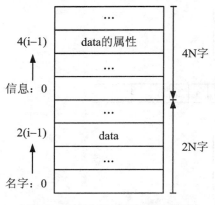

图 7-3　分两个子表的符号表安排

经编译前期处理后,产生的主要表项有简单变量名表、常数表、函数入口名表等,如图 7-4 所示。

名字	信息
a	整型,变量,形参
b	整型,变量,形参
c	整型,变量

(a) 简单变量名表

值
1
0

(b) 常数表

名字	信息
f	二目子程序,入口地址

(c) 函数入口名表

图 7-4　按标识符种属组织的各种符号表

特别注意:符号表的结构按组织方式可以分为直接方式和间接方式两种。另外,还可以根据名字的不同种属建立不同的符号表,如常数表、变量名表、过程名表等。

7.2.2　符号表的构造与查找

下面简单地介绍符号表的三种构造处理方式,即线性查找、对折查找和杂凑技术。第一种方法最简单,但效率低。二叉树的查找效率高一些,然而实现上略困难一点。杂凑技术的效率最高,可是实现上比较复杂而且要消耗一些额外的存储空间。

1. 线性查找与线性表

构造符号表最简单和最容易的方法是按关键字出现的顺序填写各个项,这样可以用一个一维数组或多个一维数组来存放名字及有关信息。当碰到一个新名字时就按顺序将它填

入表中,若需要了解一名字的有关信息,就从第一项开始顺序查找。一张线性表的结构如图 7-5 所示。图中,指示器 AVAILABLE 总是指向空白区的首地址。

线性符号表

项数	名字	信息
1	pointer	⋯
2	data	⋯
3	x	⋯
4	link	⋯
AVAILABLE →		

图 7-5　线性表(Ⅰ)

线性表中每一项的先后顺序是按先来者先填的原则安排的,编译程序不做任何整理次序的工作。如果是显式说明的程序设计语言,则根据各名字在说明部分出现的先后顺序填入表中(表尾);如果是隐式说明的程序设计语言,则根据各名字首次引用的先后顺序填入表中。当需要查找某个名字时,就从该表的第一项开始顺序查找,若一直查到 AVAILABLE 还未找到这个名字,就说明该名字不在表中。

根据一般程序员的习惯,新定义的名字往往要立即使用。所以按反序查找(从 AVAILABLE 的前一项开始追溯到第一项)也许效率更高。当需要填入一个新说明的名字时,必须先对这个名字查找表格:如果它已在表中,就不重新填入(通常要报告重名错误);如果它不在表中,就将它填进 AVAILABLE 所指的位置,然后累增 AVAILABLE 使它指向下一个空白项的单元地址。

对于一张含 n 项的线性表,欲从中查找一项,平均来说需要做 n/2 次的比较。显然这种方法的效率很低。但由于线性表的结构简单而且节省存储空间,所以许多编译程序仍采用线性表。

如果需要,可设法提高线性表的查找效率。方法之一是,给每项附设一个指示器,这些指示器把所有的项按最新最近访问原则连接成一条链,使得在任何时候,这条链的第一个元素所指的项是那个最新被查询过的项,第二个元素所指的项是那个次新被查询过的项,如此等等。每次查表时都按这条链所指的顺序,一旦查到之后就即时改造这条链,使得链头指向刚才查到的那个项。每当填入新项时,总让链头指向这个最新项。含有这种链的线性表叫作自适应线性表。

2. 对折查找与二叉树

为了提高查表的速度,可以在构造表的同时把表格中的项按名字的大小顺序整理排列。所谓的名字的大小通常是指名字的内码二进制值。例如,规定值小者在前,值大者在后,如果按有序方式组织图 7-5,则构成如图 7-6 所示的表。

对于这种经顺序化整理了的表格的查找可用对折法。假定表中已含有 n 项,要查找某项 SYM 时,首先把 SYM 和中项(即第[n/2]+1 项)做比较:

① 若相等,则宣布查到。

② 若 SYM 小于中项,则继续在 1~[n/2]的各项中去查找。

③ 若 SYM 大于中项,则到[n/2]＋2～n 的各项中去查找。

线性符号表

项数	名字	信息
1	data	⋯
2	link	⋯
3	pointer	⋯
4	x	⋯
AVAILABLE ⟶		

图 7-6　线性表(Ⅱ)

这样一来,经一次比较就甩掉近 n/2 项。当继续在 1～[n/2](或[n/2]＋2～n)的范围中查找时,同样采取与新的中间项做比较的方法。如果还查找不到,再把查找范围折半。显然,使用这种查找法每查找一项最多只需做 $1+\log_2 n$ 次比较,因此这种查找法也叫对数查找法。

这种方法虽好,但对一遍扫描的编译程序来说,没有太大的用处。符号表是边填边引用的,这意味着每填入一个新项都得做顺序化的整理工作,而这是极费时间的。

一种变通的方法是把符号表组织成一棵二叉树。令每项是一个结点,每个结点附设两个指示器栏,一栏为 LEFT(左枝),另一栏为 RIGHT(右枝)。每个结点的主栏内码值被看成代表该结点的值。对这种二叉树我们有一个要求,那就是任何结点 p 左枝的所有值均应小于结点 p 的值,而任何结点 p 右枝的值均应大于结点 p 的值。

二叉树的形成过程是:将第一个碰到的名字作为根结点,它的左、右指示器均置为 null。当要加入新结点时,首先把它和根结点的值做比较,小者放在左技上,大者放在右枝上。如果根结点的左(右)枝已成子树,则让新结点和子树的根再做比较。重复上述步骤,直至把新结点插入并使它成为二叉树的一个端末结点(叶)为止。图 7-5 的线性表的二叉树表示形式如图 7-7 所示。

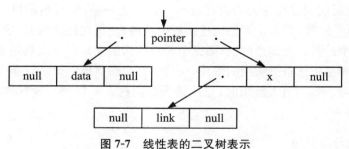

图 7-7　线性表的二叉树表示

二叉树的查找效率比对折查找效率显然要低一点,而且由于附设了左、右指示器,存储空间也得多耗费一些。但它所需的顺序化时间显然要少得多,而且每查找一项所需的比较次数仍是和 $\log_2 n$ 成比例的。因此它是一种可取的方法。

3. 杂凑技术与杂凑表

对于表格处理来说,根本问题在于如何保证查表与填表两方面工作都能高效地进行。对于线性表来说,填表快,查表慢;而对于对折法而言,则是填表慢,查表快。杂凑技术是一种争取使查表、填表两方面工作都能高速进行的统一技术。

杂凑技术的主要思想是：假定有一个足够大的区域，这个区域用来存放一张含 N 项的符号表。构造一个地址函数 H，对于任何名字 SYM，H(SYM)的取值在 0 至 N−1 之间。这就是说，不论对 SYM 查表还是填表，都希望能从 H(SYM)获得它在表中的位置。

例如，我们用无符号整数作为名字，令 N＝19，把函数 H(SYM)定义为 SYM/N 的余数。那么名字 07 将被置于表中的第 7 项，38 将被置于表中的第 0 项，191 将被置于表中的第 1 项，如此等等。

对地址函数 H 有两点要求：

① 函数的计算要简单、高效。

② 函数值能比较均匀地分布在 0 至 N−1 之间。

例如，若取 N 为质数，把函数 H(SYM)定义为 SYM/N 的余数就是相当理想的。

构造函数 H 的方法很多，通常是将符号名的编码杂凑成 0 至 N−1 间的某一个值。因此地址函数 H 也常被称为杂凑函数。由于用户使用标识符是随机的，并且标识符的个数也是无限的（虽然在一个源程序中所有标识符的全体是有限的），所以企图构造一一对应的函数是不可能的。在这种情况下，除了希望函数值的分布比较均匀之外，我们还应设法解决"地址冲突"的问题。

以 N＝19，H(SYM)为 SYM/N 的余数为例，由于 H(05)＝H(24)＝5，若表格的第 5 项已被 05 所占，那么后来的 24 应放在哪里呢？

杂凑技术常常使用一张杂凑表(链)通过间接方式查填符号表。把所有具有相同杂凑值的符号名连成一串，便于线性查找。杂凑表是一个可容 N 个指示器值的一维数组，它的每个元素的初值全为 null。符号表除了通常包含的栏外还增设一链接栏，它把所有持相同杂凑值的符号名连接成一条链。例如，假定 H(SYM1)＝H(SYM2)＝H(SYM3)＝h，那么这三个项在表中出现的情形如图 7-8 所示。

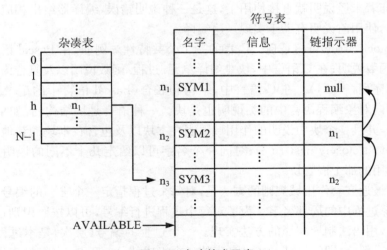

图 7-8 杂凑技术示意

填入一个新 SYM 的过程是：

① 首先计算出 H(SYM)的值 h(在 0 与 N−1 之间)，置 p：＝HASHTABLE[h](若未曾有杂凑值为 h 的项名填入过，则 p：＝null)。

② 然后置 HASHTABLE[h]：＝AVAILABLE，再把新名 SYM 及其链接指示器的值 p 填进 AVAILABLE 所指的符号表位置，并累增 AVAILABLE 的值使它指向下一个空项的位置。

使用这种方法查表的过程是，首先计算出 H(SYM)＝h，然后就指示器 HASHTABLE[h] 所指的项链逐一按序查找(线性查找)。

特别注意：符号表有三种处理和构造方式：线性表、二叉树和杂凑技术。

7.3　名字的作用域

通常借助符号表进行名字的作用域分析。程序语言中，名字往往有一个确定的作用范围。例如，对于允许过程嵌套的程序设计语言，每层过程中说明的名字可能只局限于该过程，离开了所在过程就无意义了。因此名字的作用范围是和它所处的那个过程(它在这个过程中被说明了)相联系的。这意味着，在一个程序里，同一个标识符在不同的地方可能被说明为标识不同的对象，也就是说，同一个标识符，具有不同的性质，要求分配不同的存储空间。于是便产生了这样的问题，如何组织符号表，使得同一个标识符在不同的作用域中能得到正确的引用，而不会产生混乱？这就是名字的作用域分析要解决的问题。

编程语言中的作用域规则变化很广，但对许多语言都有一些共同的规则。本节讨论其中最重要的两条：使用前说明和块结构的最近嵌套作用域规则。

使用前说明(declaration before use)是一条常见的规则，在 C，Java 和 Pascal 等众多程序设计语言中得到广泛使用，在对程序中出现的名字进行任何引用之前，要求对其进行说明。使用前说明允许符号表在分析期间建立，当程序中遇到对名字的引用时进行查找，如果查找失败，意味着未经说明就直接使用了，这是一种说明错误，编译器给出相应的出错消息。因此可以看出，使用前说明有助于实现一遍编译。

块结构(block structure)是现代语言的一个公共特性。例如，在 Pascal 语言中，块是主程序和过程/函数说明；在 C 语言中，块是编译单元、过程/函数说明以及复合语句(用花括号括起来的语句序列〈……〉)。在 C 语言中，结构和联合(Pascal 语言中的记录)也可看成是块，类似地，面向对象编程语言中的类说明也是块。一种语言是块结构的，如果它允许在块的内部嵌入块，并且一个块中说明的作用域限制在本块以及包含在本块的其他块中，服从最近嵌套规则(most closely nest rule)；对同一个名字可以给定几个不同的说明，被引用的说明是最接近引用的那个嵌套块。

通常实现最近嵌套作用域规则的方法是，对每个过程指定一个唯一的编号，即过程的顺序号，以便跟踪过程中的局部名字。为了对每个过程进行编号，可以按照识别过程开头和结尾的语义规则，用语法制导翻译的方法实现。一个过程的编号(层次)是本过程中说明的全部局部量的组成部分，即编号被看成是名字的一个组成部分。于是，在符号表中用一个二元组表示局部名字：(名字，过程编号)。这种方法意味着我们把整个符号表按不同的过程逻辑划分为相应的不同段落。在查找每个名字时，先查过程编号，确定所属的表区段落，然后再从此段落中查找标识符。也就是说，对一个名字查找符号表，只有当表项中的名字字符逐个匹配，并且当和记录相关的编号与当前所处理的过程的编号匹配时，才能确定查找成功。

下面以 C 语言中的符号表的组织为例,说明块结构语言的名字作用域分析。

为了说明块结构与最近嵌套规则如何影响符号表,考虑图 7-9 的 C 程序段。在这段程序中,有图中所示的五个块。首先是整个程序段的块,它包括整型变量 i 和 j 以及函数 f 的说明;其次是 f 自身的说明,它包含参数 size 的说明;第三个块是 f 函数体的复合语句,它包含字符变量 i 和 temp 的说明(函数说明和相关的函数体也可被看成是一个块);第四个块是包含说明 double j 的复合语句 A;第五个块是包含说明 char *j 的复合语句 B。在函数 f 内,符号表中有变量 size 和 temp 的单独说明,所有这些名字的使用都参考这些说明。对于名字 i 的情况,在 f 的复合语句内部有一个 char i 的局部说明,根据最近嵌套规则,这个说明代替(覆盖)了该程序段外面的非局部的 int 说明(称非局部声明 int i 在函数 f 内有一个洞)。类似地,f 中两个后来的复合语句中的 j 的说明代替它们各自块内的非局部的 int 说明。在每种情况下,当局部说明的块存在时,i 和 j 的原始说明被覆盖。

为了实现嵌套作用域和最近嵌套规则,符号表的插入操作不必改写前面的说明,但必须设法临时隐藏它们。这样查找操作只能找到名字最近插入的说明。同样,删除操作不需删除与这个名字相应的所有说明,只需删除最近的一个,同时保留前面的任何说明。然后,符号表的构造可以继续进行:执行插入操作使所有说明的名字进入每个块,执行相应的删除操作使相同的名字从块中退出。从这里我们可以看出,符号表对名字的嵌套作用域的处理类似于堆栈的方式。

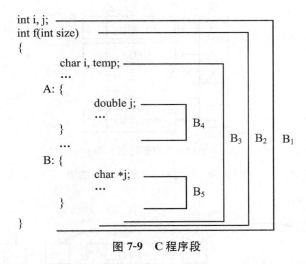

图 7-9　C 程序段

为了说明如何使用这个结构,考虑在上一节描述的符号表的散列组织。在处理完函数 f 的声明之后进入复合语句 A 之前,符号表的内容如图 7-10(a)所示。处理完函数 f 内的复合语句 B 之后的符号表的内容如图 7-10(b)所示。最后,退出函数 f 以后的符号表的内容如图 7-10(c)所示。

还有其他的方式可以实现嵌套的作用域。其中的一种策略是对每个作用域建立一张新的符号表,把它们按照作用域自里向外连接起来,这样,查找操作如果不能在当前表中找到一个名字,就自动在外面包含它的表中继续查找。当退出一个作用域时,删除操作就非常简单,只需删除对应作用域的整个表。图 7-11 表示了对应图 7-10(b)的情形。

对于不同的语言及其编译器,在构造符号表的过程中可能还需要其他的处理和计算。一种情况是,如果非局部名字在一个作用域的局部空间中仍要可见,就可以使用一个类似于

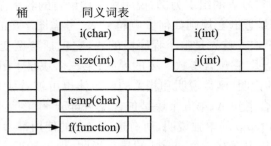

(a) 处理完函数f的声明

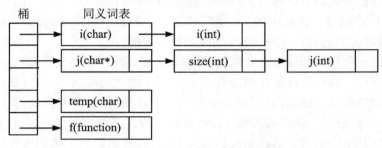

(b) 处理完函数f内复合语句B的声明

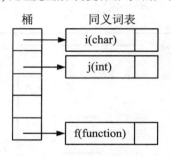

(c) 退出函数f(删除其声明)

图 7-10　对应图 7-9 的符号表结构

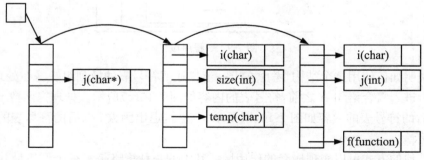

图 7-11　对应图 7-10(b)的符号表结构——每个作用域使用独立的表

记录域的选择符来引用它。例如,C++中的作用域解析操作符"::",它允许一个类声明的作用域在声明以外访问。这就允许在类声明之外定义成员函数:

```
class A
{
```

```
    int f( );  //f 是一个成员函数
};
    int A∷f( )  //这是 A 中 f 的定义
{…}
```

类、过程和记录结构可被看作是一个命名作用域,包含了一组属性的局部声明。当这些作用域需要在声明之外引用时,为每个作用域单独建立一个符号表(图 7-11)的组织结构就有优势。

7.4 本 章 小 结

在编译程序工作过程中,需要对符号表进行频繁的访问(查填符号表),这项工作所耗费的时间占整个编译程序工作所需总时间的很大比例。因此设计一个合理的符号表结构,选择或设计高效的查填表方法,是提高编译程序效率的一个重要方面。

一张符号表的每一项主要包含两大栏:名字栏和信息栏。符号表的组织结构主要有直接式和间接式,前者适用于定长或长度不多的情形,后者适用于长度可变的情形。另外,为方便处理,有些编译程序按名字的不同种属分别使用不同的符号表,如常数表、变量名表和函数名表等。

符号表通常有三种构造处理法,即线性查找、对折查找和杂凑技术。线性查找法效率较低。但由于线性表结构简单,查、造表算法容易设计,因此编译程序在不少场合仍采用它。对于长度为 n 的表,用对折查找法每查找一个表项最多只需做 $1+\log_2 n$ 次比较,速度较快,但用它造表时,要对表项进行顺序化整理,因而需要额外的时间。这种方法比较适用于固定长度的有序表。杂凑技术是查表、造表速度都很快的一种技术,在大多数情况下,只要进行一次比较就能查找成功,但这种方法要求有比较大的定长的存储空间和好的杂凑函数(即该函数的计算不复杂,而且其散列性能较好)。

在许多程序语言中,名字往往有一个确定的作用域,而且这个域是和它所处的那个过程相联系的。编程语言中的作用域规则变化很广,但许多语言都有一些共同的规则,其中最重要的两条是:使用前说明和块结构的最近嵌套作用域规则。

习 题 7

1. 解释下列名词:
   (1) 符号表。
   (2) 内情向量表。
   (3) 自适应线性表。
   (4) 使用前说明。
   (5) 块结构语言。
   (6) 最近嵌套规则。
2. 根据要求,回答下列问题:

(1) 符号表有什么作用？它在编译程序中的地位如何？

(2) 符号表的每一项包括哪些栏目？每个栏目分别描述什么内容？

(3) 符号表的组织结构有哪些？

(4) 符号表有哪些常用操作？

(5) 构造和查找符号表时，其常用的数据结构有哪些？它们各有什么优缺点？

3. 给出自适应线性表的查填算法(注意修改自适应链)。

4. 设计一个用对折法造表(包括排序)的算法。

5. 设计杂凑技术中解决冲突的两种方法——链接法的造、查表算法。

6. 树结构的符号表就是用一棵二叉树(即每个分支只有一个或两个结点的树)安排各表项。树的每个结点表示表中一个填有内容的表项，根结点是编号为 1 的表项。例如，图 7-12(a)表示具有一个标识符 g 的表项。若要填入标识符 d，因 d<g，于是在其左端长出一分支，见图 7-12(b)。假定现要填入标识符 m，因 g<m，故从 g 的右端长出另一分支，见图 7-12(c)。最后，假定还要填入标识符 e，因 e<g，我们从 g 的左枝向下找 d，又因 d>e，于是从 d 的右端长出一分支，见图 7-12(d)。按这种约定再填入标识符 a,b,f，其二叉树见图 7-12(e)。试设计一算法，使它按字母顺序打印出二叉树上各结点的标识符。

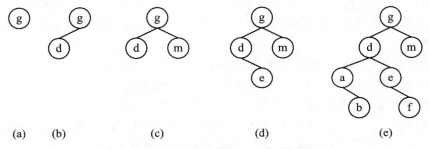

(a)　　(b)　　　　(c)　　　　　　(d)　　　　　　　(e)

图 7-12　树结构的符号表——二叉树的图示

7. 假定我们有一张 10 个单元的杂凑表(链)和一个足够大的存区用于登记符号名和链接指示器。此处用自然数作名字，杂凑函数的定义为 H(i)＝i(mod10)。当最初的 10 个素数 2,3,5,…,29 进入符号表后，请给出杂凑表(链)和符号表的内容。当更多的素数进入符号表后，你能使它们随机均匀地分布在 10 个子表中吗？为什么？

8. 程序块是程序语言的主要构造元素，它允许以嵌套的方式确定局部声明。大多数语言规定，程序块结构的声明作用域符合最近嵌套规则，请按照这个规则写出下列声明的作用域：

```
main( )
{ / * 开始块 B0 * /
    int a＝0;
    int b＝0;
    { / * 开始块 B1 * /
        int b＝1;
        { / * 开始块 B2 * /
            int a＝2;
```

```
      }/ * 结束块 B2 * /
      {/ * 开始块 B3 * /
          int b＝3；

      }/ * 结束块 B3 * /
    }/ * 结束块 B1 * /
  }/ * 结束块 B0 * /
```

第8章　运行时的存储组织与管理

【**学习目标**】　理解程序运行时存储空间的划分；理解静态的存储分配和动态的存储分配方案；掌握参数传递的四种方式：传地址、传值、传结果和传名。

对源程序进行词法、语法和语义分析后，在生成其目标代码前，编译程序还必须考虑目标程序运行时所使用的存储空间的管理问题，即需要把程序静态的正文和实现这个程序的运行的活动联系起来。程序语言中使用的存储单元都由标识符来表示。它们对应的内存地址都是由编译程序在编译时或由其生成的目标程序在运行时进行分配。所以对编译程序来说，存储组织与管理是一个复杂而又十分重要的问题。

本章主要介绍目标程序运行时存储空间的划分，包括静态存储和动态存储分配方案。

8.1　存储分配基础及典型存储分配方案

8.1.1　存储分配基础知识

编译程序为了使经它编译后得到的目标程序能够运行，要从操作系统中获得一块存储空间。这块空间用来存储程序的目标代码以及目标代码运行时需要或产生的各种数据。

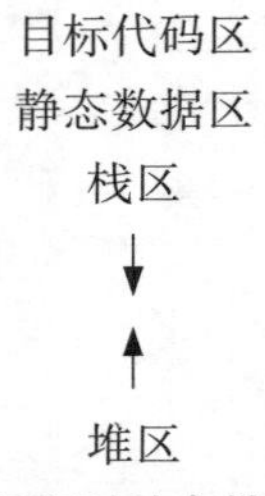

目标代码区
静态数据区
栈区
↓
↑
堆区

图 8-1　运行时的存储空间划分

根据空间的用途，运行时的存储空间通常划分为目标代码区、静态数据区、栈区和堆区，如图 8-1 所示。目标代码区用来存放目标代码，其长度是固定的，在编译时能确定；静态数据区用来存放编译时能确定占用空间的数据；堆栈区用于存储可变数据以及管理过程活动的控制信息。

在 Pascal 语言和 C 语言的实现系统中，使用扩充的栈来管理过程的活动。当发生过程调用时，中断当前活动的执行，激活被调用过程的活动，并把包含在这个活动生存期中的数据对象以及和该活动有关的其他信息存入栈中。当控制流从被调过程返回时，将所使用的数据信息从栈顶弹出。同时，被中断的活动恢复执行。

在运行时存储空间的划分中有一个单独的区域叫作堆，用于存放动态数据。Pascal 语言和 C 语言都允许数据对象在程序运行时分配空间，以便建立动态数据结构，这样的数据存储空间可以分配在堆区。

一个栈或堆的大小会随程序的运行而改变，所以应使它们的增长方向相对，如图 8-1 所示。栈按地址增加方向向下增长,这样栈顶在下边。如果用 top 指针标记栈顶位置,则通过 top 指针可以知道栈顶的位移。为提高编译效率,许多编译系统都使用一个专用寄存器来存放 top 指针。

编译程序在运行时的存储分配方案有两种:静态存储分配方案和动态存储分配方案。其中动态存储分配方案又分为两种:栈式分配方案和堆式分配方案。实际上,几乎所有的程序设计语言都使用这三种方案中的某一种或它们的混合形式。在一个具体的编译系统中究竟采用哪种存储分配方案,主要根据程序语言关于名称的作用域和生存期的定义规则来决定。像 FORTRAN 这样的语言,不允许过程递归,不含可变体积的数据对象或待定性质的名称,能在编译时完全确定其程序的每个数据对象运行时在存储空间的位置。因此在设计 FORTRAN 语言编译程序时,可采用静态存储分配方案。像 Pascal,C 以及 C＋＋等语言,由于它们允许递归过程,在编译时无法预先确定哪些递归过程在运行时被激活,也不知道调用的深度,因此采取栈式动态存储分配方案,只要递归调用一次,就可将当前信息压入栈中。Pascal,C 以及 C＋＋等语言,还允许用户动态地申请和释放存储空间,而且空间释放时不一定遵守先申请后释放或后申请先释放的原则,因此需要采用一种更为复杂的堆式动态存储分配方案。

8.1.2　静态存储分配方案

在编译时,如果能够确定一个程序在运行时所需的存储空间的大小,就能够安排好目标程序运行时的全部数据空间,并能确定每个数据对象的存储位置,这种分配方案称为静态存储分配方案。采用静态存储分配方案的语言必须满足下列条件:

① 不允许过程有递归调用。

② 不允许有可变大小的数据项,如可变数组或可变字符串。

③ 不允许用户动态建立数据实体。

静态存储分配由编译程序在编译时进行,而动态存储分配在编译时生成相应的存储分配目标代码,在目标程序运行时进行。采用静态存储分配的典型语言是 FORTRAN 语言。

静态存储分配是最简单的存储分配方案。编译程序对源程序进行处理时,对每个变量在符号表中创建一个记录,保存该变量的属性,其中包括为变量分配的存储空间地址,即目标地址。由于每个变量需要的空间大小已知,所以可按下列简单的方法给每个变量分配目标地址:从符号表的第一个入口开始依次为每个变量分配地址,设第一个数据对象的地址为 a(表示相对于该程序段的数据区的首地址的位移),则第二个数据对象的地址就是 $a＋n_1$(其中 n_1 表示第一个变量所占有的单元数),然后逐个累计计算每个数据对象的地址。可以在编译时就分配好保存程序变量值所需要的数据空间(例如,整型变量占 2 个字节,实型变量占 4 个字节,字符型变量占 1 个字节等),但一般情况下这是不必要的,因为该数据区能够在程序开始执行之前由系统来建立(通常称为加载)。

目标地址可以是绝对地址,也可以是相对地址。如果编译程序是用于单任务环境的,通常采用绝对地址作为目标地址。那么开始地址 a 可以这样来确定:将程序和数据区放在操作系统的常驻区以外的存储区中。如果编译程序是用于多程序任务环境的,那么目标地址可采用相对地址,也就是相对于程序数据区的基地址。若使用相对地址方式,程序的每一次执行中,程序及其数据区可以处在不同的存储区中。加载器通过设置一个寄存器并将数据区的首地址送入该寄存器内来完成数据区的定位。

FORTRAN 标准文本规定,每个初等类型的数据对象都用一个确定长度的机器字表示。假定整型和布尔型数据对象各用一个机器字表示,实型用两个连续的机器字表示。图 8-2(a)是一个 FORTRAN 语言程序段,图 8-2(b)是与图 8-2(a)的程序段对应的符号表,并已分配了地址。符号表中的 num 栏表示数据区的编号,num 栏和 addr 栏形成了该程序段在运行时的存储映像。

SUBROUTINE EXAM(X,Y)
REAL M
INTEGER A,B(100)
REAL R(5,40)
A=B+1
······
END

name	type	···	num	addr
EXAM	过程			
X	实		K	a
Y	实		K	a+2
M	实		K	a+4
A	整		K	a+6
B	整		K	a+7
R	实		K	a+107

(a) 一个 FORTRAN 程序段　　　　　(b) 对应的符号表

图 8-2　一个 FORTRAN 程序段及其对应的符号表

```
隐式参数区
形式参数区
简单变量区
数组区
其他程序变量
```

图 8-3　FORTRAN 程序段的数据区格局

一个 FORTRAN 程序段在采用静态存储分配方案时的数据区格局如图 8-3 所示。对于一个程序段(相当于一个过程),其数据区分成三个部分:第一部分用于存放隐式参数,第二部分用于存放形式参数,第三部分用于存放程序变量。

隐式参数区主要用于和主调过程建立通信,该参数可以是主调过程的返回地址或者在不能利用寄存器返回函数值时传回函数返回值,这些信息不会在程序中明显地出现,所以称为隐式参数。形式参数区用来存放相应实参的地址或值。程序变量区是简单变量、数组、记录以及编译程序所产生的临时变量的存储空间。

8.1.3　动态存储分配方案

有些语言允许有长度可变的串和动态数组,并允许过程递归调用,那么在编译时就无法确定所需数据空间的具体大小,因此存储分配必须留到目标程序运行时动态地进行,这种分配策略称为动态存储分配方案。动态存储分配方案包括两种:栈式和堆式。

为讨论方便,首先引入一个术语——过程的活动记录。过程的活动记录是一段连续的存储空间,用以存放过程的一次执行所需要的信息,这些信息如图 8-4 所示。

但并不是所有的语言和编译程序全部使用这些信息。对它们

```
临时工作单元
局部变量
机器状态信息
存取链
控制链
实参
返回地址
```

图 8-4　过程的活动记录

简单描述如下：

① 临时工作单元。比如计算表达式过程中需存放中间结果用的临时值单元。

② 局部变量。一个过程的局部变量。

③ 机器状态信息。容纳该过程执行前关于机器状态的信息，诸如程序计数器、寄存器的值等，这些值都需要在该过程返回时给予恢复。

④ 存取链。用以存取非局部变量，这些变量存放于其他过程活动记录中。并不是所有语言都需要该信息。

⑤ 控制链。指向调用该过程的那个过程的活动记录。这也不是所有语言都需要的。

⑥ 实参。也称形式单元，由调用过程向该被调过程提供实参的值（或地址）。当然在实际编译程序中，也常常使用机器寄存器传递实参。

⑦ 返回地址，保存该被调过程返回后的地址。

下面分别介绍栈式和堆式这两种动态存储分配方案。

1. 栈式动态存储分配方案

在栈式动态存储分配方案中，一个程序在运行时所需要的数据空间大小事先是未知的，因为编译时的每个目标所需要的数据空间的大小是未知的。但在运行中进入一个程序模块时，该模块所需要的数据空间大小必须是已知的。类似地，数据目标的多次出现也是允许的，运行时，每当进入一个程序模块，就为其分配一个新的数据空间。

栈式动态存储分配将整个程序的数据空间设计为一个栈，每当进行一个新的过程调用时，在栈的顶部为该过程的活动记录分配一个新的数据空间，当调用结束时则释放活动记录在栈顶所占用的这部分空间。过程所需的数据空间包括两部分：一部分用以生存期在本过程本次活动中的数据对象，如局部变量、参数单元、临时变量等；另一部分则用以管理过程活动的记录信息，即当一次过程调用出现时，调用该过程的那个过程的活动即被中断，当前机器的状态信息，诸如程序计数器（返回地址）、寄存器的值等，也都必须保留在栈中。C, Pascal 等语言采用这种存储分配方式。

根据程序的嵌套性质，栈式动态存储分配可以简单地使用一个类似于堆栈的数据区来实现，策略如下：

① 申请。程序内的每个程序模块都有自己的数据区，在程序运行中，当模块被调用时，就从总的数据区中请求一个空间作为其数据区（即入栈），并保留该空间，直到整个模块执行完为止。

② 释放。当模块执行完毕退出模块时，释放它所占有的数据区（即出栈）。

③ 嵌套调用。从模块被调用到它运行结束期间，还可以通过过程调用或程序块入口进入其他的模块，此时，也按上面所介绍的方法将这些模块的数据区入栈或出栈。当嵌套的被调用程序运行结束返回到主调程序中的调用处时，栈中的格局和内容会恢复到调用之前的状态。

下面通过一段 C 程序的运行过程来说明程序运行时栈的变化情况：

```
float x;
void main ( )
{int x;
 x＝3;
```

```
    printf("%d\n",r(x));
    }
int r(int i)
{int x;
    x=s(i+10);
    return x;
}
int s(int j)
{
    j=j+10;
    return j;
}
```

上述程序结构中,主程序 main 调用了函数 r,而函数 r 又调用了函数 s。当这段程序刚开始运行时,首先在存储器中分配全局数据区,运行栈如图 8-5(a)所示。然后主程序 main 运行,分配主程序 main 的活动记录的运行栈如图 8-5(b)所示。在主程序 main 中调用函数 r,当执行函数 r 时,在栈顶为 r 的活动记录分配存储空间,运行栈如图 8-5(c)所示。在函数 r 中调用函数 s,当运行函数 r 时调用函数 s,再在栈顶为函数 s 的活动记录分配空间,运行栈如图 8-5(d)所示。当函数 s 运行完后,运行栈恢复到图 8-5(c)。当函数 r 运行完后,运行栈恢复到图 8-5(b)。当所有程序运行完后,运行栈为空。

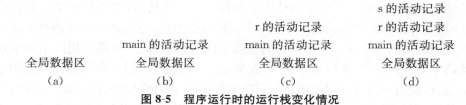

图 8-5　程序运行时的运行栈变化情况

分析图 8-5 所示的运行栈动态变化情况可以发现:运行栈的动作和一个普通的栈上的动作相同。当进入一个程序模块时,就在栈顶创建一个专用数据区(即活动记录);当该模块执行结束时,其相应的活动记录将从运行栈的栈顶删除。因此在该模块中所定义的变量在该模块的外部是不存在的。

2. 堆式动态存储分配方案

栈式动态存储分配方案适用于那些过程允许嵌套定义和递归调用的语言,其过程的进入和退出具有"后进先出"的特点。如果一个程序语言允许用户自由地申请数据空间和退还数据空间,由于空间的使用未必都服从"先请后还,后请先还"的原则,所以栈式动态存储分配就不适用了。在这种情况下通常使用一种称为堆式的动态存储分配方案。

堆式动态存储分配在运行时动态地进行,它是最灵活的也是最昂贵的存储分配方式。堆式动态存储分配的基本思路是:假定程序运行时有一个大的连续的存储空间,该存储空间通常称为堆,当存储管理程序接收到程序运行的存储空间请求时,就从堆中分配一块空间给程序运行。当程序运行用完后再退还给堆,即释放。管理程序回收其存储空间以备后续使用。由于请、还的时间先后不一,这样,程序经过一段运行时间之后,堆将被划分成如图 8-6 所示的若干块。有些块正在使用,叫作已用块;而有些块是空闲的,叫作空闲块。

对于堆式动态存储分配，需要解决两个问题：一个是堆空间的分配，即当程序运行需要一块空间时，应该分配哪一块给它；另一个是分配空间的释放，由于返回给堆的空闲空间具有任意性，所以需要专门研究释放的策略。许多程序语言都提供显式的分配堆空间和释放堆空间的语句和函数，如 C 语言中的 malloc 和 free 函数，C++语言中的 new 和 delete 操作符。

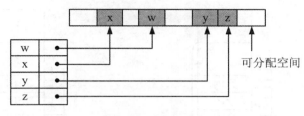

图 8-6　存储映像

（1）堆分配方式

当运行程序要请求一块体积为 N 的空间时，应该分配哪一块给它呢？理想的分配方法是从比 N 稍大一点的一个空闲块中取出 N 个单元分配给申请空间的程序，以便使更大的空闲块有更大的用处。但这种分配方法的实施难度较大。实际上，通常采用的分配方法有以下三种：

① 先遇到哪块比 N 大的空闲块就从其中取出 N 个单元进行分配。

② 如果在堆中找不到比 N 大的空闲块，但所有空闲块的总和比 N 大，则可以把所有空闲块连接在一起，从而形成比 N 大的空闲块。

③ 如果堆中所有空闲块的总和都比 N 小，则需要采用更复杂的方法。例如，采用废品回收技术，寻找那些运行程序已经不用但尚未释放的块，或者那些运行程序目前很少使用的块，把这些块回收，再重新分配。

（2）堆式动态存储分配的实现

堆式动态存储分配的实现方法有多种。例如，利用可利用空间表进行存储管理和分配，或采用边界标志法、伙伴系统、无用单元收集和存储压缩等方法。

① 定长块管理。定长块是最简单的堆式存储分配管理方法。初始化时，将堆存储空间分成长度相等的若干块，在每块中指定一个链域，按照邻块的顺序把所有块连成一个链表，用指针 AVAILABLE 指向链表中的第一块。

分配时，每次都分配指针 AVAILABLE 所指的块，然后 AVAILABLE 指向相邻的下一块，如图 8-7（a）所示。归还时，把所归还的块插入链表，如图 8-7（b）所示。考虑到插入的方便性，可以把新归还的块插在 AVAILABLE 所指的结点之前，然后 AVAILABLE 指向新归还的结点。

编译程序管理定长块分配的过程不需要知道分配出去的存储块将存放何种类型的数据，用户程序可以根据需要使用整个存储块。

② 变长块管理。除了可按定长进行分配与归还之外，还可以根据用户的需要分配长度不同的存储块。按这种方法，初始化时堆存储空间是一个整块。分配时，按照用户的需要，先是从一个整块里分割出满足需要的一小块。归还时，如果新归还的块能和现有的空闲块合并，则合并成一块；如果不能和任何空闲块合并，则可以把空闲块连成一个链表。再进行分配时，从空闲块链表中找出满足需要的一块，或者将整块分配出去，或者从该块上分割一小块分配出去。当空闲块链表中有若干个满足需要的空闲块时，该分配哪一块呢？通常有

三种不同的方法:首次满足法、最优满足法和最差满足法。

首次满足法:只要在空闲块链表中找到满足需要的一块,就进行分配。如果该块很大,则按申请的大小进行分割,剩余的块仍留在空闲块链表中;如果该块不是很大,比如说,只比申请的块大几个字节,则将整块分配出去,以免使空闲链表中留下许多无用的小碎块。

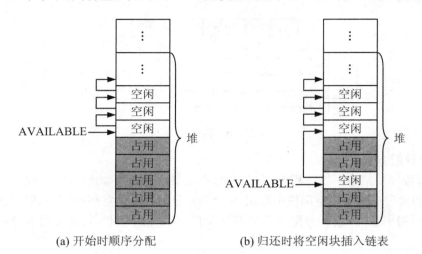

(a) 开始时顺序分配   (b) 归还时将空闲块插入链表

图 8-7   定长块的管理

最优满足法:将空闲块链表中一个不小于申请块且最接近于申请块的空闲块分配给用户,即系统在分配前首先要对空闲块链表从头至尾扫描一遍,然后从中找出一块不小于申请块且最接近于申请块的空闲块进行分配。在用最优满足法进行分配时,为了避免每次分配都要扫描整个链表,通常将空闲块链表按空间的大小从小到大排序。这样,只要找到第一块大于申请块的空闲块即可进行分配。当然,在回收时需将释放的空闲块插入到链表的适当位置上去。

最差满足法:将空闲块链表中不小于申请块且是最大的空闲块的一部分分配给用户。此时的空闲块链表需按空闲块的大小从大到小排序。这样每次分配无需查找,只需从链表中删除第一个结点,并将其中一部分分配给用户,而将其他部分作为一个新的结点插入到空闲块链表的适当位置上去。当然,在回收时需将释放的空闲块插入到链表的适当位置上去。

上述三种分配方法各有所长。一般来说,最优满足法适用于请求分配的内存大小范围较大的系统。因为按最优满足法分配时,总是找大小最接近于请求的空闲块,系统中可能产生一些存储量很小而无法利用的小块内存,同时也保留那些很大的内存块,以备响应后面可能发生的内存量较大的请求。反之,最差满足法每次都从内存最大的结点开始分配,从而使链表中的结点趋于均匀。因此它适用于请求分配的内存大小范围较小的系统。而首次满足法的分配是随机的,因此它介于两者之间,通常适用于系统事先不掌握运行期间可能出现的请求分配和释放的信息情况。从时间上来比较,首次满足法在分配时需查询空闲块链表,而在回收时仅需插入到表头即可;最差满足法恰好在分配时无需查表,在回收时将新的空闲块插入表中适当的位置,需要先进行查找;最优满足法则不论分配与回收,均需查找链表,因此最费时间。

因此不同的情况应采用不同的方法。在选择时通常需考虑下列因素:用户的要求、请求分配量的大小分布、分配和释放的频率以及效率对系统的重要性等。

(3) 存储回收

在堆式存储分配方案中,程序运行过程中可能会出现用户程序对存储块的申请得不到满足的情况,为使程序能运行下去,暂时挂起用户程序,系统进行存储回收,然后再使用户程序恢复运行。存储回收一般采用隐式存储回收机制。

隐式存储回收要求用户程序和支持运行的回收子程序并行工作,因为回收子程序需要知道分配给用户程序的存储块何时不再使用。为了实现并行工作,在存储块中要设置回收子程序访问的信息。存储块格式如图 8-8 所示。

回收过程通常分为两个阶段。第一个阶段为标记阶段,对已分配块的程序中各指针的访问路径进行跟踪。如果某个块被访问过,就给这个块加一个标记。第二个阶段为回收阶段,将所有未加标记的存储块回收到一起,并插入空闲块链表中,然后消除在存储块中所加的全部标记。

块长度
访问计数
标记
指针
用户使用空间

图 8-8　回收子程序访问的存储块

这样可以防止死块产生,因为如果某一块能通过某一访问路径访问,则该块就会加上标记,这样在回收阶段就不会被回收,而没有加标记的块都被回收到空闲块链表中。

上述回收存储块的技术有一个缺点,就是它的开销随空闲块的减少而增加。为了解决这个问题,需在空闲块耗尽前调用回收程序,即可以在空闲块降到某个值如总量的一半时就调用回收程序。

8.2　参数传递方式及其实现

在软件开发过程中,过程是结构化程序设计的主要手段,也是节省程序代码和扩充语言能力的重要途径。调用过程与被调用过程两者间的数据传递主要是通过参数传递实现的。其中参数又分为形参和实参:在定义过程中,过程名后面括弧中的变量名称为形参,在调用过程中,过程名后面括弧中的表达式称为实参。程序设计中常用的参数传递方式包括以下四种:传地址(call by reference)、传值(call by value)、传结果(call by result)和传名(call by name)。在调用过程中,不同的参数传递方式会对程序结果产生不同的影响。

8.2.1　传地址方式

传地址是指把实参的地址传递给相应的形参。在过程段中每个形参都有一个相应的存储单元,称为形式单元。形式单元用来存放相应的实参的地址。当调用一个过程时,调用段必须预先把实参的地址传递到一个被调用段可以拿得到的地方。如果实参是一个变量(包括下标变量),则直接传递它的地址;如果实参是常数或其他表达式(如 a+b),那就先把它的值计算出来并存放在某一临时单元之中,然后传递这个临时单元的地址。

当程序控制进入被调用过程时,被调用过程首先将实参的地址抄进自己相应的形式单元中。过程体中对形参的引用或赋值都将被处理成对形式单元的间接访问。显然,当这种处理方式被调用过程执行完毕返回时,形式单元(它们都是指针)所指的实参单元就持有了所期望的值,即被调用过程的处理结果将被送回调用过程。

下面通过一段 C 程序的执行过程来说明参数传递的实现：

```
void proc(int x,int y,int z)
{
    y=y+1;
    z=z+x;
}
void main( )
{
    int a,b;
    a=2;
    b=3;
    proc(a+b,a,a);
    printf("a is now %d",a);
}
```

若参数传递采用传地址方式,则执行该程序所产生的结果等同于执行下列指令步骤的结果：

① a=2;b=3;t=a+b;/﹡t 为临时变量﹡/。

② 把 t,a,b 的地址分别传递到已知单元,如 j1,j2,j3 中：

$$\&t \rightarrow j1 \quad /﹡ 将 t 的地址放进 j1 中 ﹡/$$
$$\&a \rightarrow j2 \quad /﹡ 将 a 的地址放进 j2 中 ﹡/$$
$$\&b \rightarrow j3 \quad /﹡ 将 b 的地址放进 j3 中 ﹡/$$

③ 执行 proc(a+b,a,a),把实参的地址抄进形式单元：

$$x=j1;y=j2;z=j2;$$

④ 将过程体中的表达式"y=y+1;z=z+x;"处理成

$$﹡y=﹡y+1; \quad /﹡ ﹡y 指对 y 的间接访问 ﹡/$$
$$/﹡a+1=2+1=3 \rightarrow a \quad ﹡/$$
$$﹡z=﹡z+﹡x; \quad /﹡a+t=3+5=8 \rightarrow a ﹡/$$

即

$$﹡y=3;﹡z=8;$$

⑤ printf("a is now %d",a),结果为

$$a \text{ is now } 8$$

可以看出,程序执行时输出的 a 值发生了变化。

8.2.2　传值方式

这是一种最简单的参数传递方法。被调用段首先将实参的值送进相应的形式单元。编译程序对过程体中形参的处理就像处理一般实参标识符那样,即像实参那样生成目标代码。这种形参在过程体中就好像是局部变量名一样,对它们实行直接访问。

值得注意的是,这种形参与实参的结合方式的数据传递是单方向进行的,即调用段将实参的值传递到被调用段相应的形参的数据单元中,而在执行被调用段的过程中,不可能将赋值形参的数据单元中的内容再传回调用段的相应实参的数据单元中去。

同样是上面那段 C 程序,如果参数传递采用传值的方式,则执行程序产生的结果等同于

执行下列指令步骤的结果：

① a＝2；b＝3；t＝a＋b；　/＊t 为临时变量＊/。

② 把 t,a,b 的值分别传递到已知单元,如 j1,j2,j3 中：

$$t \rightarrow j1 \quad /＊2＋3 \rightarrow j1＊/$$
$$a \rightarrow j2 \quad /＊2 \rightarrow j2＊/$$
$$b \rightarrow j3 \quad /＊3 \rightarrow j3＊/$$

③ 执行 proc(a＋b,a,a),把实参的值抄进形式单元：

$$x＝5；y＝2；z＝2；$$

④ 分别计算 y＝y＋1,z＝z＋x；即 y＝3,z＝7。

⑤ printf("a is now %d",a),结果为

$$a \ is \ now \ 2$$

在上述过程中,只是把实参的值抄进形式单元,而对实参 a 的值没有做任何改动,所以 a 仍然是 2。

8.2.3　传结果方式

传结果是和传地址相似的一种参数传递方式,不同之处在于每个形参对应两个单元,第一个单元存放实参的地址,第二个单元存放实参的值。在过程体中,对形参的任何引用或赋值都被看成是对它的第二个单元的直接访问。但在过程工作完成返回前必须把第二个单元的内容存放到第一个单元所指的那个实参单元中。

同样是上面那段 C 程序,如果参数传递采用传结果的方式,则执行程序产生的结果等同于执行下列的指令步骤的结果：

① a＝2；b＝3；t＝a＋b；/＊t 为临时变量＊/。

② 把 t,a,b 的地址分别传递到已知单元,如 j1,j2,j3 中：

$$\&t \rightarrow j1 \quad /＊ 将 t 的地址放进 j1 中 ＊/$$
$$\&a \rightarrow j2 \quad /＊ 将 a 的地址放进 j2 中 ＊/$$
$$\&b \rightarrow j3 \quad /＊ 将 b 的地址放进 j3 中 ＊/$$

③ 执行 proc(a＋b,a,a),把实参的地址和值分别抄进两个形式单元：

$$x1＝j1；x2＝t；y1＝j2；y2＝a；z1＝j2；z2＝a；$$

④ 对形参第二个单元直接访问：

$$y2＝y2＋1＝2＋1＝3；z2＝z2＋x2＝2＋(2＋3)＝7；$$

即

$$y2＝3；z2＝7；$$

⑤ 返回前,把第二个单元的内容存放到第一个单元所指的实参单元中：

$$t＝x2；a＝y2；a＝z2；$$

即

$$t＝5；a＝3；a＝7；$$

⑥ printf("a is now %d",a),结果为

$$a \ is \ now \ 7$$

程序执行时输出的 a 值为 7。

8.2.4 传名方式

传名也称换名,将实参的名字传递给过程中相应的形参。这是 ALGOL 60 所定义的一种特殊的形-实参数结合方式。ALGOL 60 用替换规则解释传名参数的意义:过程调用的作用相当于把被调用段的过程体抄到调用出现的位置,把其中任一出现的形参都替换成相应的实参(文字替换)。如果在替换时发现过程体中的局部名和实参中的名字使用相同的标识符,则必须用不同的标识符来表示这些局部名。而且,为了表现实参的整体性,必要时需在替换前先把它用括号括起来。

这种替换方式的基本实现方法是:在进入被调用段之前不预先对实参进行计值,而是每当过程体中使用到相应的形参时才逐次对它实行计值(或计算地址)。因此在实现时通常都把实参处理成一个子程序(称为参数子程序),每当过程体中使用到相应形参时就调用这个子程序。

仍然是上面那段 C 程序,假定参数传递采用传名的方式,则执行程序产生的结果等同于执行下列的指令步骤的结果:

① a=2;b=3。

② 执行 proc(a+b,a,a),把实参的名字传递给相应的形参:
$$a=a+1=3;a=a+(a+b)=3+(3+3)=9;$$

③ printf("a is now %d",a),结果为

a is now 9

因此上述程序段的参数传递采用传名的方法,最后程序执行时输出的 a 为 9。

8.3 本 章 小 结

在程序的执行过程中,程序中数据的存取是通过与之对应的存储单元来进行的。存储区需容纳生成的目标代码和目标代码运行时的数据空间。因此运行时的存储区常被划分成目标代码区、静态数据区、栈区和堆区。

编译程序分配存储区的基本依据是,程序设计语言对程序运行中存储空间的使用和管理方法的规定。不同的编译程序关于数据空间的存储分配方案可能不同。若编译程序生成的目标程序代码所需要的空间大小在编译时就可以确定,则可采用静态存储分配。若在编译时不能完全确定程序所需要的数据空间,则需要采用动态存储分配。动态存储分配方案包括两种方式:栈式和堆式。栈式分配方案主要采用一个栈作为动态存储分配的存储空间。当调用一个程序时,过程中各数据项所需要的存储空间动态地分配于栈顶,当过程结束时,就释放这部分空间。堆式分配方案给程序运行分配一个大的存储空间(称为堆),每当运行需要时,就从这片空间中借用一块,用过之后再退还给堆。

当一个过程调用另一个过程时,它们之间交换信息的方法是参数传递。参数传递的方式有四种:传地址、传值、传结果和传名。一种程序设计语言可以只有一种参数传递方式,也可以有多种参数传递方式。

习　题　8

1. 解释下列名词：

   （1）静态存储分配。

   （2）栈式存储分配。

   （3）堆式存储分配。

   （4）活动记录。

   （5）参数传递。

2. 根据要求，回答下列问题：

   （1）为什么运行时需要进行存储分配？静态存储分配和动态存储分配有什么不同？

   （2）活动记录由哪几部分组成？

   （3）实现堆式动态存储分配有哪些方法？

   （4）常用的参数传递方式有哪几种？这几种方式有什么区别？

3. 给出以下程序段运行到 x 点和 y 点时的栈内容：

```
void main( )
{int a;   //·····················x
 a＝f(5);
 printf("%d\n",a);
}
int f(int b)
{int c＝10;
 int d＝10;
 b＝c＋d;  //·····················y
 return b;
}
```

4. 对于下面的程序：

```
void proc(int x,int y,int z)
{
  y＝y－1;
  z＝z * x;
}
void main( )
{
  int a,b;
  a＝1;
  b＝2;
  proc(b,a,a);
  printf("a is now %d",a);
}
```

若参数传递的方法分别为传地址、传值、传结果、传名，那么程序执行时所输出的 a 值分别是什么？

第9章 代码优化

【学习目标】 理解代码优化的基本概念以及代码优化器的地位和结构;理解编译程序进行代码变换应遵循的原则;掌握代码优化常用的基本方法;理解基本块的概念及其划分算法;掌握程序流图的构造方法;掌握基本块的 DAG 表示方法;理解循环代码优化的一般方法。

本章讨论如何对程序代码进行各种等价变换,使得从变换后的程序出发,能生成更有效的目标代码,我们通常称其为代码优化。

9.1 代码优化概述

代码优化可在编译的各个阶段进行。最主要的一类代码优化发生在目标代码生成以前,优化对象是语法分析后的中间代码,这类代码优化不依赖于具体的计算机,被称为与机器无关的中间代码优化。另一类重要的代码优化发生在生成目标代码时,这类优化在很大程度上依赖于具体的计算机,被称为依赖于机器的目标化代码优化。本章讨论前一类代码优化。

有很多技术和手段可以用于中间代码这一级的代码优化。总体上讲,在一个编译程序中代码优化器的地位和结构如图 9-1 所示。

图 9-1 代码优化器的地位和结构

根据代码优化对象所涉及的程序范围,代码优化可分为局部代码优化、循环代码优化和全局代码优化。局部代码优化工作比较容易实现,如基本块内的局部代码优化。在一个程序运行时,相当多的一部分时间往往会花在循环上,因此基于循环的代码优化特别重要。全局代码优化技术的实现涉及对整个程序控制流和数据流的分析,其实现代价是比较高的。本章首先通过一个实例来说明进行代码优化所采用的一般方法,然后重点介绍基本块内的局部代码优化,最后介绍有关循环代码优化的一些问题。

代码优化的目的是产生更高效的代码。由代码优化编译程序提供的对代码的各种变换必须遵循以下三个原则：

① 等价原则。经过代码优化后不应改变程序运行的结果。

② 有效原则。使代码优化后所产生的目标代码运行时间较短，占用的存储空间较小。

③ 合算原则。应尽可能以较低的代价取得较好的效果。

为了获得更优化的程序，可以从各个环节着手。首先，在源代码这一级，程序员可以通过选择适当的算法和安排适当的实现语句来提高程序的效率。例如，进行排序时，采用"快速排序"比采用"插入排序"就要快得多。其次，在设计语义动作时，不仅要考虑产生更加高效的中间代码，而且还要为后面的代码优化阶段做一些可能的预备工作。例如，可以给循环语句的头和尾对应的中间代码打上标记，这样有助于后面的控制流和数据流分析；在代码的分叉处和交汇处也可以打上标记，以便于识别程序流图中的直接前驱和直接后继。对于编译产生的中间代码，安排专门的代码优化阶段，进行各种等价变换，以改进代码的效率。在目标代码这一级上，应该考虑如何有效地利用寄存器、如何选择指令以及如何进行窥孔代码优化等。

下面我们着重介绍中间代码这一级的代码优化。我们先通过一个用 C 语言写的快速排序的子程序的例子，介绍代码优化通常采用的基本方法：

```c
void quicksort(m,n)
int m,n;
{
  int i,j;
  int v,x;
  if (n<=m) return;
  / * 程序段开始 * /
  i=m-1;j=n;v=a[n];
  while (1)
  {
    do i=i+1;while (a[i]<v);
    do j=j-1;while (a[j]>v);
    if(i>=j)   break;
    x=a[i]; a[i]=a[j]; a[j]=x;
  }
  x=a[i]; a[i]=a[n]; a[n]=x;
  / * 程序段结束 * /
  quicksort (m,j); quicksort(i+1,n);
}
```

利用第 6 章介绍的方法,可以产生这个程序的中间代码。图 9-2 给出了程序的两个注解(/ * 程序段开始 * /和/ * 程序段结束 * /)之间的语句对应的中间代码。其中 $T_1, T_2, \cdots,$ T_{15} 为临时变量;$B_1, B_2, \cdots, B_6$ 为基本块,有关概念在下一节介绍。下面以图 9-2 为例概述常用的代码优化技术。

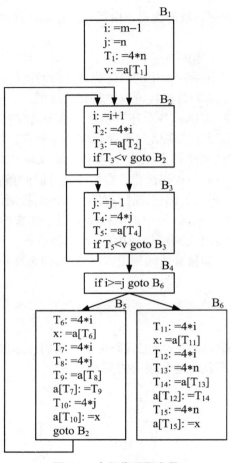

图 9-2　中间代码程序段

9.1.1　删除公共子表达式

如果在前面已计算过一个表达式 E 的值,并且在这之后 E 中变量的值没有改变,则称 E 为公共子表达式。对于公共子表达式,我们可以删除对它的重复计算,称为删除公共子表达式(有时称删除多余运算)。例如,在图 9-2 中的 B_5 中分别把公共子表达式 $4 * i$ 和 $4 * j$ 的值赋给 T_7 和 T_{10}。这种重复计算可以消除,把 B_5 变换为如下代码段:

$$B_5:$$
$$T_6: = 4 * i$$
$$x: = a[T_6]$$
$$T_7: = T_6$$
$$T_8: = 4 * j$$

编译原理

$$T_9 := a[T_8]$$
$$a[T_7] := T_9$$
$$T_{10} := T_8$$
$$a[T_{10}] := x$$
$$\text{goto } B_2$$

按上面方法对 B_5 删除公共子表达式后,仍要计算 $4*i$ 和 $4*j$。我们还可以在更大的范围来考虑删除公共子表达式的问题。利用 B_3 中的赋值 $T_4 := 4*j$ 可以把 B_5 中的代码 $T_8 := 4*j$ 替换为 $T_8 := T_4$。同样,利用 B_2 中的赋值 $T_2 := 4*i$ 可以把 B_5 中的代码 $T_6 := 4*i$ 替换为 $T_6 := T_2$。

对 B_6 也可以做同样的考虑。删除公共子表达式后的情况如图 9-3 所示。

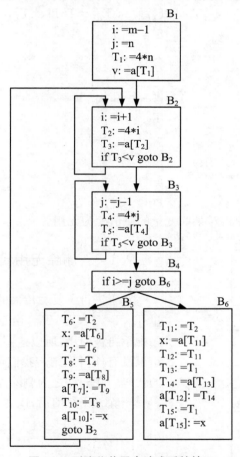

图 9-3 删除公共子表达式后的情况

9.1.2 复写传播

可对图 9-3 中的 B_5 做进一步改进。$T_6 := T_2$ 把 T_2 赋值给 T_6,$x := a[T_6]$ 中引用了 T_6 的值,而没有改变 T_6 的值。因此可以把 $x := a[T_6]$ 变换为 $x := a[T_2]$。这种变换称为复写传播。用复写传播方法可以把 B_5 变为

$$T_6 := T_2$$

$$x: = a[T_2]$$
$$T_7: = T_2$$
$$T_8: = T_4$$
$$T_9: = a[T_4]$$
$$a[T_2]: = T_9$$
$$T_{10}: = T_4$$
$$a[T_4]: = x$$
$$goto\ B_2$$

进一步考查,由于在 B_2 中计算了 $T_3: = a[T_2]$,因此在 B_5 中可以删除公共子表达式,把 $x: = a[T_2]$ 替换为 $x: = T_3$。进而,通过复写传播把 B_5 中的 $T4: = x$ 替换为 $a[T_4]: = T_3$。同样,B_5 中的 $T_9: = a[T_4]$ 和 $a[T_2]: = T_9$ 可以替换为 $T_9: = T_5$ 和 $a[T_2]: = T_5$。这样 B_5 就变为

$$T_6: = T_2$$
$$x: = T_3$$
$$T_7: = T_2$$
$$T_8: = T_4$$
$$T_9: = T_5$$
$$a[T_2]: = T_5$$
$$T_{10}: = T_4$$
$$a[T_4]: = T_3$$
$$goto\ B_2$$

这里,复写传播的目的是使得对某些变量的赋值变为无用。

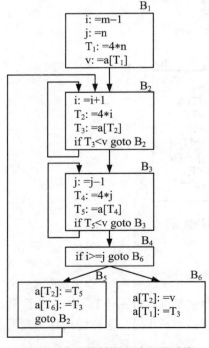

图 9-4 复写传播和删除无用赋值

9.1.3 删除无用代码

对于进行了复写传播的 B_5 中的变量 x 及临时变量 $T_6, T_7, T_8, T_9, T_{10}$,由于这些变量的值在整个程序中不再被使用,所以这些变量的赋值对程序的运算结果没有任何作用。我们可以删除对这些变量赋值的代码。我们称之为删除无用赋值或删除无用代码。

删除无用赋值后,B_5 变为

$$a[T_2]: = T_5$$
$$a[T_4]: = T_3$$
$$goto\ B_2$$

对 B_6 进行相同的代码优化处理,可以把 B_6 变为

$$a[T_2]: = v$$
$$a[T_1]: = T_3$$

进行复写传播和删除无用赋值后,如图 9-4 所示。

下面几种代码优化涉及循环。

9.1.4 代码外提

对于循环中的有些代码,如果它产生的结果在循环中是不变的,就可以把它提到循环外来,以避免每循环一次都要对这些代码进行运算。例如,对于下面的 while 语句:

$$\text{while } (i < \text{limit} - 2) \cdots$$

如果在循环中的 limit 的值是不变的,就可把它变换为

$$t_: = \text{limit} - 2;$$
$$\text{while } (i <= t) \cdots$$

这种变换称为代码外提。

9.1.5 强度削弱

考虑图 9-4 的内循环 B_3。每循环一次,j 的值减 1,T_4 的值始终与 j 保持着 $T_4 = 4 * j$ 的线性关系。每循环一次,T_4 的值减少 4。因此我们可以把循环中计算 T_4 的值的乘法运算,变换为在循环前面进行一次循环乘法运算,而在循环中进行减法运算。因为加减法运算一般要比乘除法快,所以称这种变换为强度削弱。

同样,对图 9-4 的 B_2 的 $T_2: = 4 * i$ 可以进行强度削弱。

图 9-4 经强度削弱以后如图 9-5 所示。

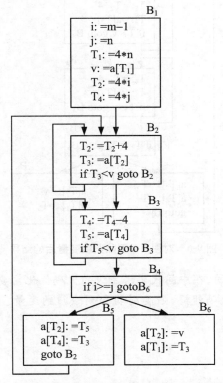

图 9-5 对图 9-4 B_3 中的 4 * j 进行强度削弱

9.1.6 删除归纳变量

由图 9-2 我们可看出,在 B_2 中每循环一次,i 增加 1,T_2 的值与 i 保持着 $T_2:=4*i$ 的线性关系,而在 B_3 中每循环一次,j 减少 1,T_4 与 j 保持着 $T_4:=4*j$ 的线性关系。我们称这种变量为归纳变量。对 $T_2:=4*i$ 和 $T_4:=4*j$ 进行强度削弱后,i 和 j 除了在条件判断 if i>=j goto B_6 中之外,其他地方不再引用。因此我们可以把条件判断变换为 if T_2>=T_4 goto B_6。

通过上面各种代码优化后,图 9-2 最后变换为图 9-6。通过图 9-2 和图 9-6 比较,我们发现代码优化的效果是明显的:B_2 和 B_3 中的代码从 4 条减为 3 条,而一条从乘法变为加法;B_5 中的代码从 9 条变为 3 条;B_6 中的代码从 8 条变为 2 条;虽然 B_1 中的代码从 4 条变为 6 条,但 B_1 在运行时只被执行一次。

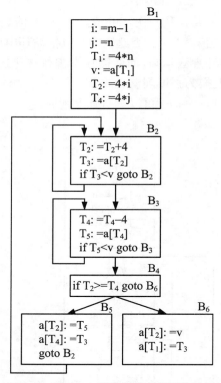

图 9-6 对图 9-2 删除归纳变量后的结果

特别注意:与机器无关的、在中间代码语言级的代码优化主要包括:删除公共子表达式、复写传播、删除无用代码、代码外提、强度削弱和删除归纳变量。其中后三种是针对循环语句的优化。

9.2 局 部 优 化

本节,我们以程序的基本块为范围来讨论局部优化。

9.2.1 基本块及流图

基本块指程序中一组按顺序执行的语句序列,其只有一个入口和一个出口,入口就是其第一个语句,出口就是其最后一个语句。对一个基本块来说,执行时只能从其入口进入,从其出口退出。例如,下面的三地址语句序列就形成了一个基本块:

① $T_1 := a * a$
② $T_2 := a * b$
③ $T_3 := 2 * T_2$
④ $T_4 := T_1 + T_2$
⑤ $T_5 := b * b$
⑥ $T_6 := T_4 + T_5$

如果一条三地址语句为 $x := y + z$,则称对 x 定值并引用 y 和 z。对于在一个基本块中的一个名字,所谓在程序中的某个给定点是活跃的,是指在程序中(包括在本基本块或在其他基本块中)它的值在该点以后被引用。

对于一个给定的程序,我们可以把它划分为一系列的基本块。在各个基本块范围内,分别进行代码优化。局限于基本块范围内的代码优化称为基本块内的代码优化,或称为局部代码优化。在介绍基本块内的代码优化之前,我们先给出将四元式程序划分为基本块的算法。

特别注意:基本块是指程序中一组按顺序执行的语句序列,其只有一个入口和一个出口,入口就是其第一个语句,出口就是其最后一个语句。

① 求出四元式程序中各个基本块的入口语句,它是下列语句之一:

a. 程序的第一个语句。

b. 能由条件转移语句或无条件转移语句转移到的语句。

c. 紧跟在条件转移语句后面的语句。

② 对以上求出的每一入口语句,构造其所属的基本块。它是由该入口语句到另一入口语句(不包括该入口语句),或到一转移语句(包括该转移语句),或到一停语句(包括该停语句)之间的语句序列组成的。

③ 凡未被纳入某一基本块中的语句,都是程序中控制流程无法到达的语句,从而也是不会被执行到的语句,我们可把它们从程序中删除。

【例 9.1】 求以下三地址代码程序的最大公因子程序:

① read X
② read Y

③ R: = X mod Y

④ if R = 0 goto ⑧

⑤ X: = Y

⑥ Y: = R

⑦ goto ③

⑧ write Y

⑨ halt

应用以上算法：由规则①a 知，语句①是入口语句；由规则①b 知，语句③和语句⑧分别是一入口语句；由规则①c 知，语句⑤是一入口语句。然后应用规则②求出各基本块，它们分别是语句①②，③④，⑤⑥，⑦以及⑧⑨。

在一个基本块内，可以进行上一节提到的删除公共子表达式和删除无用赋值这两种代码优化。还可以实现以下几种变换：

1. 合并已知量

假设在一个基本块内有以下语句：

$$T_1 := 2$$

……

$$T_2 := 4 * T_1$$

如果对 T_1 赋值后，没有发生改变，则 $T_2 := 4 * T_1$ 中的两个运算对象都是编译时的已知量。可以在编译时计算出它的值，而不必等到程序运行时再计算。也即，可把 $T_2 := 4 * T_1$ 变换为 $T_2 := 8$。我们称这种变换为合并已知量。

2. 临时变量改名

假定在一个基本块里有以下语句：

$$T := b + c$$

其中 T 是一个临时变量名。把这个语句改成

$$S := b + c \quad (S \text{ 是一个新的临时变量名})$$

并且把本基本块中出现的所有 T 都改成 S，不会改变基本块的值。事实上，总可以把一个基本块变换成等价的另一个基本块，使其中定义临时变量的语句变成定义新的临时变量语句。

3. 交换语句的位置

假定在一个基本块里有下列两个相邻的语句：

$$T_1 := b + c$$
$$T_2 := x + y$$

如果 x,y 均不为 T_1，且 b,c 均不为 T_2，则交换这两个语句的位置不影响基本块的值。有时通过交换语句的次序，可产生更高效的代码。

4. 代数变换

指用代数上等价的形式替换基本块中求值的表达式，以期使复杂运算变成简单运算。例如，语句 x: = x+0 或 x: = x*1 执行的运算没有意义，都不改变 x 的值，所以可以从基本

块里删除。又如,语句 x:=y**2 中的乘方运算,通常需要调用一个函数来实现。可以用代数上等价的形式,用简单的运算 x:=y*y 替换。通过构造一个有向图(称之为流图),我们可以将控制流的信息增加到基本块的集合上并以此来表示一个程序。每个流图以基本块为结点。如果一个结点的基本块的入口语句是程序的第一条语句,则称此结点为首结点。如果在某个执行顺序中,基本块 B_2 紧接在基本块 B_1 之后执行,则从 B_1 到 B_2 有一条有向边。即如果有一个条件或无条件转移语句从 B_1 的最后一条语句转移到 B_2 的第一条语句,或者在程序的序列中,B_2 紧接在 B_1 的后面,并且 B_1 的最后一条语句不是一个无条件转移语句,我们就说 B_1 是 B_2 的前驱,B_2 是 B_1 的后继。

【例 9.2】 例 9.1 中的程序的各基本块构成的流图如图 9-7 所示。

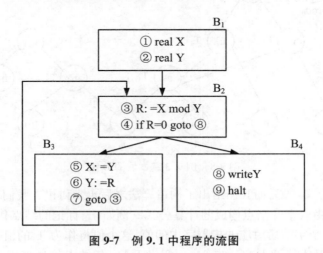

图 9-7 例 9.1 中程序的流图

9.2.2 基本块的 DAG 表示及其应用

一个基本块的 DAG 是一种结点带有下述标记或附加信息的 DAG:

① 图的叶结点(没有后继的结点)以一标识符(变量名)或常数作为标记,表示该结点代表该变量或常数的值。如果叶结点用来代表某变量 A 的地址,则用 addr(A)作为该结点的标记。通常把叶结点上作为标记的标识符加上下标 0,以表示它是该变量的初值。

② 图的内部结点(有后继的结点)以一运算符作为标记,表示该结点代表应用该运算符对其后继结点所代表的值进行运算的结果。

③ 图中各个结点上可能附加一个或多个标识符,表示这些变量具有该结点所代表的值。

【例 9.3】 基本块

$$① \ T_1 := 4 * i$$
$$② \ T_2 := a[T_1]$$
$$③ \ T_3 := 4 * i$$
$$④ \ T_4 := b[T_3]$$
$$⑤ \ T_5 := T_2 * T_4$$
$$⑥ \ T_6 := prod + T_5$$

⑦ prod：= T_6

⑧ T_7：= i＋1

⑨ i：= T_7

⑩ if i＜= 20 goto ①

对应的 DAG 如图 9-8 所示。

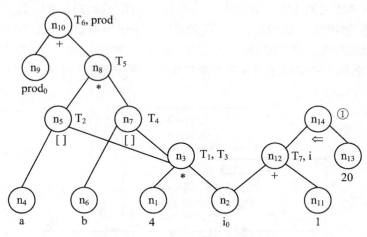

图 9-8　例 9.3 基本块的 DAG

关于 DAG 的意义，等后面我们给出了构造算法之后再来讨论。我们可以看到，DAG 的每个结点代表一个由若干叶结点构成的计算公式。例如，T_4 标记的结点代表公式 b [4 ∗ i]，即从地址偏移 4 ∗ i 个字节后对应的机器字中的值，这个值将作为 T_4 的值。

下面介绍构造基本块的 DAG 的算法。假设 DAG 各结点信息将用某种适当的数据结构来存放（例如链表），并设有一张标识符（包括常数）与结点的对应表。NODE(A) 是描述这种对应关系的一个函数，它的值或者是一个结点的编号 n，或者无定义。前一情况代表 DAG 中存在一个结点，A 是其上的标记或附加标识符。我们还要考虑的中间代码包括如下三种型式：

⓪ A：= B

① A：= op B

② A：= B op C 或 A：= B[C]

下面是仅含⓪，①，②型中间代码的基本块的 DAG 构造算法。

开始，DAG 为空。然后对基本块中每一条中间代码式依次执行以下步骤：

① 如果 NODE(B) 无定义，则构造一标记为 B 的叶结点并定义 NODE (B) 为这个结点。

a. 如果当前代码是⓪型，则记 NODE(B) 的值为 n，转步骤④。

b. 如果当前代码是①型，则转步骤④a。

c. 如果当前代码是②型，且 NODE(C) 无定义，则构造一标记为 C 的叶结点并定义 NODE(C) 为这个结点，转步骤②b。

② a. 如果 NODE(B) 是标记为常数的叶结点，则转步骤②c，否则转到③a。

b. 如果 NODE(B) 和 NODE(C) 都是标记为常数的叶结点，则转步骤②d，否则转③b。

c. 执行 op B（即合并已知量），令得到的新常数为 p。如果 NODE(B) 是处理当前代码时新构造出来的结点，则删除它。如果 NODE(p) 无定义，则构造一用 p 做标记的叶结点 n。

置 NODE(p)＝n,转④。

d. 执行 B op C(即合并已知量),令得到的新常数为 P。如果 NODE(B)或 NODE(C)是处理当前代码时新构造出来的结点,则删除它。如果 NODE(P)无定义,则构造一用 P 做标记的叶结点 n。置 NODE(P)＝n,转④。

③ a. 检查 DAG 中是否已有一结点,其唯一后继为 NDDE(B)且标记为 op(即找公共子表达式)。如果没有,则构造该结点 n,否则就把已有的结点作为它的结点并设该结点为 n,转④。

b. 检查 DAG 中是否已有一结点,其左后继为 NODE(s),右后继为 NODE(c),且标为 op(即找公共子表达式)。如果没有,则构造该结点 n,否则就把已有的结点作为它的结点并设该结点为 n,转④。

④ 如果 NODE(A)无定义,则把 A 附加在结点 n 上并令 NODE(A)＝n,否则先把 A 从 NODE(A)结点上的附加标识符集中删除(注意,如果 NODE(A)是叶结点,则不删除 A),把 A 附加到新结点 n 上并令 NODE(A)＝n,转处理下一条代码。

【例 9.4】 试构造以下基本块 G 的 DAG:

① $T_0 = 3.14$

② $T_1 := 2 * T_0$

③ $T_2 := R + r$

④ $A := T_1 * T_2$

⑤ $B := A$

⑥ $T_3 := 2 * T_0$

⑦ $T_4 := R + r$

⑧ $T_5 := T_3 * T_4$

⑨ $T_6 := R - r$

⑩ $B := T_5 * T_6$

解 处理每一条代码后构造出的 DAG 如图 9-9 中各子图所示,其步骤从略。图 9-9 的子图(a),(b),(c),…,(j)分别对应于代码①,②,③,…,⑩。

根据 DAG 的构造算法和上述例子,我们看到:

① 对于任何一个代码,如果其中参与运算的对象都是编译时的已知量,那么算法的步骤②并不生成计算该结点值的内部结点,而是执行该运算,用计算出的常数生成一个叶子结点。所以步骤②的作用是实现合并已知量。

② 如果某变量被赋值后,在它被引用前又重新赋值,那么算法的步骤④已把该变量从具有前一个值的结点上删除,也即算法的步骤④具有删除前述第二种情况下无用赋值的作用。

③ 算法的步骤③的作用是检查公共子表达式,对于具有公共子表达式的所有代码,它只产生一个计算该表达式值的内部结点,而把那些被赋值的变量标识符附加到该结点上。

因此我们可利用这样的 DAG,重新生成原基本块的一个代码优化的中间代码序列。为此,如果 DAG 某内部结点上附有多个标识符,则计算该结点值的表达式是一个公共子表达式,当我们把该结点重新写成中间代码时,就可删除多余运算。例如,图 9-9(j)结点 n_5 附有 T_2 和 T_4 两个标识符,当我们把结点 n_5 重新写成中间代码时,就不是生成 $T_2 := R + r$ 和 $T_4 := R + r$,而是生成 $T_2 := R + r$ 和 $T_4 := T_2$。这样,就删除了多余的 $R + r$ 运算。

编译原理

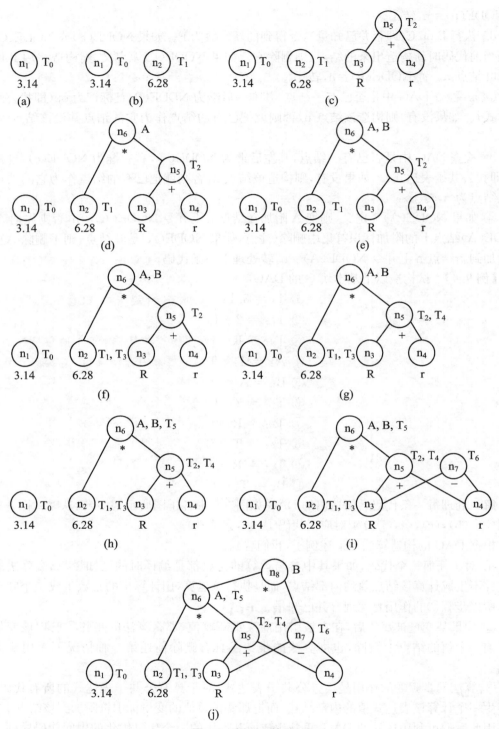

图 9-9 例 9.4 的 DAG

(a) 对应于 $T_0 := 3.14$ 的 DAG；(b) 对应于 $T_1 := 2 * T_0$ 的 DAG；(c) 对应于 $T_2 := R + r$ 的 DAG；(d) 对应于 $A := T_1 * T_2$ 的 DAG；(e) 对应于 $B := A$ 的 DAG；(f) 对应于 $T_3 := 2 * T_0$ 的 DAG；(g) 对应于 $T_4 = R + r$ 的 DAG；(h) 对应于 $T_5 = T_3 * T_4$ 的 DAG；(i) 对应于 $T_6 = R - r$ 的 DAG；(j) 对应于 $B = T_5 * T_6$ 的 DAG。

如果根据上述方式把图 9-9(j)的 DAG,按原来构造其结点的顺序,重新写成中间代码,则我们得到以下中间代码序列:

① $T_0 := 3.14$

② $T_1 := 6.28$

③ $T_3 := 6.28$

④ $T_2 := R+r$

⑤ $T_4 := T_2$

⑥ $A := 6.28 * T_2$

⑦ $T_5 := A$

⑧ $T_6 := R-r$

⑨ $B := A * T_6$

将 G′ 和原基本块 G 相比,我们看到:G 中的中间代码②和⑥都是已知量和已知量的运算,G′已合并;G 中的中间代码⑤是一种无用赋值,在 G′ 中已把它删除;G 中的中间代码③和⑦的 $R+r$ 是公共子表达式,在 G′ 中只对它们计算一次,删除了多余的 $R+r$ 运算。所以 G′ 是对 G 实现上述三种代码优化的结果。

除了可应用 DAG 进行上述的代码优化外,我们还可从基本块的 DAG 中得到一些其他的代码优化信息,这些信息是:

① 在基本块外被定值并在基本块内被引用的所有标识符,就是作为叶子结点上标记的那些标识符。

② 在基本块内被定值且该值能在基本块后面被引用的所有标识符,就是 DAG 各结点上的那些附加标识符。

利用上述两条信息,我们还可进一步删除中间代码序列中其他情况的无用赋值。但这时必然会涉及有关变量在基本块后面被引用的情况(见数据流分析)。例如,如果 DAG 中某结点上附加的标识符,在该基本块后面不会被引用,那么就不生成对该标识符赋值的中间代码。又如,如果某结点上不附有任何标识符或者其上附加的标识符在基本块后面不会被引用,而且它也没有前驱结点,这就意味着在基本块内和基本块后面都不会引用该结点的值,那么就不生成计算该结点值的代码。不仅如此,如果有两条相邻的代码 $A := C \text{ op } D$ 和 $B := A$,其中第一条代码计算出来的 A 值只在第二条代码中被引用,则把相应结点重写成中间代码时,原来的两条代码将变换成 $B := C \text{ op } D$。

现在假设例 9.4 中 $T_0 \sim T_6$ 在基本块后面都不会被引用,于是图 9-9(j)中 DAG 就可重写为如下代码序列:

① $S_1 := R+r$

② $A := 6.28 * S_1$

③ $S_2 := R-r$

④ $B := A * S_2$

其中没有生成对 $T_0 \sim T_6$ 赋值的代码;S_1 和 S_2 是用来存放中间结果值的临时变量。

以上把 DAG 重写成中间代码时,是按照原来构造 DAG 结点的顺序(即 n_5, n_6, n_7, n_8)依次进行的。实际上,我们还可采用其他顺序,只要其中任意一内部结点在其后继结点之后被重写并且转移语句(如果有的话)仍然是基本块的最后一个语句即可。值得指出的是,我们可按照 n_5, n_6, n_7 和 n_8 的顺序把 DAG 重写为如下代码序列:

① $S_1 := R - r$
② $S_2 := R + r$
③ $A := 6.28 * S_1$
④ $B := A * S_1$

在第 10 章介绍代码生成时,将会看到,由按照后一顺序重写出的中间代码序列所生成的目标代码要比前者好。在该章中,我们还要介绍如何重排 DAG 的结点顺序,使得根据它重写的中间代码序列能生成更有效的目标代码。

下面我们对 DAG 构造算法做进一步讨论。

当基本块中出现数组元素引用、指针和过程调用时,情况就较为复杂。例如,考虑如下的基本块 G:

$$x := a[i]$$
$$a[j] := y$$
$$z := a[i]$$

如果我们运用构造 DAG 算法来构造上述基本块的 DAG,那么 a[i]将成为一个公共子表达式。当运用 DAG 重写基本块时,可得"代码优化"后的基本块 G′:

$$x := a[i]$$
$$z := x$$
$$a[j] = y$$

然而,在 i=j 并且 y≠a[i]时,由这两个基本块所计算出来的 z 值是不相同的。原因是当我们对一个数组元素赋值时,我们可能改变表达式 a[i]的右值,即使 a 和 i 都没有改变。因此当我们对数组 a 的一个元素赋值时,我们注销所有标记为[ ]、左边的变元是 a 加上或减去一个常数的结点(也可能是 of 的结点),即我们认为对这样的结点再添加附加标识符是非法的,从而取消了它作为公共子表达式的资格。这要求我们对每一个结点设一个标志位来标记该结点是否已被注销。另外,对于每个基本块中引用的数组 a,我们可以保存一个结点表,这些结点是当前未被注销但若有对 a 的一个元素的赋值则必须被注销的结点。

对指针赋值 *p := w(其中 p 是一个指针),会产生同样的问题。如果我们不知道 p 可能指向哪一个变量,那么就认为它可能改变基本块中任意一变量的值。当构造这种赋值句的结点时,要把 DAG 各结点上所有标识符(包括作为叶结点上标记的标识符)都注销。把 DAG 中所有结点上的标识符都注销意味着 DAG 中所有结点也都被注销。

在一个基本块中,一个过程调用将注销所有的结点,因为对被调用过程的情况缺乏了解,所以我们必须假定任何变量都可能因产生副作用而发生变化。

与上述讨论有关的另一个问题是,当把上述 DAG 重写成中间代码时,如果我们不是按照原来构造 DAG 结点的顺序把各结点重写为代码,那就必须注意,DAG 中某些结点必须遵守一定顺序。例如,在上述基本块 G 中,z := a[i]必须跟在 a[j] := y 之后,而 a[j] := y 必须跟在 x := a[i]之后。下面,我们根据以上讨论的各种情况的意义,把重写中间代码时 DAG 中结点间必须遵守的顺序归纳如下:

① 对数组 a 中任何元素的引用或赋值,都必须跟在原来位于其前面的(如果有的话,下同)对数组 a 中任何元素的赋值之后。

② 对数组 a 中任何元素的赋值,都必须跟在原来位于其前面的对数组 a 中任何元素的引用之后。

③ 对任何标识符的引用或赋值,都必须跟在原来位于其前面的任何过程调用或通过指针的间接赋值之后。

④ 任何过程调用或通过指针的间接赋值,都必须跟在原来位于其前面的任何标识符的引用或赋值之后。

总之,当对基本块重写时,任何对数组 a 的引用不可以互相调换次序,并且任何语句不得跨越一个过程调用语句或通过指针间接赋值。

9.3 循 环 优 化

什么叫循环呢? 粗略地说,循环就是程序中那些可能反复执行的代码序列。因为循环中代码可能要反复执行,所以进行代码优化时应着重考虑循环的代码优化,这对提高目标代码的效率将起到很大的作用。为了进行循环代码优化,首先,要确定程序流图中,哪些基本块构造一个循环。按照结构程序设计思想,程序员在编程时应使用高级语言所提供的结构性的循环语句来编写循环。由高级语言的循环语句(Pascal 语言中的 for 语句、while 语句、repeat 语句,FORTRAN 语言中的 do 语句等)形成的循环是不难找出的。例如,在图 9-2 中 B_2 和 B_3 分别构成一个循环,$\{B_2,B_3,B_4,B_5\}$ 构成一个更大范围的循环。

对循环中的代码,可以实行代码外提、强度削弱和删除归纳变量等代码优化。

9.3.1 代码外提

循环中的代码随着循环反复地执行,但其中某些运算的结果往往是不变的。例如,假设循环中有形如 A:=B op C 的代码,如果 B 和 C 是常数,或者到达它们的 B 和 C 的定值点都在循环外,那么不管循环进行多少次,每次计算出来的 B op C 的值将始终是不变的。对于这种不变运算,我们可以把它外提到循环外。这样,程序的运行结果仍保持不变,但程序的运行速度却提高了。我们称这种代码优化为代码外提。

上面我们提到了“到达一定值”的概念。所谓的变量 A 在某点 d 的定值到达另一点 u (或称变量 A 的定值点 d 到达另一点 u),是指流图中从 d 有一通路到达 u 且该通路上没有 A 的其他定值。

实行代码外提时,我们在循环入口结点前面建立一个新结点(基本块),称为循环的前置结点。循环的前置结点以循环入口结点为其唯一后继,原来流图中由从循环外引到循环入口结点的有向边改成引到循环前置结点,如图 9-10 所示。

因为我们考虑的循环结构的入口结点是唯一的,所以前置结点也是唯一的。可将循环中可外提的代码将统统外提到前置结点中。

【例 9.5】 Pascal 源程序段

$$\text{for} \quad I:=1 \text{ to } 10$$
$$A[I,2*J]:=A[I,2*J]+1$$

产生的中间代码如图 9-11 所示。

考查图 9-11 中③和⑦,由于循环中没有 J 的定值点,所以其中 J 引用的所有定点都在循环外,从而③和⑦都是循环不变运算。另外⑥和⑩也是循环不变运算,这是因为分配给数组 A 的首地址 addr(A)并不随循环的执行而改变。于是③,⑦,⑥,⑩均可外提到循环的前置结点中,如图 9-12 所示。其中 B_2' 就是新建立的循环前置结点。

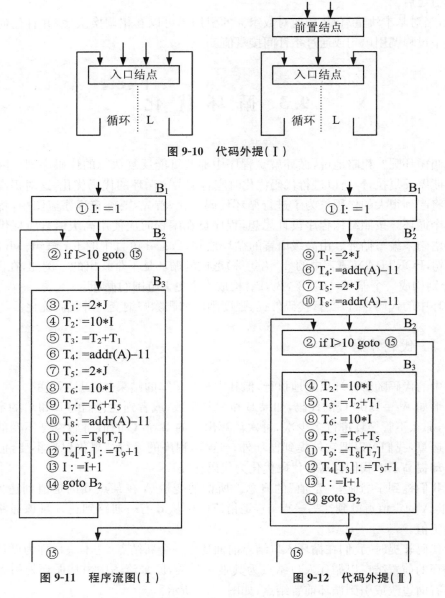

图 9-10 代码外提(Ⅰ)

图 9-11 程序流图(Ⅰ)　　　　　图 9-12 代码外提(Ⅱ)

在任何情况下,是否都可把循环不变运算外提呢?考查以下各例。

【例 9.6】 考查图 9-13 的程序流图。

容易看出,$\{B_2,B_3,B_4\}$ 是循环,B_2 是循环入口结点,B_4 是其出口结点。所谓的出口结点,是指循环中具有以下性质的结点:从该结点由一有向边引到循环外的某结点。

B_3 中 I:=2 是循环不变运算,那么能否把 I:=2 外提到循环的前置结点中呢?我们看到,如果把 I:=2 外提到循环前置结点 B_2' 中(图 9-14),那么执行到 B_5 时,I 的值总是 2,从而 J 的值也是 2。注意,B_3 并不是出口结点 B_4 的必经结点。如果 X=30 和 Y=25,按图 9-13 的流图,B_3 是不会被执行的。于是,当执行到 B_5 时,I 的值应是 1,从而 J 的值也是 1(而不是 2)。所以图 9-14 改变了原来程序的运行结果,这当然是不符合代码优化要求的。问题出在什么地方呢? 就在于 B_3 不是循环出口结点 B_4 的必经结点。

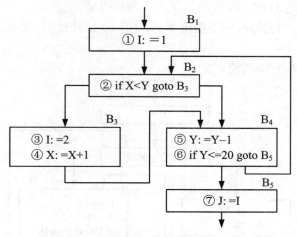

图 9-13   程序流图(Ⅱ)

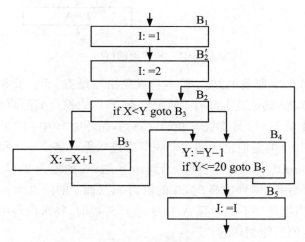

图 9-14   程序流图(Ⅲ)

从该例我们看到,当把一不变运算外提到循环前置结点时,要求该不变运算所在的结点是循环的所有出口结点的必经结点。另外,我们还注意到,如果循环中 I 的所有引用点只是 B_3 中 I 的定值点所能到达的,I 在循环中不再有其他定值点,并且出循环后不会再引用该 I 的值(即在循环外的循环后继结点入口,I 不是活跃的),那么即使 B_3 不是 B_5 的必经结点,还是可以把 I:=2 外提到 B_2' 中,因为这并不会改变原来程序的运行结果。上面我们提到活跃变量,所谓的某变量 A 在程序中某点 p 是活跃变量(或称 A 在点 p 是活跃的),是指 A 的值要在从 p 开始的某通路上被引用。通过数据流分析可以确定变量在某点是否是活跃变量。

【例 9.7】 将图 9-13 中的 B_2 改为

$$I: = 3$$
$$\text{if } X < Y \text{ goto } B_3$$

试考虑 B_2 中的不变运算 I:=3 的外提问题。

现在 I：＝3 所在的结点 B_2 是循环出口结点的必经结点。但因为循环中除 B_2 外，B_3 也对 I 定值，如果把 B_2 中的 I：＝3 外提到循环的前置结点中，且设程序的执行流程是 $B_2 \rightarrow B_3 \rightarrow B_4 \rightarrow B_2 \rightarrow B_4 \rightarrow B_5$，则到达 B_5 时 I 的值是 2，从而 J 的值也是 2；但如果不把 B_2 中的 I：＝3 外提，则经以上执行流程到达 B_5 时 I 的值是 3，从而 J 的值也是 3。

从该例我们看到，当把循环中不变运算 A：＝B op C 外提时，要求循环中其他地方不再有 A 的定值点。

【例 9.8】 考查图 9-15 的流图。

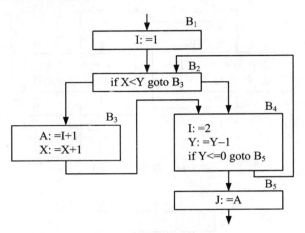

图 9-15　程序流图(Ⅳ)

现在，不变运算 I：＝2 所属的结点 B_4 本身就是出口结点，而且此循环只有一个出口结点。同时循环中除 B_4 外，其他地方没有 I 的定值点，所以它符合前面两个例子所提的条件。

那么能否把 B_4 中的 I：＝2 外提呢？我们注意到，循环中 B_3 中 I 的引用点，不仅 B_4 中 I 的定值能到达，而且 B_1 中 I 的定值也能到达。现考虑进入循环前 X＝0 和 Y＝2 的情况，循环的执行流程是 $B_2 \rightarrow B_3 \rightarrow B_4 \rightarrow B_2 \rightarrow B_4 \rightarrow B_5$，当到达 B_5 时，A 的值为 2，从而 J 的值也为 2。但如果把 B_4 中的 I：＝2 外提，则到达 B_5 时，A 的值为 3，从而 J 的值也为 3。

由此我们看到，当把循环不变运算 A：＝B op C 外提时，要求循环中 A 的所有引用点都是而且仅仅是这个定值所能到达的。

根据以上讨论，下面我们介绍查找循环不变运算和代码外提的算法，假定已进行了有关数据流分析。

以下是查找循环 L 的不变运算的算法：

① 依次查看 L 中各基本块的每个代码，如果它的每个运算对象为常数或者定值点在 L 外(根据数据流分析可知)，则将此代码标记为"不变运算"。

② 重复第①步直至没有新的代码被标记为"不变运算"为止。

③ 依次查看尚未被标记为"不变运算"的代码，如果它的每个运算对象为常数或定值点在 L 之外或只有一个到达一定值点且该点上的代码已标记为"不变运算"，则把被查看的代码标记为"不变运算"。

以下是代码外提的算法：

① 求出循环 L 的所有不变运算。

② 对于步骤①所求得的每一不变运算 s：A：＝B op C 或 A：＝B，检查它是否满足以下

条件 a 或 b 之一：

a.（a）s 所在的结点是 L 的所有出口结点的必经结点。

（b）A 在 L 中其他地方未再定值。

（c）L 中所有 A 的引用点只有 A 的定值才能到达。

b. A 在离开 L 后不再是活跃的,并且条件 a 的（b）和（c）成立。所谓的 A 在离开 L 后不再是活跃的是指,A 在 L 的任何出口结点的后继结点（当然是指那些不属于 L 的后继）的入口处不是活跃的。

③ 按步骤①所找出的不变运算的顺序,依次把符合步骤②的条件 a 或 b 的不变运算 s 外提到 L 的前置结点中。但是如果 s 的运算对象（B 或 C）是在 L 中定值的,那么只有当这些定值代码都已被外提到前置结点中时,才可能把 s 外提到前置结点中。

注意：如果把满足条件②b 的不变运算 A：＝B op C 外提到前置结点中,那么执行完循环后得到的 A 值,可能与不进行外提的情形所得 A 值不同。但是因为离开循环后不会引用该 A 值,所以不影响程序运行结果。

特别注意：代码外提就是将循环中的不变运算提到循环的前置结点中。

9.3.2 强度削弱

我们要介绍的第二种循环代码优化称为强度削弱。强度削弱是指把程序中执行时间较长的运算替换为执行时间较短的运算。例如,把循环中的乘法运算用递归加法运算来替换。

【例 9.9】 考查图 9-12 的流图,其中{B_2,B_3}是循环,B_2 是循环的入口结点。我们注意到,⑬中的 I 是一个递归赋值的变量,每循环一次,其值增加一个常数 1。另外,④和⑧计算 T_2 和 T_6 的值时,都要引用 I 的值,并且 T_2 和 T_6 都是 I 的线性函数,每循环一次,I 增加一个常数 1,T_2 和 T_6 分别增加一个常数 10。因此如果把④和⑧外提到循环前置结点 B_2' 中,那么只要在 I：＝I＋1 的后面,给 T_2 和 T_6 分别增加一个常数 10（图 9-16）,程序的运行结果仍保持不变。

经过上述变换,循环中原来的乘法运算④和⑧,已分别被替换为在循环前置结点中进行一次乘法运算（即计算初值）和在循环中进行递归赋值的加法运算④和⑧（图 9-16）。不仅加法运算一般比乘法快,而且这种在循环前计算初值再在循环末尾加上常数增量的运算,可利用变址器提高运算速度,从而使运算的强度得到削弱。所以我们称这种变换为强度削弱。

强度削弱不仅可对乘法运算实行,对加法运算也可实行。例如,在图 9-16 中,我们由④和⑧看到,T_2 和 T_6 也都是递归赋值的变量,每循环一次,它们分别增加一个常数 10。另外,⑤中计算 T_3 的值时要引用 T_2 的值,它的另一运算对象是循环不变量 T_1,所以每循环一次,T_3 的值增量与 T_2 相同,即常数 10。又⑨中计算的 T_7 值的增量与 T_6 相同,即常数 10。因此我们又可对 T_3 和 T_7 进行强度削弱,即把⑤和⑨分别外提到前置结点 B_2' 中,同时在⑧后面分别给 T_3 和 T_7 增加一个常数 10。进行以上强度削弱后的结果如图 9-17 所示。

从例 9.9 我们看到：

① 如果循环中有 I 的递归赋值 I：＝I±C（C 为循环不变量）,并且循环中 T 的赋值运算可化归为 T：＝K＊I＋C_1（K 和 C_1 为循环不变量）,那么,可对 T 的赋值运算进行强度削弱。

② 进行强度削弱后,循环中可能出现一些新的无用赋值,如图 9-16 中的④和⑧。因为

此时循环中不再引用 T_2 和 T_6，所以如果④和⑧在循环出口之后不是活跃变量，那么它们还可从循环中删除。这里的 T_2 和 T_6 是临时变量，它们一般不会是循环出口之后的活跃变量。

③ 计算循环中下标变量的地址是很费时间的，这里介绍的方法对削弱下标变量地址计算的强度是非常有效的。例 9.9 中，数组是二维的；如果我们考查一个三维或更高维数组的下标变量地址计算，将会进一步看到强度削弱的作用。对下标变量地址计算来说，强度削弱实际就是实现下标变量地址的递归计算。

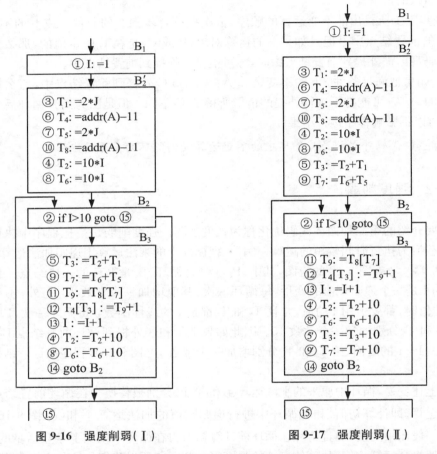

图 9-16 强度削弱（Ⅰ）　　　　　图 9-17 强度削弱（Ⅱ）

特别注意：强度削弱是指把程序中执行时间较长的运算替换为执行时间较短的运算。

9.3.3 删除归纳变量

我们要介绍的第三种循环代码优化是删除归纳变量。以下先介绍基本归纳变量和归纳变量的定义。

如果循环中对变量 I 只有唯一的形如 I:＝I+C 的赋值，且其中 C 为循环不变量，则称 I 为循环中的基本归纳变量。

如果 I 是循环中的一个基本归纳变量，J 在循环中的定值总是可化归为 I 的同一线性函数，即 $J=C_1 * I \pm C_2$，且其中 C_1 和 C_2 都是循环不变量，则称 J 是归纳变量，并称它与 I 同族。一个基本归纳变量也是一个归纳变量。

【例 9.10】 考查图 9-12 的流图,显然 I 是循环$\{B_2,B_3\}$中的基本归纳变量,T_2和T_6是循环中与 I 同族的归纳变量。

另外,因 T_3 唯一地在②中被定值,由⑤和④容易看出,T_3 与基本归纳变量 I 的值在循环中始终保持着以下线性关系:$T_3:=10*I+T_1$(其中 T_1 是循环不变量),所以在循环中,T_3 是与 I 同族的归纳变量。

又 T_7 唯一地在⑨中被定值,由⑨和⑧容易看出,T_1 与基本归纳变量 I 的值在循环中始终保持着线性关系 $T_7:=10*I+T_1$(其中 T_1 是循环不变量),所以在循环中,T_7 也是与 I 同族的归纳变量。

一个基本归纳变量除用于自身的递归定值外,在循环中往往只用来计算其他归纳变量以及控制循环的进行。例如,图 9-12 的流图经过强度削弱后变成图 9-17。图 9-17 中的 I,除在⑬用于自身的递归定值外,只唯一地在②中用来控制循环的进行。这时,我们可用与 I 同族的某一归纳变量来替换循环控制条件中的 I。例如,T_3(还有 T_2 和 T_7)是与 I 同族的归纳变量,且 T_3 与 I 的值在循环中始终保持线性 $T_3:=10*I+T_1$,所以 I>10 和 $T_3>100+T_1$ 等价。于是我们可用 $T_3>100+T_1$ 来替换 I>10,即把②变换为

$$㉑\quad R:=100+T_1$$

$$㉒\quad \text{if } T_3 > R \text{ goto } ⑮$$

其中 R 是新引入的临时变量。进行上述变换之后,我们就可把⑬从流图中删除,这正是我们进行上述变换的目的。这种代码优化称为删除归纳变量,或称变换循环控制条件。将图 9-17 删除基本归纳变量后的结果如图 9-18 所示。其假定了 T_2 和 T_6 在循环出口之后不是活跃的,因而同时删去了无用赋值④和⑧。注意,如果我们选取 T_2(或 T_6)来替换 I,那么就不能删除④或⑧了。

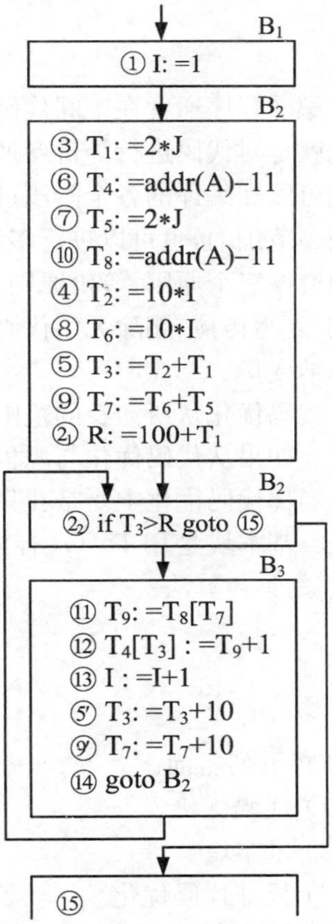

删除归纳变量是在强度削弱以后进行的。下面,我们统一给出强度削弱和删除归纳变量的算法框架,其步骤如下:

① 利用循环不变运算信息,找出循环中所有基本归纳变量。

② 找出所有其他归纳变量 A,并找出 A 与已知基本归纳变量 X 的同族线性函数关系 $F_A(X)$。

③ 对②中找出的每一归纳变量 A 进行强度削弱。

④ 删除对归纳变量的无用赋值。

⑤ 删除基本归纳变量。如果基本归纳变量 B 在循环出口之后不是活跃的,并且在循环中,除在自身的递归赋值中被引用外,只在形如 if B rop Y goto L 的条件表达式中被引用,则可以选取一个与 B 同族的归纳变量 M 替换 B,以此来进行条件控制。最后删除循环中对 B 的递归赋值的代码。

图 9-18 强度削弱与删除归纳变量

特别注意:如果循环中对变量 I 只有唯一的形如 I:=I±C 的赋值,且其中 C 为循环不变量,则称 I 为循环中的基本归纳变量。如果 I 是循环中的一基本归纳变量,J 在循环中的定值总是可化归为 I 的同一线性函数,即 J=C_1*I±C_2,且其中 C_1 和 C_2 都是循环不变量,则称 J 是归纳变量,并称 J 与 I 同族。

9.4 本 章 小 结

编译程序通常在中间代码以及目标代码生成之后对生成的代码进行优化。所谓的代码优化就是对代码进行等价变换,使得变换后的代码运行速度加快,占用存储空间减少。代码优化可以在编译的各个阶段进行:在不同的阶段,代码优化的程序范围和方式也有所不同;在同一范围内,也可以进行多种代码优化。由代码优化编译程序提供的对代码的各种变换必须遵循三个原则:等价原则、有效原则和合算原则。常用的代码优化技术有删除公共子表达式、复写传播、删除无用代码等,针对循环进行代码优化的技术有代码外提、强度削弱和删除归纳变量。

代码优化从所涉及的范围来看,一般分为与机器有关的代码优化和与机器无关的代码优化。如果从代码优化与源程序的关系上看,则可分为局部代码优化和全局代码优化。

局部代码优化主要是在只有一个入口和只有一个出口的线性程序块即基本块上的代码优化。基本块是用 DAG(有向无环图)来表示的,本章给出了基本块的划分算法和构造 DAG 的具体算法。

习 题 9

1. 解释下列名词:
   (1) 代码优化。
   (2) 基本块。
   (3) 局部代码优化。
   (4) 流图。
   (5) 活跃变量。
   (6) 强度削弱。
   (7) 基本归纳变量。
   (8) 归纳变量。

2. 根据要求回答下列问题:
   (1) 进行代码优化时应遵循哪些原则?
   (2) 编译过程中可以进行的代码优化是如何分类的?
   (3) 常用的代码优化技术有哪些? 其中涉及循环代码优化的技术有哪些?
   (4) 在循环代码优化中,为什么要进行代码外提? 试说明在哪些情况下可将代码外提?
   (5) 如何理解有的程序代码优化后质量反而下降?

3. 试把下列程序片段划分为基本块并构造其程序流图:

(1)　　　read C

　　　　　A：＝0

　　　　　B：＝1

　　　L1：A：＝A＋B

　　　　　if B＞＝C goto L2

　　　　　B：＝B＋1

　　　　　goto L1

　　　L2：write A

　　　　　halt

(2)　　　read A,B

　　　　　F：＝1

　　　　　C：＝A＊A

　　　　　D：＝B＊B

　　　　　if C＜D goto L1

　　　　　E：＝A＊A

　　　　　F：＝F＋1

　　　　　E：＝E＋F

　　　　　write E

　　　　　halt

　　　L1：E：＝B＊B

　　　　　F：＝F＋2

　　　　　E：＝E＋F

　　　　　write E

　　　　　if E＞100 goto L2

　　　　　halt

　　　L2：F：＝F－1

　　　　　goto L1

4. 试应用 DAG 分别对基本块 B_1 和 B_2 进行代码优化,并就以下两种情况分别写出代码优化后的四元式序列:

(1) 假设只有 G,L,M 在基本块后面还要被引用。

(2) 假设只有 L 在基本块后面还要被引用。

B_1:	A：＝B＊C	B_2:	B：＝3
	D：＝B/C		D：＝A＋C
	E：＝A＋D		E：＝A＊C
	F：＝2＊E		G：＝B＊F
	G：＝B＊C		H：＝A＋C
	H：＝G＊G		I：＝A＊C
	F：＝H＊G		J：＝H＋I
	L：＝F		K：＝B＊5
	M：＝L		L：＝K＋J

237

M：＝L

5. 分别对以下四元式程序中的循环进行循环代码优化：

  （1）   I：＝1

       read J,K

    L： A：＝K＊I

       B：＝J＊I

       C：＝A＊B

       write C

       I：＝I＋1

       if I＜100 goto L

       halt

  （2）   A：＝0

       I：＝1

    L1：B：＝J＋1

       C：＝B＋I

       A：＝C＋A

       if I＝100 goto L2

       I：＝I＋1

       goto L1

    L2：halt

6. 试写出以下程序段的四元式中间代码,然后求出其中的循环并进行循环代码优化：

$$\text{for } i：＝1 \text{ to } M \text{ do}$$
$$\text{for } j：＝1 \text{ to } N \text{ do}$$
$$A[i,j]：＝B[i,j]$$

7. C 语言程序引用 sizeof(求字节数运算符)时,该运算是在编译该程序时完成的,还是在运行该程序时完成的? 请说明理由。

8. 请利用代码优化的思想(代码外提和强度削弱)优化下列 C 语言程序,并写出代码优化后的 C 程序：

```
main( )
{
    int i,j;
    int r[20][10];
    for(i＝0;i＜20;i＋＋)
      for(j＝0;j＜10;j＋＋)
        r[i][j]＝10＊i＊j;
}
```

9. C 语言程序

  p＝0;

  for (i＝0;i＜20;i＋＋)

   p＝p＋a[i]＊b[i];

经过编译得到的中间代码如下：

① p：= 0
② i：= 1
③ t_1：= 4 * i
④ t_2：= addr(a) — 4
⑤ t_3：= $t_2[t_1]$
⑥ t_4：= 4 * i
⑦ t_5：= addr(b) — 4
⑧ t_6：= $t_5[t_4]$
⑨ t_7：= $t_3 * t_6$
⑩ p：= p + t_7
⑪ i：= i + 1
⑫ if i ＜= 20 goto ③

(1) 把上述三地址程序划分成基本块,并做出流图。

(2) 将每个基本块的公共子表达式删除。

(3) 找出流图中的循环,找出循环不变计算并将其移出循环。

(4) 找出每个循环中的归纳变量,并在可能之处删除它们。

10. 有如下代码序列:

```
i=m-1;
j=n;
v=a[n];
while (1)
{
    while(a[++i]<v);
    while(a[--j]>v);
    if(i>=j)break;
    x=a[i];
    a[i]=a[j];
    a[j]=x;
}
x=a[i];
a[i]=a[n];
a[n]=x;
```

(1) 为该程序产生三地址形式的中间代码。

(2) 从三地址语句构造流图。

(3) 从每个基本块中删除公共子表达式。

(4) 找出流图中的循环。

(5) 找出循环不变计算并将其移出循环。

(6) 找出每个循环的归纳变量,可能的话,删除它们。

第 10 章　目标代码生成

【学习目标】　理解代码生成器的作用和地位；理解简单的代码生成算法；了解寄存器的分配方案。

代码生成阶段产生编译程序的最后输出，涉及目标机器特别是目标及指令系统、代码生成算法、寄存器的分配等知识。本章主要介绍代码生成器的作用和地位以及设计优良的代码生成器需要考虑的问题，并给出一个虚拟的目标机器模型，在此机器模型上给出一个简单的代码生成算法。

10.1　代码生成概述

编译程序经典划分模型的最后一个阶段是代码生成。它将源程序的中间代码作为输入，将产生的等价目标代码作为输出，将完成这种功能的程序称为代码生成器（code generator）。图 10-1 表示了代码生成器在整个编译过程中的位置。

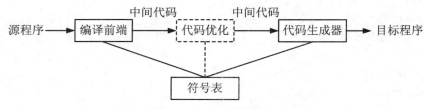

图 10-1　代码生成器的位置

无论代码生成是源于直接的中间代码还是优化后的中间代码，本章提出的代码生成技术皆可使用。对代码生成器的要求是严格的，要求代码生成器是高质量的且输出的目标代码必须正确。高质量的含义是指能有效地利用目标机资源且代码生成器自身亦能高效率地运行。关于代码生成器的设计要考虑易于设计、测试和维护等因素。这样，需要考虑以下几个问题：

1. 中间代码形式

中间代码作为代码生成器的输入，它有多种形式，其中树和逆波兰式（后缀式）适用于解释器，而对生成目标代码的编译器而言，中间代码多采用与一般机器指令格式相似的三地址代码形式。

2. 目标程序

代码生成器的输出是目标程序,它与中间代码一样,有若干种形式:

(1) 绝对机器代码

绝对机器代码是能够立即执行的机器语言代码,所有地址均已定位(代真)。

(2) 可重定位机器代码

当需要执行时,由连接装入程序把它们和某些运行程序连接起来,并转换成能执行的机器语言代码。

(3) 汇编语言代码

汇编语言代码尚需经过汇编程序汇编,并转换成可执行的机器语言代码。

以绝对机器代码为输出,所有地址均已定位,这种目标代码的优点是可立即执行。

以可重定位机器代码作为输出,允许子程序单独编译。一组可重定位的目标模块可以连接在一起,并在执行中装入。尽管连接与装入要付出一定的代价,但是这种目标代码很灵活,可以分别编译各个子程序。如果目标机器无法自动处理重定位,则编译器必须为连接与装入提供显式的重定位信息。

从某种程度上来说,以汇编语言程序作为输出可使代码生成阶段的运作变得容易,可以生成符号指令并使用汇编器的宏工具来辅助生成代码。我们要强调的是,只要地址可由偏移值及符号表中的其他信息来计算,代码生成器便可以产生名字的再定位或绝对的地址。

本章采用汇编代码作为目标程序。

3. 指令的选择

指令集的一致性和完全性是重要因素。如果目标机器不能支持指令集的所有类型,那么对每一种不支持的指令都需要进行特别的处理。指令速度和机器用语也是重要因素。如果我们不考虑目标程序的效率,那么指令选择可以直接做。对于每种类型的中间代码,可以勾画出代码的框架。例如,中间代码 x:=y+z(x,y,z 均为静态分配的变量),可被翻译成下述代码序列:

```
LD R0,y   /* 将 y 放入寄存器 R0 */
ADD R0,z  /* z 与 R0 相加 */
ST R0,x   /* R0 的值存入 x */
```

生成的代码的质量取决于它的速度和大小。一个有着丰富的目标指令集的机器可以为一个给定的操作提供几种实现方法。由于不同的实现方法所需的代码不同,有些中间代码可能会生成正确的但却不一定高效的目标代码。例如,如果目标机器有"加 1"指令 INC,那么代码 a=a+1 用 INC a 实现是最有效的,而不是用以下的指令序列实现:

```
LD R0,a
ADD R0,#1
ST R0,a
```

由此可见,为了提高程序执行速度,缩短目标代码的长度,要注意设计更合理的指令序列。因此熟悉目标机指令系统是指令选择的关键。

4. 寄存器的分配

代码生成与具体的目标机有着密切的关系,应注意以开发和利用目标机本身的资源来提高编译程序的质量。寄存器是目标机重要的资源之一,它用途广泛、使用方便。但是任何目标机的寄存器的数量都是十分有限的,所以合理、有效以及充分地使用寄存器资源,将会有效地提高所生成的目标代码的质量。寄存器的分配就是为解决这一问题而提出的。

寄存器的分配一般是指在计算一个表达式时,如何使所需要的寄存器个数最少。表达式的内部形式可以用树结构表示,对树进行扫描的同时为每个运算确定运算对象所需要的寄存器个数,并标记每个运算结点,用以指示首先应该计算的运算对象,然后生成相应的代码。

已知 n 个寄存器 R_1,R_2,$\cdots$,R_n 可提供使用,计算表达式时如何使所需的存取指令的条数最少? 为解决此问题,不妨假定:

① 不允许重新排列子表达式。

② 表达式中的每个值必须先取到某个寄存器后才能使用。

为此,当计算一个表达式时,在某一时刻需要使用变量 v 的值,这就会出现如下几种可能的情况:

① 变量 v 的值已在寄存器 R_i($i=1,2,\cdots,n$)中,则可以直接使用寄存器 R_i。

② 还没有给变量 v 分配寄存器,且此时有可用的空寄存器(或存在某个寄存器,其内容已经不再需要了),此时就把变量 v 的值存入该寄存器中。

③ 还没有给变量 v 分配寄存器,且此时所有的寄存器都已被占用,此时应该暂时保存某个寄存器的内容(保存的目的是方便后续的恢复),然后把变量 v 的值存入该寄存器中。

对于情况③,需要考虑选择寄存器的方案。通常的做法是,把运算序列中下次使用位置距离现行位置最远的寄存器的内容保存起来,并把该寄存器分配给变量 v。可以证明,这种寄存器的分配方案在一定条件下是最优的。但是要实现此方案,需要采集每个临时变量下一次要在何处引用的信息,所以要通过建立一张寄存器使用线索表,采集和记录目标代码中引用寄存器的全部信息。

5. 计算顺序的选择

计算完成的顺序会影响目标代码的有效性。我们会看到,有些计算顺序要求存放中间结果的寄存器数量足够少,以提高目标代码的效率。

毫无疑问,对一个代码生成器进行评价的最重要的标准是它能产生正确的代码。在重视正确性的前提下,使设计的代码生成器易于实现、测试及维护,这也是重要的设计目标。

特别注意:设计代码生成器时需要考虑的主要问题:① 代码生成器的输入:中间代码的形式;② 代码生成器的输出:目标代码的形式;③ 指令的选择;④ 寄存器的分配;⑤ 计算顺序的选择。除此之外,还需要考虑易于设计、测试和维护等因素。

10.2　目标机器模型

要设计一个好的目标代码生成器,必须熟悉目标机器的体系结构和它的指令系统。本节选择一个模型机作为虚拟目标机器,它可以作为几类微型计算机的代表。本节提出的代码生成技术也适用于其他类型的计算机。

这个目标计算机模型具有 n 个通用寄存器 R_0, R_1, …, R_{n-1}, 它们既可以作为累加器, 也可以作为变址器。假设目标机器按字节编址, 四个字节组成一个字。我们用 op 表示运算符, 用字母 M 表示内存单元, 用字母 C 表示常数, 用星号 * 表示间接寻址方式存取。这台机器指令的一般形式为: 操作码(op) 源数据域, 目的数据域。这条二地址指令表示将源数据域和目标数据域经过 op 运算以后的结果存放到目标数据域。

这台机器的指令按照地址模式分为五类, 如表 10-1 所示。

表 10-1　目标机器的寻址模式

类型	指令形式	意义(假设 op 是二元运算符)
直接地址型	op R_i, M	(R_i) op (M)⟹R_i
寄存器型	op R_i, R_j	(R_i) op (R_j)⟹R_i
变址型	op R_i, c(R_j)	(R_i) op $((R_j)+c)$⟹R_i
间接型	op R_i, * M	(R_i) op $((M))$⟹R_i
	op R_i, * R_j	(R_i) op $((R_j))$⟹R_i
	op R_i, * c(R_j)	(R_i) op $(((R_j)+c))$⟹R_i
立即数	＃C	常数 C

如果 op 是一元运算符, 则 op R_i, M 的意义为 op (M)⟹R_i, 其余类型可以此类推。

以上指令中的运算符(操作码)op 包括一般计算机上常见的一些运算符, 如 ADD(加)、SUB(减)、MUL(乘)、DIV(除)等。其余某些指令的意义说明如表 10-2 所示。

表 10-2　目标机器的指令系统(不包含算术运算)

指令	意　义	指令	意　义
LD R_i, M	把 M 单元的内容取到寄存器 R_i, 即 (M)⟹R_i	J<X	如 CT=0 转到 X 单元
ST R_i, M	把寄存器 R_i 的内容存到 M 单元, 即 (R_i)⟹M	J≤X	如 CT=0 或 CT=1 转到 X 单元
J X	无条件转向 X 单元	J=X	如 CT=1 转到 X 单元
CMP M, N	比较内存单元 M 和 N 的值, 根据结果在机器内部特征寄存器 CT 中设置相应的状态值: M<N 时, CT=0; M=N时, CT=1; M>N 时, CT=2	J≠X	如 CT≠1 转到 X 单元
		J>X	如 CT=2 转到 X 单元
		J≥X	如 CT=2 或 CT=1 转到 X 单元

当用一个存储单元 M 或一个寄存器 R 作为源和目标时, 它们都代表自身。例如, 指令 ST R_0, M 将寄存器 R_0 中的内容存入存储单元 M 中。

寄存器 R 的值偏移 c 可写作 c(R)。这样, 指令 ST R_0, 4(R_1) 就将寄存器 R_0 中的值存入(4+(R_1)) 所指单元中。

表 10-1 中的两种间接方式用前缀 * 表示。于是, 指令 LD R_0, * 4(R_1) 将(4+(R_1))之值所指的单元的内容装入到 R_0 中。

指令 LD R_0, ＃1 表示将常数 1 装入到寄存器 R_0 中。

10.3 一种简单的代码生成算法

这里讨论以基本块为单位生成目标代码,主要考虑如何充分利用 CPU 中的寄存器问题:一方面,当生成计算某变量的目标代码时,应尽可能地将该变量的值留在寄存器内(即不生成把该变量的值送内存的指令),直至该寄存器必须用于存放其他变量值或基本块出口时才将它存入内存;另一方面,后续的指令要引用某变量值时也尽量引用寄存器内的内容(若内容在寄存器内),而不去访问内存。仅当离开基本块时,才将这些变量的值存入内存,以便腾出寄存器供生成其他块的目标代码用。因为,若不做全局的数据流分析,一般不会知道该基本块的后继是哪些基本块或后继基本块有哪些前驱基本块。因此从后继块中就无法知道变量的值存于哪一些寄存器中。所以最简单的处理方法是,当离开基本块时,将出口是活跃的变量存入内存,进入新的基本块后寄存器已腾空,所需的变量从内存取值,并重复上述过程。

在详细介绍这个算法之前,我们先来看一个例子。

【例 10.1】 假设有一个高级语言的语句为

$$A:=(B+C)*D+E$$

把它翻译成中间代码 G

$$T_1:=B+C$$
$$T_2:=T_1*D$$
$$A:=T_2+E$$

如果不考虑代码的效率的话,我们可以简单地把每条中间代码映射成若干条目标指令,如把 $x:=y+z$ 映射为

$$LD\ R,y$$
$$ADD\ R,z$$
$$ST\ R,x$$

这样,上述中间代码序列 G 就可以翻译为

① LD R,B

② ADD R,C

③ ST R,T_1

④ LD R,T_1

⑤ MUL R,D

⑥ ST R,T_2

⑦ LD R,T_2

⑧ ADD R,E

⑨ ST R,A

虽然从正确性上看,上述翻译没有问题,但它却是很冗余的。显然,上述指令序列中,第④和第⑦条指令是多余的;而且由于 T_1,T_2 是生成中间代码时引入的临时变量,出了所在的基本块在其他地方将不会被引用,所以第③,⑥条指令也可以省掉。因此考虑了效率和充分

利用寄存器的问题之后，代码生成器就可以生成如下代码：

① LD R,B

② ADD R,C

③ MUL R,D

④ ADD R,E

⑤ ST R,A

为了能够这样做，代码生成器必须满足一些条件：在产生 $T_2 := T_1 * D$ 对应的目标代码时，为了省去指令 LD R,T_1，就必须保证 T_1 的当前值已在寄存器 R 中；为了省去 ST R,T_1，就必须保证出了基本块之后 T_1 不会再被引用。下面我们引入活跃信息、待用信息、寄存器描述数组和变量地址描述数组，用以记录代码生成时所需收集的信息。

10.3.1 活跃信息与待用信息

在一个基本块内的目标代码中，为了提高寄存器的使用效率，应将在基本块内还要被引用的值尽可能地保留在寄存器中，而将在基本块内不再被引用的变量所占用的寄存器尽早释放。每当翻译一条四元式（如 A := B op C）时，需要知道在基本块中还有哪些四元式要对变量 A,B,C 进行引用，为此，需要收集一些待用信息。在一个基本块中，四元式 i 对变量 A 定值，如果 i 后面的四元式 j 要引用 A 且从 i 到 j 的四元式没有其他对 A 的定值点，则称 j 是四元式 i 中对变量 A 的待用信息，同时也称 A 是活跃的。如果 A 在多处被引用，则构成了 A 的待用信息链与活跃信息链。

为了取得每个变量在基本块内的待用信息和活跃信息，可从基本块的出口由后向前扫描，对每个变量建立相应的待用信息链与活跃信息链。如果没有进行数据流分析并且临时变量不允许跨基本块引用，则把基本块中的临时变量均看作基本块出口之后的非活跃变量，而把所有的非临时变量均看作基本块出口之后的活跃变量。如果某些临时变量能够跨基本块使用，则把这些临时变量也看作基本块出口之后的活跃变量。

假设变量的符号表内有待用信息和活跃信息栏，则计算变量待用信息的算法如下：

① 首先将基本块中各变量的符号表的待用信息栏置为"非待用"，对于活跃信息栏，则根据该变量在基本块出口之后是否活跃而将该栏中的信息置为"活跃"或"非活跃"。

② 从基本块出口到基本块入口由后向前依次处理各四元式 i：A := B op C，需依次执行以下步骤：

a. 把符号表中变量 A 的待用信息和活跃信息附加到四元式 i 上。

b. 把符号表中变量 A 的待用信息和活跃信息分别置为"非待用"和"非活跃"。

c. 把符号表中变量 B 和 C 的待用信息和活跃信息附加到四元式 i 上。

d. 把符号表中变量 B 和 C 的待用信息置为 i，活跃信息置为"活跃"。

注意：以上 a~d 次序不能颠倒，如果四元式出现 A := op B 或者 A := B 形式，则以上执行步骤完全相同，只是其中不涉及变量 C。

【例 10.2】 考查基本块

$$T := A - B$$
$$U := A - C$$
$$V := T + U$$

$$D := V + U$$

其中 A,B,C,D 为变量，T,U,V 为中间变量。试求各变量的待用信息链和活跃信息链。

解 我们根据计算变量待用信息的算法得到各变量的待用信息链和活跃信息链，如表 10-3 所示。表中的"F"表示"非待用"或"非活跃"，"L"表示"活跃"，①～④分别表示基本块中的四个四元式。待用信息链和活跃信息链的每列从左到右为每行从后向前扫描一个四元式时相应变量的信息变化情况（空白处表示没有变化）。

表 10-3　待用信息链和活跃信息链

变量名	初值	待用信息链			初值	活跃信息链		
T	F		③	F	F		L	F
A	F		②	①	L		L	L
B	F			①	L			L
C	F		②		L		L	
U	F	④	③	F	F	L	L	F
V	F	④	F		F	L	F	
D	F	F			F	L		

待用信息和活跃信息在四元式上的标记如下（对于每个变量，都先去掉待用信息链和活跃信息链最右的值，然后由右向左依次引用所出现的值）：

① $T^{(3)L} := A^{(2)L} - B^{FL}$

② $U^{(3)L} := A^{FL} - C^{FL}$

③ $V^{(4)L} := T^{FF} + U^{(4)L}$

④ $D^{FL} := V^{FF} + U^{FF}$

10.3.2　寄存器和变量地址描述

为了在代码生成的过程中合理地分配寄存器，我们需要随时掌握每个寄存器的使用情况，了解它是空闲的还是已经被分配给了某个或某几个变量。为此，我们需使用一个数组 RVALUE 来动态地记录寄存器的这些信息，这个数组称作寄存器描述数组。用寄存器 R_i 的编号值作为寄存器描述数组 RVALUE 的下标，数组元素值是一个或多个变量名。

另外，一个变量的值可以存放在寄存器中，也可以存放于内存中，还可以同时存放在寄存器和内存中。在代码生成过程中，每当生成的指令涉及引用某个变量的值，且该变量的值已经在某个寄存器中时，可以直接引用该变量在寄存器中的值，以便提高代码的执行速度。为此，我们使用一个数组 AVALUE 来动态地记录每个变量当前值的存放位置，这个数组称作变量地址描述数组，其下标就用变量名表示。例如，

$RVALUE[R_1] = \{A, B\}$　表示 R_1 存储的是变量 A 和 B 的值

$AVALUE[A] = \{A\}$　表示变量 A 的值只存放在内存中

AVALUE[A]=\{R_1,A\}　表示变量 A 的值同时存放在寄存器 R_1 和内存中

AVALUE[B]=\{R_1\}　表示变量 B 的值只存放在寄存器 R_1 内

特别注意:RVALUE(寄存器描述数组):动态地记录寄存器的使用状况信息。
AVALUE(变量地址描述数组):动态地记录每个变量当前值的存放位置。

10.3.3　简单代码生成算法

现在介绍一个基本块的代码生成算法。为简单起见,假设基本块中每个中间代码的形式为 A:=B op C。如果基本块中含有其他形式的中间代码,也不难仿照下述算法写出对应的算法:

① 对每个中间代码 i:A:=B op C,依次执行下述步骤:

a. 以中间代码 i:A:=B op C 为参数,调用函数过程 GETREG(i:A:=B op C)。当从 GETREG 返回时,我们得到一个寄存器 R,它将成为存放 A 现行值的寄存器。

b. 利用地址描述数组 AVALUE[B]和 AVALUE[C],确定出变量 B 和 C 现行值的存放位置 B′和 C′。如果现行值在寄存器中,则把寄存器取作 B′和 C′。

c. 如果 B′≠R,则生成以下目标代码:

$$LD\ R,B'$$
$$op\ R,C'$$

否则生成以下目标代码:

$$op\ R,C'$$

如果 B′或 C′为 R,则删除 AVALUE[B]或 AVALUE[C]中的 R。

d. 令 AVALUE[A]=\{R\},并令 RVALUE[R]=\{A\},以表示变量 A 的现行值只在 R 中并且 R 中的值只代表 A 的现行值。

e. 如果 B 和 C 的现行值在基本块中不再被引用,它们也不是基本块出口之后的活跃变量(由该中间代码 i 上的附加信息知道),并且现行值在某寄存器 R_k 中,则删除 RVALUE[R_k] 中的 B 或 C 以及 AVALUE[B]中的 R_k,使该寄存器不再为 B 或 C 所占用。

② GETREG 是一个函数过程,GETREG(i:A:=B op C)给出一个用来存放 A 的当前值的寄存器 R,其中要用到中间代码 i 上的待用信息,GETREG 的算法如下:

a. 如果 B 的现行值在某寄存器 R_i 中,RVALUE[R_i]只包含 B,此外,或者 B 与 A 是同一标识符,或者 B 的现行值在执行中间代码 A:=B op C 之后不会再引用(此时,该中间代码 i 的附加信息中,B 的待用信息和活跃信息分别为"非待用"和"非活跃"),则选取 R_i 为所需的寄存器 R,并转④。

b. 如果有尚未分配的寄存器,则从中选取一个 R_i 为所需的寄存器 R,并转④。

c. 从已分配的寄存器中选取一个 R_i 为所需的寄存器 R。最好使 R_i 满足以下条件:占用 R_i 的变量的值,也同时存放在该变量的主存单元中,或者在基本块中要在很远的将来才会被引用到或永远不会被引用(关于这一点可从有关中间代码 i 上的待用信息得知)。

d. 给出 R,返回。

③ 对于 RVALUE[R_i]中每一变量 M,如果 M 不是 A,或者如果 M 是 A 又是 C,但不是 B,并且 B 也不在 RVALUE[R_i]中,则

a. 如果 AVALUE[M]不包含 M,则生成目标代码 ST R_i,M。

b. 如果 M 是 B 或者 M 是 C,同时 B 也在 RVALUE[R_i]中,则令 AVALUE[M] ={M,R},否则令 AVALUE[M]={M}。

c. 删除 RVALUE[R_i]中的 M。

d. 给出 R,返回。

【例 10.3】 对于例 10.2,假设只有 R_0 和 R_1 是可用寄存器,用上述算法生成的目标代码和相应的 RVALUE 和 AVALUE 如表 10-4 所示。

表 10-4 目标代码

中间代码	目标代码	RVALUE	AVALUE
$T_:=A-B$	LD R_0,A SUB R_0,B	R_0 含有 T	T 在 R_0 中
$U_:=A-C$	LD R_1,A SUB R_1,C	R_0 含有 T R_1 含有 U	T 在 R_0 中 U 在 R_1 中
$V_:=T+U$	ADD R_0,R_1	R_0 含有 V R_1 含有 U	V 在 R_0 中 U 在 R_1 中
$D_:=V+U$	ADD R_0,R_1	R_0 含有 D	D 在 R_0 中

对于其他形式的中间代码,也可仿照以上算法生成其目标代码。我们把各中间代码对应的目标代码列于表 10-5 中。这里要特别指出的是,对于形如 A:=B 的复写,如果 B 的现行值在某寄存器 R_i 中,那么这时无需生成目标代码。需在 RVALUE[R_i]中增加一个 A(即把 R_i 同时分配给 B 和 A),把 AVALUE[A]改为 R_i;如果其后 B 不再被引用,那么还可把 RVALUE[R_i]中的 B 和 AVALUE[B]中的 R_i 删除。

表 10-5 各中间代码对应的目标代码

序号	中间代码	目标代码	备注
1	A:=B op C	LD R_i,B op R_i,C	① 其中 R_i 是新分配给 A 的寄存器 ② 如果 B 和/或 C 的现行值在寄存器中,则目标 B 和/或C用寄存器表示。但如果 C 的现行值在 R_i 中,而 B 的现行值不在 R_i 中,则 C 要用主存单元表示 ③ 如果 B 的现行值也在 R 中,则不生成第一条目标代码
2	A:=op_1 B	LD R_i,B op_1 R_i,R_i	① 同 1 中备注① ② 同 1 中备注③ ③ op_1 指一元运算符
3	A:=B	LD R_i,B	① 同 1 中备注① ② 如果 B 的现行值在某寄存器 R_i 中,则如前所述,不生成目标代码
4	A:=B[I]	LD R_j,I LD R_i,B(R_j)	① 同 1 中备注① ② 如果 I 的现行值在某寄存器 R_j 中,则可省去第一条目标,否则 R_j 是分配给 I 的寄存器

5	A[I]:=B	LD R_i,B
		LD R_j,I
		ST R_i,A(R_j)
			① 同 1 中备注③
			② 同 4 中备注②

序号	中间代码	目标代码	备　注
6	goto X	J X′	X′是标号为 X 的中间代码的目标代码的首地址

7	if A rop B goto X	LD R_i,A
		CMP R_i,B
		J rop X′
			① X′的意义同 6 中备注①
			② 若 A 的现行值在寄存器 R_i 中,则可省去第一条目标代码
			③ 如果 B 的现行值在某寄存器 R_k 中,则目标代码中的 B 就是 R_k
			④ rop 指<,≤,=,≠,>或≥

8	A：=P↑	LD R_i, * P	同 1 中备注①
9	P↑：=A	LD R_i,A ST R_i, * P	① 同 1 中备注① ② 如果 A 的现行值原来在某寄存器 R_i 中,则不生成第一条目标代码

一旦处理完基本块中所有中间代码,对于现行值只在某寄存器中的每个变量,如果它在基本块出口之后是活跃的,则要用 ST 指令把它在寄存器中的值存放到它的主存单元中。为完成这一项工作,我们利用寄存器描述数组 RVALUE 来决定其中哪些变量的现行值在寄存器中,再利用地址描述数组 AVALUE 来决定其中哪些变量的现行值尚不在其主存单元中,最后利用活跃变量信息来决定其中哪些变量是活跃的。对上例来说,从 RVALUE 得知 U 和 D 的值在寄存器中,由 AVALUE 得知 U 和 D 的值都不在主存单元中,又由活跃变量信息得知 D 在基本块出口之后是活跃变量,所以在前例生成的目标代码后面还要生成一条目标代码:ST R_0,D。

10.3.4　寄存器分配

由于寄存器数量有限,为了生成更有效的目标代码,就必须考虑如何更有效地利用寄存器。用前述的代码生成算法每生成一条目标代码时,如果其运算对象的值在寄存器中,那么我们总是把该寄存器作为操作数地址,使得生成的目标代码执行速度较快。为此,我们还尽可能把各变量的现行值保存在寄存器中,把基本块不再引用的变量所占用的寄存器及早释放出来。下面,我们将把考虑的范围从基本块扩大到循环,这是因为循环是程序中执行次数最多的部分,内循环更是如此。同时,我们不是把寄存器平均分配给各个变量使用,而是从可用的寄存器中分出几个,并固定分配给几个变量单独使用。按照什么标准来分配呢? 我们将以各变量在循环内需要访问主存单元的次数为标准。为此,我们定义指令的执行代价如下:

$$每条指令的执行代价＝每条指令访问内存单元次数＋1$$

例如,

$$op\ R_i,R_i \qquad 执行代价为1$$
$$op\ R_i,M \qquad 执行代价为2$$
$$op\ R_i, * R_i \qquad 执行代价为2$$
$$op\ R_i, * M \qquad 执行代价为3$$

特别注意:每条指令的执行代价＝每条指令访问内存单元次数＋1。

于是,我们就可对循环中每个变量计算一下,如果在循环中把某寄存器固定分配给某变量使用,能节省多少执行代价。根据计算的结果,把可用的几个寄存器固定分配给节省执行代价最多的那几个变量使用,从而使这几个寄存器充分发挥提高运算速度的作用。下面我们将介绍计算各变量节省执行代价的方法。

假定在循环中,某寄存器被固定分配给某变量使用,那么对于循环中的每个基本块,相对于原简单代码生成算法所生成的目标代码,所节省的执行代价可用下述方法计算:

① 在原代码生成算法中,仅当变量在基本块中被定值时,其值才存放在寄存器中。现在把寄存器固定分配给某变量使用,该变量在基本块中被定值前,每引用它一次就可以少访问一次内存,即执行代价节省 1。

② 在原代码生成算法中,如果某变量在基本块中被定值且在基本块出口之后是活跃的,则出基本块时要把它在寄存器中的值存放到内存单元中。现在把寄存器固定分配给某变量使用,出基本块时就无需把它的值存放到其内存单元中,即执行代价节省 2。

因此对于循环 L 中的变量 M,如果分配一个寄存器给它专用,那么每执行循环一次,执行代价的节省数可用下式计算:

$$\sum_{B \in L} [\text{USE}(M,B) + 2 * \text{LIVE}(M,B)] \tag{10.1}$$

其中

$$\text{USE}(M,B) = 在基本块 B 中 M 被定值前引用 M 的次数$$

$$\text{LIVE}(M,B) = \begin{cases} 1 & M 在基本块 B 中被定值并且在 B 的出口之后是活跃的 \\ 0 & 其他情况 \end{cases}$$

注意:以上公式是近似的,原因是我们忽略了以下两个因素:

① 如果 M 在循环入口之前是活跃的,并且在循环中固定分配给 M 一个寄存器,那么到达循环入口时,我们要先把它的值从主存单元取到寄存器,其执行代价为 2。另外,假设 B 是循环出口基本块,C 是 B 在循环外的后继基本块,且在 C 的入口之前 M 是活跃变量,那么到达循环出口时,我们需要把 M 的当前值从寄存器中存放到它的主存单元中,其执行代价又是 2。由于这两处的执行代价,在整个循环中只需计算一次,这与公式(10.1)每循环一次就要计算一次相比,它可以忽略不计。

② 每循环一次,各个基本块不一定都会执行到,而且每一次循环,执行到的基本块还可能不相同。在公式(10.1)的计算中,把上述因素也忽略了,直接看作每循环一次,各个基本块都要执行一次。

【例 10.4】 图 10-2 代表某程序的最内层循环,其中无条件转移和条件转移指令均改用箭头来表示。各基本块入口之前和出口之后的活跃变量已列在图中。假定 R_0,R_1 和 R_2 三个寄存器在该循环中将被固定分配给某三个变量使用,则它们分配给哪三个变量可使执行代价省得最多? 请生成该循环的目标代码。

解 首先对变量 a 计算出式(10.1)的值:

因为在 B_1 中引用 a 前已对 a 定值,在 B_2 和 B_3 中只引用一次,且在引用前未对 a 再定值,在 B_4 中没有引用 a,所以

$$\text{USE}(a,B_1) = 0$$

$$\text{USE}(a,B_2) = \text{USE}(a,B_3) = 1$$

$$\text{USE}(a,B_4) = 0$$

又因 a 在 B_1 中被定值且 a 在 B_1 出口之后是活跃的,a 在 B_2,B_3 或 B_4 出口之后不是活跃的,所以

$$LIVE(a,B_1) = 1$$
$$LIVE(a,B_2) = LIVE(a,B_3) = LIVE(a,B_4) = 0$$

从而

$$\sum [USE(a,B) + 2 * LIVE(a,B)] = 1 + 1 + 2 * 1 = 4$$

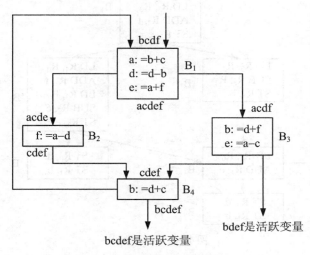

图 10-2　循环程序段

同样,可对 b,c,d,e,f 计算出式(10.1)的值,它们分别为 6,3,6,4,4。按照各个变量节省执行代价的大小,我们把寄存器 R_0 分配给 d,R_1 分配给 b;a,e,f 的执行代价节省数相等,可把第三个寄存器分配给其中任意一个。假设把 R_2 分配给 a。三个寄存器分配固定以后,它们在循环中只能分别存放变量 d,b,a 的值。其余变量要用寄存器时,要从余下的寄存器中选取。

分配好寄存器以后,就生成目标代码。算法和前述简单代码生成器相类似,二者的区别如下:

① 循环中的目标代码,凡涉及已固定分配寄存器的变量,就用分配给它的寄存器来表示,如上述的 d,b,a 就用 R_0,R_1,R_2 表示。但是在生成 A:=B op C 的目标代码时,如果 A 和 C 是同一标识符,但 A 和 B 不是同一标识符,且寄存器 R 固定分配给 A,但 B 的现行值不在 R 中,那么当 AVALUE[C]不包含 M 时,则先生成目标代码 ST R,C,然后生成 A:=B op C 的目标代码。在生成 A:=B op C 的目标代码时,应认为 C 的现行值在主存单元中。

② 如果其中某变量(如 d 和 b)在循环入口之前是活跃的,那么在循环入口之前,要生成把它们的值分别取到相应寄存器中的目标代码,如图 10-3 中的 B_0 所示。

③ 如果其中某变量(如 d 和 b)在循环出口之后是活跃的,那么在循环出口的后面,要分别生成目标代码,把它们在寄存器中的值存放到主存单元中,如图 10-3 中 B_5 和 B_6 所示。

④ 在循环中每个基本块的出口,对未固定分配到寄存器的变量,仍按以前的算法生成目标代码,把它们在寄存器中的值存放到主存单元中。但对于已固定分配到寄存器的变量,就无需生成这样的目标代码,这些已反映在图 10-3 的 B_1,B_2 和 B_4 中。

按上述原则,图 10-2 中的中间代码生成的目标代码如图 10-3 所示。

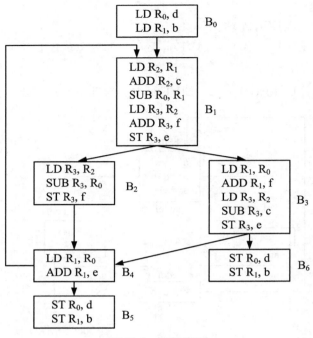

图 10-3　目标代码

也可改变一下上述原则。对于已固定分配到寄存器的变量,如果它在循环中某基本块出口之后已不是活跃的,则把固定分配给它的寄存器暂时作为一般寄存器使用,如图 10-2 中 B_2 和 B_3 中的 a。那么 B_2 生成的目标代码将是

$$SUB\ R_2\ ,R_0$$
$$ST\ R_2\ ,f$$

B_3 生成的目标代码将是

$$LD\ R_1\ ,R_0$$
$$ADD\ R_1\ ,f$$
$$SUB\ R_2\ ,c$$
$$ST\ R_2\ ,e$$

即已把分配给 a 的寄存器 R_2 作为一般寄存器用,从而可省去生成把 R_2 中的值取到 R_3 中的目标代码。

对于外循环,也可按式(10.1)计算出的执行代价节省数来分配寄存器。设 L_1 是包含内循环 L 的外循环,我们可对其中的各变量计算出式(10.1)的值。显然,在 L 中已固定分配到寄存器的变量,在 L_1-L 中就不一定分配到,在 L_1-L 中已固定分配到寄存器的变量,在 L 中也不一定分配到。所以要注意的是,如果变量 A 在 L_1-L 中已固定分配到寄存器,但它在 L 中没有分配到,那么在 L 入口之前必须生成目标代码,把 A 在寄存器中的值存放到其主存单元中,并在 L 出口之后进入 L_1-L 之前,必须生成目标代码,把 A 在主存单元中的值取到固定分配给 A 的寄存器中。

10.4　本　章　小　结

　　编译程序的最终目的是生成与源程序等价而有效的目标代码,而这一目的是在编译程序的目标代码生成阶段实现的。通常,我们把目标代码生成程序称为目标代码生成器。

　　目标代码生成器的输入是编译程序中间代码生成阶段输出的中间代码以及符号表,输出是目标代码。目标代码的形式可以是绝对机器代码、可重定位机器代码或汇编语言代码。要设计一个正确且高效的目标代码生成器不仅要考虑其输入和输出的形式、指令的选择、寄存器的分配、计算顺序的选择等重要问题,还要考虑易于设计、测试和维护等因素。

　　目标代码生成器总是针对某一具体计算机而言的,但我们又不想把目标代码生成器的讨论局限于某一特定的计算机,所以在本章我们首先给出了一个虚拟的计算机模型,使该模型具有大多数实际计算机所具有的某些特征。我们以此种模型为基础,给出了目标代码生成的一个算法。最后,本章还讨论了一种寄存器分配方案。

习　题　10

1. 解释下列名词:
   (1) 可重定位机器代码。
   (2) 待用信息。
   (3) 活跃信息。
   (4) 寄存器描述数组。
   (5) 变量地址描述数组。
   (6) 执行代价。

2. 根据要求回答下列问题:
   (1) 设计目标代码生成器一般需要考虑哪些问题?
   (2) 目标代码生成器的输入和输出分别是什么? 它们各有哪些表示形式?
   (3) 如何收集变量的待用信息?

3. 对于以下中间代码序列 G:

$$T_1 := B - C$$
$$T_2 := A * T_1$$
$$T_3 := D + 1$$
$$T_4 := E - F$$
$$T_5 := T_3 * T_4$$
$$W := T_2 / T_5$$

　　假设可用寄存器为 R_0 和 R_1,W 是基本块出口的活跃变量,用简单代码生成算法生成其目标代码,同时列出目标代码生成过程中的寄存器描述和地址描述。

4. 对于图 10-2 的循环,如果把可用寄存器 R_0,R_1 和 R_2 分别分配给变量 a,b 和 c 使用,试应用简单代码生成算法生成各基本块的目标代码,并按照执行代价比较以上生成目标代码和图 10-3 的目标代码的优劣。

5. 给出下列代码序列：

$$a: = b - c$$
$$d: = a + 4$$
$$e: = a - b$$

L1:　$f: = c + e$
　　　$b: = b + c$
　　　$c: = b - f$
　　　if $b < c$ goto L2
　　　$b: = b - c$
　　　$f: = b + f$

L2:　$a: = a - f$
　　　if $a = c$ goto L1
　　　halt

（1）请划分基本块并构造流图。

（2）假定各基本块出口之后的活跃变量均为 a, b, c, 循环中可用作固定分配的寄存器为 R_0, R_1, 则将其固定分配给循环中哪两个变量, 可使执行代价省得最多?

第 11 章　现代编译技术概述

【学习目标】 理解面向对象的编译技术；了解并行编译技术；了解网格计算编译技术。

在前面的章节中我们详细介绍了一种不特定语言的编译程序，以及在实现此编译程序中用到的原理、方法和技术。然而，这些内容更适合过程语言或命令式的语言。

从 20 世纪 80 年代开始，随着硬件的快速发展，软件出现了危机，一种新的程序设计范式——面向对象程序设计——逐渐展现，与此同时，还出现了并行程序设计、函数程序设计、逻辑程序设计等。它们正逐步取代旧的范式——面向过程程序设计。而用这些语言所写的源程序的编译完全不同于用传统语言所写的源程序的编译，两者的主要区别在于源程序的结构方面，从而造成编译过程中处理的方法和技术不同。比较而言，并行编译程序将成为未来编译技术领域的主要研究课题。

本章主要介绍三方面内容：一是面向对象语言以及相应的编译技术；二是并行计算机、并行技术和并行编译处理技术的相关知识；三是网格计算编译的相关知识。

11.1　面向对象语言及编译技术

11.1.1　面向对象语言

可以将面向对象语言理解成命令式语言，除了变量、数组、结构和函数等熟知的概念外，它还引入了对象和类的概念。

在面向对象语言中最基本的概念是对象。对象实际上指自然界中的任何事物，包括具体的物理事物和抽象概念。一个对象由一组属性和操作这组属性的过程组成，属性到值的映射称为对象的状态，这里的过程称为方法。简而言之，对象封装了数据及其上的操作。

为了拓展命令式语言（如 C，Pascal 语言）中数据类型的概念，增加了类数据类型。一个类规范了该类中对象的属性和方法，包括它们的类型和原型（参数和返回值类型）。类形成了面向对象语言的模块单元。例如，对于圆、椭圆、矩形、三角形、多边形等不同的图形对象，可以定义不同的类。而同一类中不同的对象的属性值可能不同，因此类必须有自己存放属性的存储单元，但它们的方法是一样的，可以共享。

关于面向对象语言，最重要的也是最基本的操作是激活对象的方法。而方法的识别是通过消息传递来实现的。它的一般处理流程是：首先，某对象接受到消息，并对消息进行判定，识别出所需的操作；然后，调用相应的操作并执行，直至完成。在大多数面向对象语言中,类拥有构造函数和析构函数,当创建和释放对象时,它们分别被调用。对它们的调用和对其他方法的调用原则上是一样的。因此对面向对象语言的编译,其核心就是对对象的方法进行编译。

面向对象程序设计的主要特征包括继承性、方法重载、多态性、多重继承等。

① 继承性。继承性存在于所有面向对象的语言中,它允许程序员基于类 A 创建类 B。因此类 B 除了自己的数据和方法外,还继承了类 A 的数据和方法。这个特征称为继承性。

② 方法重载。当类 B 扩展类 A 时,可以重新定义类 A 的一个或多个方法。这个特征称为方法重载。

③ 多态性。它同继承性密切相关,在继承类层次中,由父类可以导出许多子类,它们拥有方法名相同的方法。具体地说,同一个方法名可作用于类链上不同的方法代码,并且获得不同的结果。这个特征称为多态性。

④ 多重继承。在某些面向对象程序设计语言中,允许一个类具有一个以上的父类,这个特征称为多重继承。相应地,一个类只有一个父类的情形称为单一继承。

11.1.2 面向对象编译技术

面向对象编译技术的基本思想是,假设我们有一个类 A,它有方法 m1 和 m2 以及属性 d1 和 d2。则类 A 的运行表由属性 d1,d2 组成,此外,编译程序还要维护类 A 编译的方法表。在这里,我们可以把属性理解为字段,用方法名加后缀表示对类 A 的操作。例如,用 m1_A,m2_A 表示对象方法。在这个简单的模块中,属性 d1,d2 的选择可以像在记录中的字段选择一样实现,方法的选择通过在编译程序中的标识过程来实现。因此方法的编译通过一个附加的参数即指向该对象的指针就可以实现。

下面给出一个简单的将 C++语言类翻译成 C 语言程序段的过程。

【例 11.1】 假设 d 是类 A 的一个属性,m 是一个方法,m 的原型表示为

$$类型\ m(形参表)$$

那么等价于 m 的函数 m_A 的原型表示为

$$类型\ m\_A(A\ \&this,形参表)$$

其中 A &this 表示第一个形参的类型和它的名字,传递方式是引用。设对象 O 是类 A 的一个实例,则它们的翻译过程如表 11-1 所示。

表 11-1 类 A 的方法 m 翻译函数 m_A

操　作	方　法	函　数
原型	类型 m(形参表)	类型 m_A(A &this,形参表)
调用	m(实参表) O. m(实参表)	m_A(A &this,实参表) m_A(O,实参表)
访问属性	d O. d	This. d O. d

同样,对单一继承、多重继承、重载、多态中的方法可采用类似方案进行编译。

实际上,大多数面向对象编译技术都是把面向对象语言所编写的源程序直接翻译成低级语言目标程序,而不是把 C 语言作为中间语言并利用 C 语言编译器实现翻译。

当然,上述案例只给出了方法编译方案的基本思想,还有许多面向对象编译技术值得我们探讨和研究。由于这方面的内容不是本书的重点,在此不再赘述。

11.2　并行编译技术

11.2.1　并行计算机与并行计算

研制高性能的超高速计算机是人们在计算机科学技术上不断探索和追求的目标。1991年美国提出高性能计算和通信(HPCC)计划,世界上许多国家也相应地投入了巨资来进行高性能超级计算机研究。随着计算机科学技术研究的深入,单个处理器的计算机速度几乎达到极限,提高计算机性能,只能依赖并行技术研制多数量的能够并行工作的计算机群。这里,我们把在体系结构上是并行的高性能计算机系统称为并行计算机系统。

并行计算机系统(PCS)是指同时执行多个任务或多条指令或同时对多个数据项进行处理的计算机系统。目前,并行处理器的发展已经历了多个阶段,从单指令多数据流(SIMD)、并行向量处理器(PVP)、存储共享对称多处理器(SSSM)、大规模并行处理器(MPP)到计算机群。这些并行处理器的组织结构大致分为五类:

① 单指令多数据流处理器系统(SIMDS)。它们由数以百万计的处理器组成,每个处理器只具有简单处理功能。数据流通过具有某种模式的处理器并行处理。

② 并行向量处理器系统(PVPS)。除了标量寄存器和标量部件外,并行向量处理器系统还有特殊的向量寄存器和向量流函数部件,它们能快速地处理向量计算。

③ 主存共享处理器系统(MMSPS)。多处理器共享一个中央存储器,而且还拥有专用的多处理器同步通信部件,支持数据的并行性和控制的并行性。但这种结构也带来问题,当处理器很多时,连接每个处理器和中央存储器的通道会成为瓶颈,因而限制了这类计算机的发展。

④ 分布式存储器多处理机系统(DMMPS)。它们是由大量结点组成的计算机系统。每个结点都有自己的处理器和存储器。结点通过互联网连接。它支持数据的并行开发以及控制的并行开发。

⑤ 计算机群(CCS)。它们由物理上通过高性能网络和局域网加以连接的计算机结点组成。通常情况下,每个计算机结点是对称的多处理服务器、工作站或个人计算机。这些结点可以是同态的或异态的。每个结点都有自己的操作系统,网络和用户界面可以作为控制结点和操作结点。由于计算机群有着较高的性价比、灵活性以及良好的并行能力,所以它被广泛应用于各领域中。

并行计算(parallel computing)是指同时使用多种计算资源解决计算问题的过程,是提高计算机系统计算速度和处理能力的一种有效手段。其基本思想是通过多个处理器来协同求解同一问题,即将被求解的问题分解成若干个部分,各部分均由一个独立的处理机来并行计算。

并行计算的分类:

① 从所处理的对象考虑,可分为数值计算和非数值计算。

② 从应用需求来考虑,可分为计算密集型、数据密集型和网络密集型。

③ 从实现来考虑,可分为同步并行计算和异步并行计算。

④ 从所需要的内存考虑,可分为内存共享并行计算和分布式存储并行计算。

11.2.2 并行编译技术

随着高性能并行计算机的出现,一方面表明计算机体系结构越来越复杂,另一方面也提出了对能充分发挥并行计算机性能的并行编译系统的迫切需求。二十多年来,并行编译技术的发展说明高性能并行编译系统与高性能体系结构和操作系统同等重要,成为高性能计算机系统中不可缺少的一部分。根据并行计算机体系结构码的不同,可以把并行编译技术分为:向量编译技术和并行编译技术。

向量机的向量编译技术是使用处理机的向量运算功能来加速一个程序运行的技术,主要包括串行程序向量化技术和向量语言处理技术。

并行机的并行编译技术是针对并行计算机和并行程序而言的,是一种实现多个处理机同时执行一个程序的技术。不同的并行程序设计技术要用不同的并行编译技术来支持。可以把并行机的并行编译技术分成串行程序并行化技术、并行语言处理技术、并行程序组织技术等三个方面。并行化的对象可以是子程序、循环和语句块。

并行编译系统的功能是将并行源程序转换为并行目标代码。它的主要结构包括并行化工具、并行编译器和并行运行库。其基本结构如图 11-1 所示。

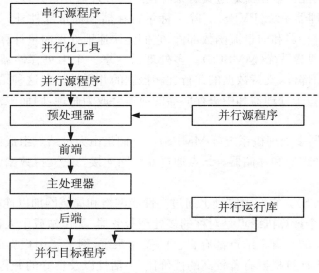

图 11-1 并行编译系统的基本结构

并行化工具可以独立于并行编译器,也可嵌入在并行编译器中。它的输入是串行源程序,输出是并行源程序。并行编译器包括预处理器、前端、主处理器和后端。预处理器的输入是由并行化工具改写的或用户自己编写的并行源程序。它根据并行编译指令对源程序进行改写,插入适当的并行运行库子程序调用。前端对程序进行词法和语法分析,将程序转换成中间代码。主处理器对中间代码进行处理和优化。后端将中间代码转换成并行目标程序,同时完成面向体系结构或并行机制的优化。后端也可生成源语言加编译指令的程序或并行源语言的程序。并行运行库在目标文件连接装配时被连接到目标文件中。

11.3　网格计算编译技术

网格计算是 20 世纪末到 21 世纪初兴起的新技术,它可满足企业计算的需求,并带来许多新事物。网格计算的功能是使任何人在任何时候都可以以透明的方式来利用互连计算机巨大的计算能力。下面我们来探讨网格计算的内含。

网格计算的定义:在没有中央位置、中央控制以及普遍存在的信任关系的情况下,在各种虚拟组织机构追求它们共同目标的过程中,使这些组织结构能够共享为物理上分布的硬件和软件资源。

定义中所说的"虚拟组织"涉及的范围十分广泛,包括从处于同一个地点的小公司到分散于全球的来自不同组织机构的人群。虚拟组织机构可大可小,可静可动,还可以是一个临时机构。资源是共享的实体,可以是计算类型的资源,也可以是存储设备。不需要中央位置和中央控制意味着不需要为管理网格资源设置特定的中心位置。要注意的是,在网格环境中,资源不需要预先有彼此的信息,也不需要有预先定义的安全关系。

那么网格计算如何编译呢?

迄今为止,还没有正式用于网格计算的程序设计语言,因此真正意义上的网格计算编译程序还没有商业化实现。但是对网格计算的整个程序及过程之间的编译技术已有很多研究。在学术研究领域,这也是人们最为关注的研究方向。

网格计算的编译核心是并行实现,与此有关的重要问题是网格中自动负载平衡的方案问题。为此,就需要有某些必要的信息。然而对许多应用来说,在运行之前这些信息并非已知,缺乏信息对不规则网格中的并行编译问题带来很多问题,它使得即使在同构的并行计算机上也难以实现并行性。

为了解决上述提到的问题,有人设计了运行时编译的审视者/执行者方法。在这个方法中,编译程序把关键的计算分成两部分:一是审视者,一旦数据可用来建立一个并行机上有效执行的计划,它就被执行一次;二是执行者,它在计算的每一次迭代执行中被调用,且执行由审视者定义的计划。

这个方法的思想是在一个复杂计算的许多步骤中平摊运行时间的费用。在循环的上界尚未知的情况下,审视者可以把循环划分成一些小循环。一旦知道循环上界的值,它们便可匹配目标机器的能力,同时执行者只需对每个机器执行正确的小循环中的计算。审视者必须遵循一个在复杂和不规则的问题中做成负载平衡的规则。审视者和执行者的任务都很复杂。

现阶段,我们对网格计算的编译所知有限。但是可以预料,不久之后,人们必然会对它有更深入的了解,也会有更具体的成果。

11.4 本 章 小 结

　　本章主要从面向对象语言以及相应的编译处理技术,并行计算机、并行技术和并行编译处理技术的相关知识,网格计算编译的相关知识三方面对编译技术做了拓展。

　　重点介绍了面向对象语言中的对象、对象的特征、并行处理计算机系统、并行计算、网格计算、并行编译技术等概念。给出了面向对象编译技术、并行编译技术的基本思想。

习　题　11

1. 解释下列名词:
　　(1) 面向对象语言。
　　(2) 并行计算机系统。
　　(3) 并行计算。
　　(4) 网格计算。
2. 面向对象语言中对象的特征有哪些?
3. 简述并行编译技术的内含。
4. 简述并行编译系统的体系结构。

参 考 文 献

［1］ 陈火旺,等. 程序设计语言编译原理[M]. 3 版. 北京:国防工业出版社,2000.

［2］ 刘铭,徐兰芳,骆婷,等. 编译原理[M]. 北京:电子工业出版社,2011.

［3］ 吕映芝,张素琴,蒋维杜,等. 编译原理[M]. 北京:清华大学出版社,1998.

［4］ 徐国定. 编译原理[M]. 北京:高等教育出版社,2007.

［5］ 杨宗源. 编译原理习题精选分析与解答[M]. 北京:清华大学出版社,2003.

［6］ 游晓明,刘升. 编译原理基础与应用[M]. 北京:中国铁道出版社,2011.

［7］ 何炎祥,伍春香,王汉飞. 编译原理[M]. 北京:机械工业出版社,2010.

［8］ 蒋宗礼,姜守旭. 形式语言与自动机理论[M]. 北京:清华大学出版社,2007.

［9］ Alfred V Aho,Monica S Lam,Ravi Sethi,等. 编译原理・技术与工具[M]. 2 版. 北京:人民邮电出版社,2008.

［10］ Alfred V Aho,Monica S Lam,Ravi Sethi,等. 编译原理[M]. 北京:机械工业出版社,2009.

［11］ Dick Grune,Henri E Bal,Geriel J H Jacobs,et al. Modern Compiler Design[M]. John Wiley & Sons,Ltd. 2000.

［12］ 陈意云. 编译原理[M]. 2 版. 北京:高等教育出版社,2008.

［13］ 刘春林. 编译原理与技术[M]. 北京:北京邮电大学出版社,2005.

［14］ 陈英,王贵珍,李侃,等. 编译原理[M]. 北京:清华大学出版社,2009.

［15］ 吕映芝. 编译原理[M]. 北京:清华大学出版社,1998.

［16］ 王磊,胡元义. 编译原理[M]. 3 版. 北京:科学出版社,2009.

［17］ 康慕宁,任国霞,唐晶磊. 编译原理[M]. 北京:清华大学出版社,2009.

［18］ 胡延忠,刘建舟,林姗. 编译原理[M]. 武汉:华中科技大学出版社,2007.

［19］ 李劲华,丁洁玉. 编译原理与技术[M]. 北京:北京邮电大学出版社,2006.

［20］ 苏运霖,颜松远. 编译原理:包含代数方法的新编译方法[M]. 北京:高等教育出版社,2011.

［21］ 张昱,陈意云. 编译原理与技术[M]. 北京:高等教育出版社,2010.